教育部高等学校电子信息类专业教学指导委员会
光电信息科学与工程专业教学指导分委员会规划教材
普通高等教育光电信息科学与工程专业应用型规划教材

光电信息工程概论

主　编　刘　旭　刘向东
副主编　时尧成　匡翠方
参　编　郑臻荣　林远芳　郑晓东

机 械 工 业 出 版 社

本书共7章，第1章主要讲述光学与光电子学的发展概况以及光电信息工程的基础知识，使读者对光电信息工程有大致了解；第2章至第7章分别从信息的产生、传播、处理、传感、显示、存储等方面论述光电信息工程技术各个方面的特点与发展态势，使读者对光电信息工程技术领域有比较清晰的认识，为今后的专业课学习奠定基础。同时本书还展示了当今光电信息工程技术的最新发展与主流状态，以激发读者的学习兴趣，帮助读者构建该专业的学习体系。

本书可作为普通高等院校光电信息科学与工程、光学工程等专业的教材，也可作为相关专业技术人员的参考书。

本书配有电子课件，欢迎选用本书作教材的教师发邮件至 jinacmp@163. com 索取，或登录 www. cmpedu. com 注册下载。

图书在版编目（CIP）数据

光电信息工程概论/刘旭，刘向东主编. —北京：机械工业出版社，2021.9（2024.8 重印）

教育部高等学校电子信息类专业教学指导委员会　光电信息科学与工程专业教学指导分委员会规划教材　普通高等教育光电信息科学与工程专业应用型规划教材

ISBN 978-7-111-69289-8

Ⅰ.①光…　Ⅱ.①刘…　②刘…　Ⅲ.①光电子技术-信息工程-高等学校-教材　Ⅳ.①TN2

中国版本图书馆 CIP 数据核字（2021）第 203512 号

机械工业出版社（北京市百万庄大街 22 号　邮政编码 100037）
策划编辑：吉　玲　责任编辑：吉　玲　刘琴琴
责任校对：张亚楠　封面设计：张　静
责任印制：邓　博
北京盛通数码印刷有限公司印刷
2024 年 8 月第 1 版第 5 次印刷
184mm×260mm · 14.75 印张 · 342 千字
标准书号：ISBN 978-7-111-69289-8
定价：45.00 元

电话服务　　网络服务
客服电话：010-88361066　　机　工　官　网：www. cmpbook. com
010-88379833　　机　工　官　博：weibo. com/cmp1952
010-68326294　　金　书　网：www. golden-book. com
封底无防伪标均为盗版　　机工教育服务网：www. cmpedu. com

前　言

光学是一门应用性极强的基础学科，其发展过程伴随了人类的发展，并在人类不同的历史阶段，以不同的特征与技术形态推动着各个时期人类社会的发展与进步，对人类的文明进程起着重要的推动作用。

人类社会从农业时代、工业时代、电子时代迈入信息时代，光学技术也相应地从几何光学、波动光学、光电子学向光电信息工程方向发展。光学的信息属性的研究与发展日益显著。激光的出现以及光纤通信的发明，为信息时代信息高速公路的基础设施建设奠定了理论与技术基础，为信息时代特别是互联网数字技术的发展提供了坚实的技术保障。我们可以很清楚地从信息的属性来理解光电信息工程与经典光学技术的不同，它是在经典的光学技术之上充分利用光学与光电子学技术的发展，而逐步形成的对信息的产生、传播、探测、传感、处理、存储与显示等系列信息技术的各个环节起到核心作用的光学与光电技术；它是主动地将光与信息进行属性上完全交融，并在交融之中利用其独有的光的费米子特性与并行特性来提升传统的以电子技术为主流的电子科技，使得信息技术表现出光电结合的信息特征。

在当今信息时代，人们从来没有像今天这样在日常的生活与工作中离不开光学与光电信息产品。不论是人们手中时刻必备的手机，还是工作需要的计算机显示器；不论是汽车，还是飞机，可以发现这些日常用品与交通工具都离不开光学器具与系统。此外，宇航探测、环境监测、空间遥感、气象预报等都基于基本的光电信息探测系统。可以说，光电信息工程技术正在不断地改变着人们的生活。

与之相匹配的就是大批以光电信息工程为基础的产业在不断兴起，可以看到光电显示产业、移动通信产业、光通信产业、遥感探测产业等新兴产业不断涌现，产业的发展对该专业的人才需求越来越旺盛。为此教育部从 2005 年开始设置了本科光电信息科学与工程专业，旨在为我国培养更多的光电信息工程技术人才。

光电信息工程专业有完整的专业课程教育与培养计划，在专业课程教育与培养计划之外，为了使广大低年级本科生能够对光电信息工程领域有较全面的了解与认识，特编写了本书。本书的目的就是通过对光电信息工程所涉及领域较为完整的描述，使读者初步了解光电信息工程的应用、涉及的产业以及对社会经济发展的作用。本书采用叙事的方式，将各种光电信息工程技术的历史与发展历程有机地结合，力求体现各种技术发展的历史变迁。同时本书还尽力将当今光电信息工程技术的最新发展与主流状态展示出来，借此构建读者的专业兴趣，因为兴趣是后续专业课学习的最大动力。

本书共 7 章：第 1 章主要讲述光学与光电子学的发展概况以及光电信息工程的基础知识，使读者对光电信息工程有大致了解；第 2 章至第 7 章分别从信息的产生、传播、处理、传感、显示、存储等方面论述光电信息工程技术各个方面的特点与发展态势，目的是通过全方位的介绍，读者能够对光电信息工程技术领域有比较清晰的认识，从而为今后的专业课学习奠定基础。

人类正在从信息时代逐渐迈向智能时代，光电信息工程技术在智能时代必将发挥更为重要的作用，因为在智能时代人类首先要实现的就是智能感知，这就需要光电信息工程技术要尽快从现在单纯感的状态发展到感与知并存的状态，并最终实现感知一体。这里光电信息技术具有极大的发展空间，人们从利用光电技术对自然的探测与信息获取将逐步转向到对自身认知的探测与获取，而这种提升将对信息技术产生革命性的变革。

应该指出的是，编写光电信息工程概论这样的书是一种尝试，以往还没有这样全面论述领域状态的教材，所以在结构设计以及内容选择方面难免存在不足甚至错误，恳请读者批评指正。

编　者

目　　录

第 1 章　光与信息

光电信息就是利用光的信息特性结合电的可操控性以实现信息技术智能化的关键技术。因此，光电信息技术的基础就是光的信息属性以及光电之间的相互转换与相互作用。本章将介绍光电信息的发展史、光电信息技术的特点以及光电信息技术涉及的产业与发展趋势。

1.1　光电信息的发展史

光是自然的一种物理存在与现象，它是人们视觉的基本感知媒介，人们很自然地在认识自然的过程中自觉地、不断地利用光来获取信息与传播信息，人类的发展史实际上正是伴随着光与信息技术而不断发展的。

古代计时仪器如日晷就是人类最早利用光获取信息的例证。现代考古与文字记载表明，东西方从远古时期开始就有光学知识与器具的记载，圭表是人类最早的光学仪器，由圭和表两部分组成。据记载，3000 年前，我国西周丞相周公旦在河南登封县设置了世界上最早的计时器圭表（见图 1.1），开启了人类利用太阳照射的影子来计时的先河。

我国齐山文化出土殷商时期的铜镜（公元前 2000 年）也是人类早期应用光学原理仪器的例证（见图 1.2）。

图 1.1　西周圭表

图 1.2　殷商时期的铜镜

烽火台又称烽燧，俗称烽堠、烟墩，是古代用于点燃烟火传递重要消息的高台，也是我国最早利用光速传播的高速特性构建的、有组织的通信设施。烽火戏诸侯的故事发生在公元前772年的西周，距今2700多年，由此在2700年前的西周时期，我国已经出现了烽火台这种庞大而完善的军事信息联络体系和正式的烽火通信制度。这说明当时人们已认识到光的传播速度要高于声速，因此可以用光来进行信息的传递。

墨子在《墨经》中记载了光的传播与反射、小孔成像等现象，揭示了当时人们已经开始粗浅地掌握利用光的传播特性来获取更多的信息。同时期古希腊科学家欧几里得（Euclid）的《反射光学》（*Catoptrics*）也论述了光的反射；利用镜子的反射不仅可以传递信息，甚至还可以构造武器。

最早被人们用来制作光学零件的光学材料是天然晶体，据称古代亚西利亚人用水晶做透镜，而我国古代则应用天然电气石（茶镜）或黄水晶。考古学家证明3000年前腓尼基人发现了天然苏打与石英砂的反应，制备出了初始的玻璃并传到埃及。我国在战国时代人们已能制造玻璃，越王勾践是春秋战国时期的越国国王，现代出土的越王勾践剑的剑柄上就有两块我国现存最早的玻璃（见图1.3）。

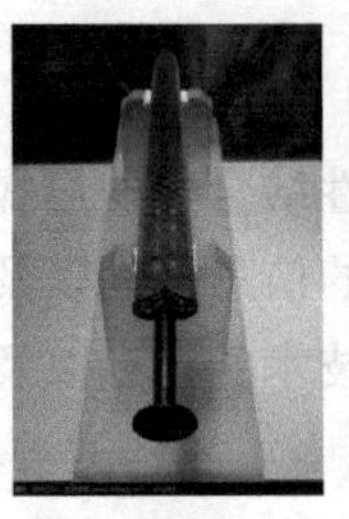

图1.3　越王勾践剑的剑柄上的玻璃

公元1世纪，制造玻璃的技术由埃及传到罗马，罗马人对玻璃的制造技术进行了改革。他们用熔炉代替烧锅，以提高温度，使原料完全熔化为液态，提高了玻璃的质量。同时发明了吹管和吹制技术，从而生产出透明而美观的玻璃制品，罗马人开始用各种形状的透明玻璃做实验，逐步形成透镜形式。“透镜”这个词就是从拉丁语“lentil”演化过来的。

11世纪，阿拉伯人伊本·海赛姆（Abu Ali Hasan Ibn Al-Haitham）发明透镜；他研究了球面与抛物面的反射镜的反射原理，奠定了光学成像的基础（见图1.4）。1299年，意大利

图1.4　阿拉伯光学家伊本·海赛姆《光学之书》中利用阳光观测获取信息

人阿玛蒂（Amati）发明并制造了最早的眼镜。波特（G. B. D. Porta）研究了成像暗箱，并在1589年的论文《自然的魔法》中讨论了凸透镜和凸透镜组的组合成像问题。

公元1590年到17世纪初，荷兰的科学家詹森和汉斯·李普希（Hans Lippershey）同时独立地发明显微镜。列文虎克实现了第一个可用的显微镜（见图1.5），到17世纪初列文虎克与意大利物理学家伽利略（Galileo Galilei）等都提出了各自的双透镜显微系统，到1600年前后显微镜的范式基本形成，如图1.6所示。

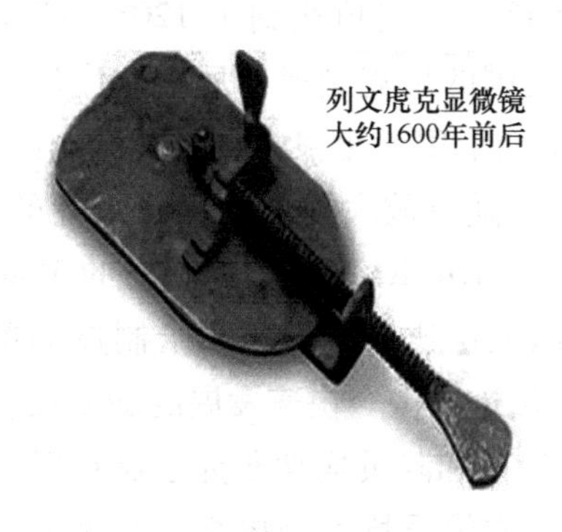

图1.5 列文虎克早期显微镜

图1.6 伽利略提出的早期显微镜

1608年荷兰科学家汉斯·李普希用会聚物镜与发散目镜建立了望远镜，1609年意大利物理学家伽利略建立了他自己的李普希型望远镜并开始天文观测。1611年德国天文学家开普勒（Johannes Kepler）在其《折光学》（*Dioptrics*）中解释了会聚/发散透镜组成的望远镜与显微镜的工作原理，并论述了一种用会聚透镜与会聚透镜组合的望远镜。1618年德国天文学家克里斯多夫·沙伊纳（Christopher Scheiner）建立开普勒型望远镜并从此产生了第一台天文望远镜，1666年英国物理学家牛顿（Isaac Newton）提出了折射型望远镜的色差矫正方法，建立了第一台反射式望远镜。望远镜技术的发展拓展了人类对宇宙的观测能力，促进了“日心学”的发展，为现代科学与正确的宇宙观的建立奠定了坚实基础。

1665年牛顿进行太阳光的光谱实验，他用棱镜把太阳光分解成单色组成部分，形成一个颜色按一定顺序排列的光分布——光谱。该实验使人们第一次接触到光的客观的和定量的特征，各单色光在空间上的分离是由光的本性决定的。牛顿还发现了把曲率半径很大的凸透镜放在光学平玻璃板上，当用白光照射时，则见透镜与玻璃平板接触处出现一组彩色的同心环状条纹；当用某一单色光照射时，则出现一组明暗相间的同心环条纹，后人把这种现象称为“牛顿环”。借助这种现象可以用第一暗环的空气隙的厚度来定量地表征相应的单色光。牛顿在发现这些重要现象的同时，根据光的直线传播性，认为光是一种微粒流。微粒从光源飞出来，在均匀媒质内遵从力学定律做匀速直线运动。牛顿用这种观点对折射和反射现象进行了解释。

17世纪初建立的反射和折射这两个定律奠定了几何光学的基础。17世纪望远镜和显微镜的发明与应用不仅大大促进了几何光学的发展，而且也深刻影响了17世纪与18世纪社会的发展，使得人类对自然的认识特别是对天体规律的认识有了巨大的发展，并使航海成为可能。光学仪器与器具技术的发展不仅拓展了人类的观测能力，更重要的是极大促进了人类认识世界、认识宇宙的能力，进而推进了人类文明的发展。

19 世纪也是相机技术发展的世纪。1822 年，法国发明家涅普斯（Nicéphore Nièpce）在感光材料上制出了世界上第一张照片，虽然成像并不清晰，而且需要八个小时的曝光，但却是人类迈出现代摄影的第一步；1826 年，他又成功地在涂有感光材料的锡基底版上通过暗箱拍摄了一张照片。1839 年，法国的达盖尔（L. J. Daguerre）制成了第一台近乎实用的银版照相机，能拍摄出清晰的图像。1860 年，英国发明家萨顿（Thomas Sutton）设计并制造了“萨顿全景相机”，该相机以一个充满水的玻璃球作为镜头，视角达到了 120°；萨顿还在 1861 年设计了第一台单反相机并取得专利。1880 年，英国的贝克制成了后来被广泛应用的双镜头的反光照相机。随着感光材料的发展，1871 年出现了用溴化银感光材料涂制的干版，用硝酸纤维（赛璐珞）做基片的胶卷也在 1884 年出现。随着放大技术和微粒胶卷的出现，镜头的质量也相应提高。1884 年，卡滨·雷·史密斯（Calvin Rae Smith）制造的 Monocular Duplex 被认为是第一台量产的单反相机。1896 年，德国人伊比斯·谢夫马哈制造的单反相机率先采用了胶卷和焦平面快门，这标志着单反相机开始进入一个快速发展的新阶段。1902 年，阿贝的助手鲁道夫（Paul Rudolph）利用三级像差理论和阿贝成功研究了高折射率低色散光学玻璃，制成了著名的“天塞”镜头，使得相机的成像质量大为提高，极大地满足了人们日常生活的需求。19 世纪是透镜成像质量提升、生产工艺技术改进的世纪，德国的蔡司公司（Zeiss）与莱兹（Leitz，莱卡公司的前身）是此方面的开拓者。1913 年，莱卡（Leica）相机创始人、德国照相机设计家奥斯卡·巴纳克（Oskar Barnack）制造了第一台 35mm 照相机“Ur-Leica”，使光学技术再一次如此深入到百姓的日常生活。因此在这个时期，相机成为光学信息获取的重要手段，也成为光学的代名词。

19 世纪是光学成像理论特别是以几何光学为代表的成像理论快速发展的时代，以阿贝为代表的一批科学家在研究显微镜成像中系统地建立了光学成像设计方法，1873 年阿贝提出的显微镜成像理论促进了光学仪器的大发展。19 世纪各种常规的光学仪器与系统如成像系统的显微镜、望远镜、相机等以几何光学为主的仪器，以及以菲索、迈克尔孙为代表的波动光学为主的仪器均已出现并在很多科学研究与日常生活、探险中得到应用。值得指出的是，该时期是光学工程技术的大发展时期，众多的仪器在这个时期出现并不是偶然的，而是建立在很多仪器制作者们在没有理论知识指导的情况下 200 余年来努力不懈、反复尝试的基础之上的。这些工程技术的发展也为该时期经典光学理论（几何光学与波动光学）的发展奠定了基础。

特别需要指出的是，该时期显微镜制造者开始采用铜的材料做镜筒与仪器，使得系统具有很好的机械稳定性、精度与耐久性，该方法被广泛应用到各种光学仪器制造中，并以此使精密机械与光学结合成为光学仪器的一个代名词。

19 世纪末到 20 世纪初，光学的研究深入到光的发生、光和物质相互作用的微观机制中。光的电磁理论在解释光和物质相互作用的某些现象时碰到困难，例如，炽热黑体辐射中能量按波长分布的问题，特别是 1887 年赫兹发现的光电效应等。

1900 年，德国物理学家普朗克（Max Planck）从物质的分子结构理论中借用不连续性的概念，提出了辐射的量子论。量子论不仅很自然地解释了黑体辐射能量按波长分布的规律，而且以全新的方式提出了光与物质相互作用的整个问题。量子论不但给光学也给整个物理学提供了新的概念，所以通常把它的诞生视为近代物理学的起点。

1905年，科学家、物理学家爱因斯坦（Albert Einstein）运用量子论解释了光电效应。他给光子做了十分明确的表示，特别指出光与物质相互作用时，光也是以光子为最小单位进行的。爱因斯坦的外光电效应还直接影响了光电倍增管的出现。第一个光电倍增管就是由拉姆斯（Harley Lams）和萨勒斯伯格（Bernard Salzberg）在1934年率先发明的，但是倍增管的增益仅为10、工作频率为10kHz。

从20世纪中叶起，随着新技术的出现，新的光学理论也不断发展，已逐步形成了许多新的分支学科与交叉学科方向。几何光学本来就是为设计各种光学仪器而发展起来的专门学科方向，随着科学技术的进步，物理光学也越来越显示出它的威力，例如，光的干涉目前仍是精密测量中无可替代的手段，衍射光栅则是重要的分光仪器，光谱在人类认识物质的微观结构（如原子结构、分子结构等）方面曾起了关键性的作用。光电探测技术的发展使得人们在图像与信息获取的能力上有了极大的提升，光电技术成为一个重要的研究方向。随后，高速发展的宇航工程对光电技术提出了更高的要求，体现光学工程学科中的主要方向——光学技术与光电工程技术如哈勃望远镜、气象卫星高光谱成像望远镜、伽利略大型望远镜等——在人类探索太空与宇宙的进程中起到了巨大的作用，也得到了巨大发展。

20世纪是电子技术大发展的时代，电子器件使得仪器的自动化变成可能。大规模集成电路的出现使芯片中的晶体管数目急剧增加，芯片的面积大幅度减小，价格大幅度下降，大批量生产日益扩大。这时期电子技术与光学技术的发展是分离的，它们在各自的轨道上快速发展。

20世纪中后期，特别是激光问世以后，人类第一次有了对光束的控制能力，相干光出现使人们对信息的把控能力极大提高。光学开始与信息技术密切相连，光学开始进入了一个新的时期，这是光学工程学科发展史上的一座革命性的里程碑，以至于成为现代物理学和科学技术与传统物理学和技术的重要分界岭。

爱因斯坦在研究辐射时指出，在一定条件下，如果能使受激辐射继续去激发其他粒子，造成连锁反应，雪崩似地获得放大效果，最后就可得到单色性极强的辐射，即激光。1958年，美国科学家肖洛（Arthur L. Schawlow）和汤斯（Charles H. Townes）发表论文说明微波受激辐射振荡的原理，微波受激辐射振荡器如图1.7所示，后来拓展波谱到光波，就成为激光器理论。1960年由梅曼（Theodore H. Maiman）用红宝石晶体制成第一台可见光的激光器；1961年，氦氖激光器被研制成功；1962年研制了半导体激光器；1963年又研制了可调谐染料激光器。自1958年发现激光以来，由于激光具有极好的单色性、高亮度和良好的方向性，其极大地推进了光学研究与技术的发展。不仅如此，激光的出现极大地推进了信息技术的发展，人类终于有了比电子载频更高的光子。激光技术得到了迅速发展和广泛应用，同时也引起了科学技术的重大革命，它成为后来信息技术的主要支撑技术之一。

1960年发光二极管（Light Emitting Diode，LED）被研制成功，人们有了小型可调制的固体光源，信号的加载更加方便。1962年美国科学家豪尔（Hall）发明半导体激光器，为后面的光纤通信奠定了基础。1966年，通信光纤进入人们的研究视野，高锟博士的论文标

图 1.7 微波受激辐射振荡器

志光纤通信的大幕即将拉起，光纤技术的发展促进人类在 20 世纪末开始信息高速公路的建设，为人类在 20 世纪末进入信息时代奠定了坚实基础。1967 年第一款液晶显示器（Liquid Crystal Display，LCD）的推出，孕育着新的信息显示时代的开始。因此，20 世纪 60 年代之后光学技术进入了光电子时代，光学技术进入高速发展期，同时也为信息技术与信息社会的到来做好了技术上的准备。

1969 年，CCD 传感器的出现（见图 1.8）改变了人类影像只能靠化学反应记录、不能实时数据化的状况，使影像技术与信息技术直接相关联，极大地促进了人类信息社会的信息获取模式上的变化。伴随着这些半导体电子技术的发展并结合激光技术，光电子学形成雏形，光电子学与光电子技术开始了新的发展，形成了以光通信、光电成像、光电传感、光电子学技术等为代表的光电信息工程技术，其开始逐步成为社会的新兴产业，形成自己特定的学科方向。

图 1.8 CCD 传感器

光学技术的另一个重要的分支是由成像光学技术、全息术和光学信息处理技术组成的。这一分支最早可追溯到 1873 年由阿贝提出的显微镜成像理论和 1906 年波特（A. B. Porter）为之完成的验证阿贝成像原理的实验；1934 年泽尼克（Frederik Zerinike）提出位相反衬观察法，蔡司工厂依此制成相衬显微镜，为此他获得了 1953 年诺贝尔物理学奖。在显微成像方面，研究工作不断深入，1957 年明斯基（Marvin Minsky）提出共焦显微理论，28 年后的 1985 年，由阿摩斯（Brad Amos）和怀特（John White）利用激光技术成功实验了第一台共焦显微镜原型，使超光学分辨的三维显微成像成为可能。同时，20世纪80年代后期人们发展出了各种高分辨的扫描显微光学成像技术，如近场光学隧道扫描显微镜等。显微成像技术的发展拓展了人类认识微观世界的能力，支持了信息技术特别是集成电路器件向微纳米尺度高速发展。

1948年，盖柏（Dennis Gabor）提出了现代全息照相术的前身——波阵面再现原理，为此，他获得了1971年诺贝尔物理学奖。自20世纪50年代以来，人们开始把数学、电子技术、通信理论与光学结合起来，为光学引入了频谱、空间滤波、载波、线性变换及相关运算等概念，更新了经典成像光学，形成了所谓的傅里叶光学。再加上由激光所提供的相干光和1962年由莱思（E. N. Leith）及阿帕特内克斯（J. Opatnieks）改进了的全息术，由此形成了一个新的学科领域——光学信息处理领域，图1.9就是全息在真三维显示中的重要应用。

图1.9　全息照片

20世纪90年代末，光电子技术的发展带来了信息技术的高速发展，以光通信技术为代表的信息技术产品成为当时拉动社会经济发展的重要引擎产业。数码影像技术的发展带动了基于光学与光电技术的新型光存储、复印、传真、扫描、数码影像技术与产品的高速发展，人类进入了数码时代。人类生活从此与光电信息技术紧密相连，光学终于从学术理论的殿堂走出，与人们的生活产生了密切的联系。同时，光电数码技术的发展与普及为信息社会的到来做好了技术上的铺垫。

2000年以后，人类进入信息社会，光纤通信技术为信息社会的信息交流提供了现代的“信息高速公路”，成为现代通信的基础设施，通信领域应用了百年的电缆终于让位于光缆，图1.10给出光纤构建成的通信光缆的结构示意图，这使得纤细光纤进入实用领域成为可能。光缆的全球铺设为现代网络社会奠定了坚实的技术与物质基础，可以说，光通信技术才使得现在地球上的人们成了“地球村”的人们。通过高速信息网络，人们可以做到足不出户便知天下事，改变了传统的信息传递模式，为信息社会的到来提供了技术基础。光子与电子一道成为当今信息的基本载体，并在现代信息与网络技术中发挥着越来越重要的作用。光通信产业成为21世纪国家的支柱产业之一。

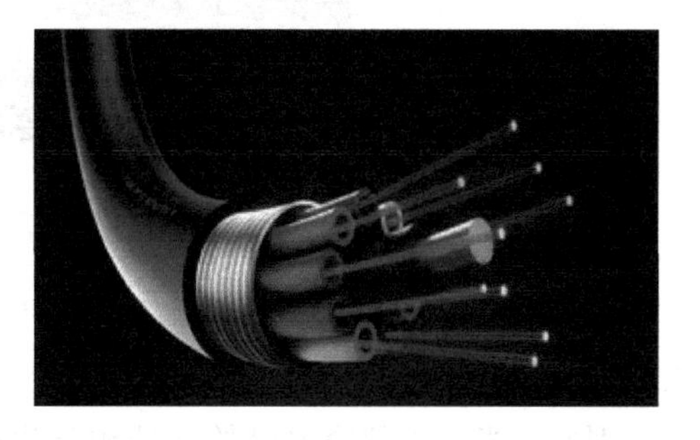

图1.10　光纤光缆

显示产业在信息技术中发挥了极为重要的作用，也成为当今社会的支柱产业之一。平板显示是当今显示产业的主流代表，它采用平板显示器件辅以逻辑电路来实现显示，由于电压低、重量轻、体积小、显示质量优异，无论在民用领域还是在军用领域都获得了广泛应用。以液晶与有机发光二极管（Organic Light Emitting Diode，OLED）（见图 1.11）为代表的平板显示成为当前国际显示领域的发展趋势，三维显示成为重要的发展方向。这些技术都亟待光学工程学科的发展。

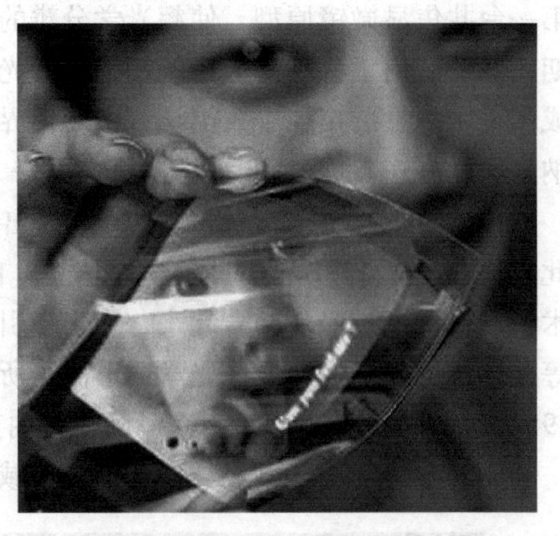

图 1.11　OLED 柔性显示

当然，光学工程学科的发展并没有止步，自 1987 年亚布罗诺维克（Yablonovith）提出光子晶体的概念后，20 世纪 90 年代以来光子晶体的研究日益发展，并逐步出现了纳米光子学科新领域，以近场光学、等离子激元波以及纳米尺度光波传播为特征的，与经典光学传播场和量子光场均有差异的介观光学的理论正在不断发展，出现了负折射材料、光学隐身、超分辨率成像等新光学工程方向。

量子光子学的发展是光电信息科学领域的一个十分活跃的新发展方向，利用光量子的量子特性，人们正在建立新型的基于量子计算原理的量子计算机，利用量子之间的纠缠特性，建立量子保密光通信、光量子成像等新兴的光子科学与技术。我国在国际上率先发射了量子保密通信卫星（见图 1.12）。

图 1.12　我国发射的量子卫星原理图

21 世纪人类面临着巨大的可持续发展问题，如何在保持高速发展的同时维持良好的生态环境，以及如何利用地球上越来越少的石油与矿产资源，都已成为摆在人们面前的重要问题。因此，光学的研究又开始向能源与生命科学领域发展。

在新能源领域，光伏效应的太阳能电池正在发展成为一个大产业，人们正在探索不断提高光电转换效率的新材料与新器件。同时，激光核聚变技术的发展也为新能源技术的发展提供了一条新途径。当前，以 LED 为代表的固体照明产业正在蓬勃发展，成为新型绿色能源光学产业的重要支撑。

由强激光产生的非线性光学现象正为越来越多的人所注意。激光光谱学，包括激光拉曼光谱学、高分辨率光谱、飞秒超短脉冲以及可调谐激光技术，都已使传统的光谱学发生了很大的变化，成为深入研究物质微观结构、运动规律及能量转换机制的重要手段。它为凝聚态物理学、分子生物学和化学的动态过程研究提供了前所未有的技术支撑。

回顾整个光学技术的发展历程，可以看到光学技术不仅在人类拓展其信息获取能力方面发挥了巨大作用，光学的发展还推进了信息社会的到来，光成为信息的基本载体，是信息时代不可或缺的信息主渠道。而这个转折点就是20世纪60年代初期激光的出现，激光的出现促进了信息技术的发展，促成光学工程的主旋律在20世纪末开始转成光电信息技术（见图1.13），促使光电信息技术在当今信息社会发挥着越来越重要的作用并成为社会的支柱产业，推进着人类社会的快速发展。

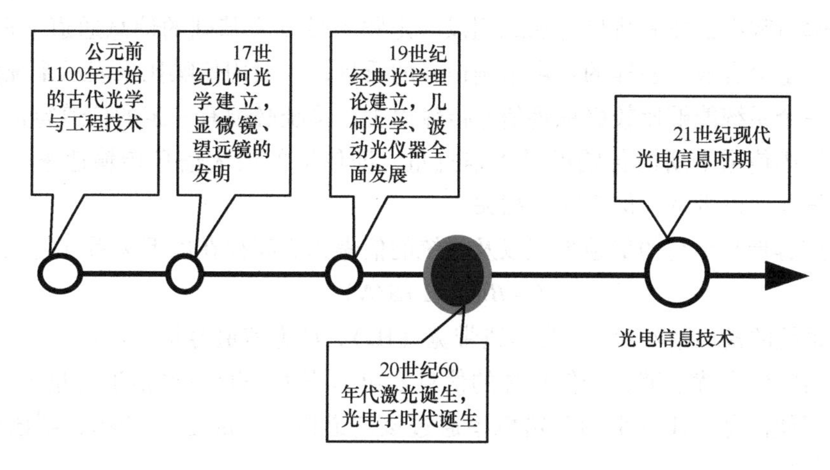

图1.13 光学工程与产业的发展脉络

1.2 光电信息与技术的特点

光电信息工程的基础是光信息，是基于光信号的信息技术，因此需要首先对信息的基础知识以及光的基础知识有一个大致的认识。

1.2.1 信息的基本特点与属性

1. 信息的基本概念

要认识信息的基本特点与属性，首先必须知道信息究竟是什么。按照“信息论之父”香农（C. E. Shannon）的信息论观点：信息实际上就是一种变化。1948年，数学家香农在题为《通信的数学理论》的论文中指出：“信息是用来消除随机不定性的东西”。美国数学家、控制论的奠基人诺伯特·维纳在他的《控制论（或关于在动物和机器中控制和通信的科学）》一书中认为，信息是我们在适应外部世界、控制外部世界的过程中同外部世界交换的内容的名称。英国学者阿希贝认为，信息的本性在于事物本身具有变异度。

因此人们可以用概率来描述信息，特别用来描述信息的多少与数量。信息数量的大小可用被消除的不确定性的多少来表示，而不确定性的多少是用概率来描述的。小的概率意味着大信息量。

为了更方便、更快捷地表示信息的多少，人们采用比特（bit）描述信息的数量。信息量的单位是比特（bit），一比特的信息量就是指含有两个独立、等概率事件所具有的不确定性能被全部消除所需要的信息。一个 bit 的信息量定义为

$$1(\text{bit})=\log_2 2$$

若消息 x_i出现的概率为 $p(x_i)$，则 x_i所含的信息量为 $I(x_i)$，单位为 bit，计算公式为

$$I(x_i)=\log_2(1/p(x_i))$$

系统的信息量的增加，表明不确定性的减少、有序化程度的增加。信息可称之为负熵，信息量越大、负熵越大、熵值越小，反映了该系统的无序程度越小、有序化程度越高。

信息在传输过程中需要先将信息加载到以一定频率带宽为基础的信息通道上形成信号，在传输过程中一定会有各种各样的噪声影响信号的质量，一般用信噪比来表示系统传输的质量。因此要使一个系统能够比较好地将信号传输出去，系统必须有一定的信道容量。信道容量是指单位时间内信道上所能传输的最大信息量，即信道的最大信息传输速率，其单位为 bit/s。信道容量与信道带宽和信道噪声相关。

系统的信道容量与系统的信道带宽以及系统的信噪比之间存在以下关系（香农公式）：

$$C=B\log_2(1+S/N)$$

式中，S/N 是系统的输出信噪比，B 为信道带宽（Hz），C 为信道容量（bit/s）。

对于一个给定的有扰信道，若信息源的信息发出速率 R(bit/s) $\leqslant$ 信道容量 C，则理论上存在一种方法可使信息以任意小的差错概率通过该信道传输；反之若 $R>C$，则该信道将无法正确传递该信息。

信息论奠定了信息科学的基础，信息科学（Information Science）是研究信息及其规律的科学，其研究内容是如何认识信息和利用信息。信息科学是以信息为基本研究对象，以信息的运动规律和应用方法为主要研究内容，这是信息科学有别于一切传统科学最基本的特征。信息科学研究的目的和任务是运用信息科学的原理、方法和技术来延长、增强、补充和扩展人的信息功能特别是大脑的智力功能，以极大地提高人的创造力、逻辑和辩证思维能力。

2. 信息技术的主要研究内容

20 世纪 40 年代信息科学诞生之后，人们最关注的是信息技术的发展与应用。信息技术是人类开发和利用信息资源的所有手段的总和。信息技术既包括有关信息的产生、收集、表示、检测、处理和存储等方面的技术，也包括有关信息的获取、传递、变换、显示、识别、提取、处理、控制和利用等方面的技术，是人类在获取、处理、分析信息方面的能力的延伸。

信息技术的核心主要包括计算机技术、通信技术、传感技术、微电子技术、光电子技术等。计算机技术是扩展人的思维器官处理信息和决策的功能；通信技术是扩展人的神经系统传递信息的功能；传感技术是扩展人的感觉器官收集信息的功能；微电子与光电子技术可以低成本、大批量地生产，扩展了人对信息的控制和应用能力。

信息技术的主要研究内容主要包括以下几方面：

1）信息的载体。广义的信息载体多种多样，只要是能够变化的或反映变化的物质均可以作为信息的载体。当前信息社会中主要的信息载体即狭义的信息载体是光子与电子，也是当前信息技术的基本载体。光子在20世纪90年代开始成为信息的基本载体，因为：①光子的能量是人们可以非常方便精确调控的（频率）；②光子具有波动性与粒子性；③光子是没有体积（大小）的能量子；④高精度，波长短，能量精度高。

2）信息获取技术。主要包括成像、探测、仿真验证、监控等。

3）信息传输。主要包括协议、编码、调制、发送、路由、接收、解调、解码、交换、通信的带宽、误码率、可靠性、安全性和质量等。

4）信息处理。主要包括放大、去噪、去伪、滤波、分类、检索、转换、识别、分析、存储、显示等。

5）信息应用技术。主要包括控制、决策、预测、估计、优化、监控、可视化、仿真、仿生、心理等。

3. 信息技术面临的问题

现代信息技术也面临着一些问题，如信息社会信息爆炸、信息量指数递增等。具体体现在：①处理能力的增长远远赶不上信息量的增长；②信息结构越来越复杂，处理越来越困难；③信息格式繁多，无法通用兼容；④信息利用率越来越低，人们被埋没在数据和信息的海洋之中；⑤信息的真伪性、快速传播以及难于控制性，对社会主流意识有一定影响；⑥信息的安全问题，包括国家安全、银行/金融系统的安全、个人通信的安全；⑦信息的获取技术需求越来越高，如何看到更小、看到思维、看到意识；⑧未知信息的探索技术（如太空开发、深海探测等）。所以，信息技术需要向网络云计算、人工智能等方向快速发展。

4. 信息技术的发展影响

信息技术的发展形成了新兴的信息产业，产生了大批革命性的产品，改变了人类生活信息领域的三定律：

1）摩尔定律：微电子制造工艺技术每三年前进一代，集成电路的集成度翻两番。

2）超摩尔定律（光子定律）：光信息技术水平每九个月翻一番。

3）迈特卡夫定律：网络的价值以联网设备数的二次方关系而指数增加。

这三个定律预示着信息技术展现出来前所未有的发展速度，这三个定律也表明为什么信息技术的发展如此深刻地变革着人们的生活，信息社会是如此与众不同，造就了许多不同的社会形态，社会发展的速度十分迅猛，大量信息扑面而来，知识技术的更新日新月异。发展速度极快的信息科学技术，快速更新的技术与知识，造就了学习型社会（终身学习）。

信息技术的高速发展对其他学科产生众多需求，主要包括以下几方面：

1）在物理上探求新思想、新原理和新方法，使各种信息领域元器件的性能不断提高——光子技术、微电子技术。

2）计算机、网络等的体系结构和处理逻辑的改进，发明和设计出各种新型的硬件系统。

3）创造优良的信息处理方法和高效的计算方法，不断提高系统的处理效率。

4）软件思想与构架创新，设计和实现切实可用的软件系统，包括各种系统软件、中间件、应用软件。

5）快速、可靠、安全、随时随地地信息传输——通信技术、社会协议。

6）各种类型海量信息的快速、可靠和安全的存储——存储技术。

7）研究人的视觉、听觉、生理、心理等机制以及大脑结构和功能，在计算机上进行模拟，制造出机器感知和人工智能，使信息处理技术更加智能化——智能科学、量子技术、光子技术。

8）需要交叉学科的支持。信息技术的高速发展越来越需要广泛的知识背景，不仅需要信息学科内部的交叉，还需要与其他学科的交叉。不仅如此，它越来越依赖于物理学（光子学、微电子技术、纳米电子技术）、数学（拓扑学、量子计算、通信协议）、生物学（生物电子学、生物信息学、仿生学）、材料及化学学科（新的功能元器件）和社会科学（社会学、行政管理科学）等学科的联合协调发展。

5. 信息技术革命的历程

有了信息的基本概念，可以回顾人类文明发展史中几次比较重要的信息技术革命，进而了解人们自然地发展信息技术的方法与过程。

人类对信息的认识实际上可以追溯到古老的时代。回顾人类发展的历史可以发现，第一次信息技术革命是语言的使用，发生在距今35000~50000年前，语言的使用是从猿进化到人的重要标志。

人类并不满足仅仅用语言进行信息交流，文化、历史都需要新的信息技术进行传播、进行传承。大约在公元前3500年出现了文字，文字的创造标志着信息第一次打破时间和空间的限制。陶器上的符号即文字的出现标志着第二次信息技术革命的到来。这时期几种人类重要的文字有古埃及的象形文字、中国的甲骨文（记载商朝的社会生产状况和阶级关系，文字可考的历史从商朝开始）、中国的金文（也叫铜器铭文，常铸刻在钟或鼎上，又叫钟鼎文）等。

第三次信息技术革命的标志是印刷的发明。大约在公元1040年我国开始使用活字印刷技术，而欧洲人在1451年开始使用印刷技术。汉朝以前我国使用竹木简或帛做书的材料，直到东汉（公元105年）蔡伦改进造纸术，这种纸被称为“蔡侯纸”。从后唐到后周，封建政府雕版刊印了儒家经书，这是我国官府大规模印书的开始。北宋毕昇发明活字印刷术，比欧洲早400年。

第四次信息技术革命是电报、电话、广播和电视的发明和普及应用。19世纪中叶以后，随着电报、电话的发明和电磁波的发现，人类通信领域产生了根本性的变革，实现了利用金属导线上的电脉冲来传递信息以及通过电磁波来进行无线通信。1837年，美国人莫尔斯研制了世界上第一台有线电报机，电报机利用电磁感应原理（有电流通过，电磁体有磁性；无电流通过，电磁体无磁性）使电磁体上连着的笔发生转动，从而在纸带上画出点、线符号。这些符号的适当组合被称为莫尔斯电码，可以表示全部字母，于是文字就可以经电线传送出去了。1844年5月24日，莫尔斯在国会大厦联邦最高法院议会厅做了“用导线传递消息”的公开表演，接通电报机，用一连串点、线构成的莫尔斯电码发出了人类历史上第一份电报："上帝创造了何等的奇迹！"由此实现了长途电报通信，该份电报从美国国会大厦传送到了65km外的巴尔的摩城。

1864年英国著名物理学家麦克斯韦发表了一篇论文《电与磁》，预言了电磁波的存在，说明了电磁波与光具有相同的性质，都是以光速传播的。1875年苏格兰青年亚历山大·贝尔发明了世界上第一台电话机，1878年他在相距300km的波士顿和纽约之间进行了首次长途电话实验并获得成功。电磁波的发现产生了巨大影响，实现了信息的无线电传播，其他的无线电技术也如雨后春笋般地涌现：1894年电影问世；1895年俄国人波波夫和意大利人马可尼分别成功地进行了无线电通信实验；1920年美国无线电专家康拉德在匹兹堡建立了世界上第一家商业无线电广播电台，从此广播事业在世界各地蓬勃发展，收音机成为人们了解时事新闻的方便途径；1925年英国首次播映电视；1933年法国人克拉维尔建立了英法之间的第一条商用微波无线电线路，推动了无线电技术的进一步发展。静电复印机、磁性录音机、雷达、激光器都是信息技术史上的重要发明。

第五次信息技术革命始于20世纪60年代，其标志是电子计算机的普及应用以及计算机与现代通信技术的有机结合。随着电子技术的高速发展，军制、科研迫切需要解决的计算工具也大大得到改进，1946年由美国宾夕法尼亚大学研制的第一台电子计算机诞生了。1946—1958年属于第一代电子计算机时代；1958—1964年属于第二代晶体管电子计算机时代；1964—1970年进入第三代集成电路计算机时代；1971—20世纪80年代属于第四代大规模集成电路计算机时代；20世纪90年代末逐步跨入光电集成时代（光子时代）；21世纪是网络技术时代，至今正在进入人工智能时代，基于互联网的计算进入云计算时代，实现了人、事物、社会之间的数据互通、数据共享。

1.2.2 光的基本特点与信息属性

光的基本性质是光电信息技术的基础。光是一种电磁波，它既有波动特性又有粒子特性，光的粒子特性一般用光子来描述。光子是光的最小单位也是中性粒子，其静止质量为零，具有电磁场能量与动量且具有一定的振荡频率，还带有决定偏振模式的本征角动量。光子在真空中以光速传播，在其他物质中的传播速度将减慢。光（电磁波）在真空中的传播速度值为$c=299792458\text{m/s}$，一般近似为$3\times10^8\text{m/s}$，这是最重要的物理常数之一。狭义相对论的基本原理之一是光速不变原理，这与光速定义为一固定值是相一致的，不过迄今还有人仍在检验在更高的精确度下光速究竟是否恒定。

物质对光波传播速度减慢的多少与光速之比的倒数就是这个物质的折射率，折射率越高，光传播的速度越慢。光的传播方向用光波矢来表示，波矢是矢量。光子具有波动特性，在空间位置特性上遵循衍射与干涉规律。光子具有离散的量子化能量，频率为ν的光子，其能量为

$$E=h\nu$$

其中h为普朗克常数。描述光子的参数可以是它的频率或波长或能量及其他的模式。

除了光子本身在位置上就具备波动特性之外，大量的光子构成一束光波，光波在传播时可以完全用波动理论来描述，光波在传播过程中会形成波阵面，简称波面。不同的光波在传

播时波面的形状是不同的，有多种形式。人们经常观看到的太阳或星星的光波，因为在宇宙中星球之间的距离极大，可以认为星际之间的光是平行光，其波面可以近似认为是平面，所以又称为平面光波。如果发光点很小的光源发出的光波，其波面是球面，人们称之为球面光波。

光子具有角动量，从波动光学的角度讲，光波是一种电磁波，其中电场的振动方向就是波的偏振特性的表现或者偏振模式。所谓偏振就是指光波电磁场中电场的振动面的方位与特性，一般有线偏振光（电场的振动在一个平面内）、圆偏振光（电场的振动面绕光传播轴旋转）等。

光在同种均匀介质中沿直线传播就是粒子性的一个很好的表现，小孔成像、日食、月食和影子的形成都证明了这一事实。光的直线传播不仅需要均匀介质，而且必须是同种介质，即折射率相同且均匀，这一特性可以简称为光的直线传播特性，更为普遍的光波传播遵从费马定理。光在两种不同的均匀介质的界面上要发生折射与反射，此时光就不是直线传播了，由折射率公式与反射率公式计算光波在界面上的折射与反射效应。

光波的传播具有可逆性，即如果从 A 点发出的光波可以到达 B 点，那么 B 点发出的光波也一定能够到达 A 点。

光波可以有不同的频率或者波长，在电磁波谱（见图 1.14）中，按照波长的长短，可以将光波按照波长从短到长分成下列一些谱段：X 射线、深紫外、紫外、可见光、近红外、中红外、远红外、太赫兹波。这些电磁波谱段都是光电信息技术研究与处理的光谱范围。

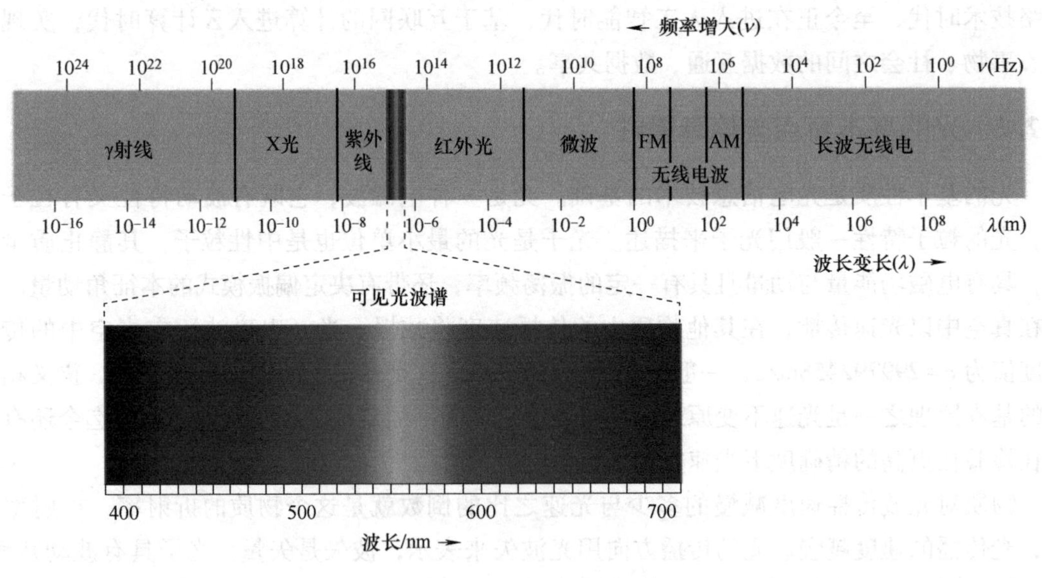

图 1.14　电磁波波谱图

光的波动性主要表现在光波具有干涉与衍射特性。当两束或两束以上相同频率、相同偏振、相位差异恒定的光波叠加时就会出现光波的干涉效应，形成干涉花样（通常称干涉条纹），干涉花样是用光波的波长为尺度来描述几个光波在叠加区域的相位的不同。当一束光波经过一个与波长相当的小孔或者狭缝时，光波的传播方向会因为遮拦物的遮拦产生偏离传播方向的绕射现象，这种现象就是光波的衍射，光波的衍射在光束孔径受限时就会发生，受限越厉害，衍射越严重。光波的干涉与衍射都是波长尺度上的现象，而可见光的波长大概在0.5μm量级，所以利用光学效应可以很方便地实现亚微米的信息获取，甚至进入纳米级的探测，为信息科学与技术的发展提供了强有力的工具与手段。

光波的衍射还产生了一系列新的光学元器件，比如基于衍射效应的光栅器件。光栅就是在不透明的基片上刻画上一系列很细的狭缝，或者在基片上镀制一系列不透明的很细的狭缝，光在经过这些狭缝时产生强烈衍射，衍射后的光波交叠产生干涉形成强烈色散，这些狭缝的宽度与间距决定了光栅的色散特性。光栅的出现带动现代光谱分析技术的发展，使人们更好地了解物质的结构与组分。

另一方面，光在均匀介质中是直线传播，人们习惯上用光线来表示向一个方向传播的光波，光波波面的法线就是光波的光线方向。一个平面光波就可以用一条光线来表示，因为它只在一个方向传播。当平面光波在介质中传播时，介质的折射率与该介质中传播距离的积成为光波的光程。因此当光在非均匀介质中传播时，光一般是按曲线传播的，光的传播路径都可以通过费马原理来确定。费马定律是光学中的基本定律之一，它表述为光一定按照两点之间最短的光程来行进，这就是光的传播定律。

撇开光的波动本性，以光的直线传播为基础，研究光在介质中的传播及物体成像规律的学科被称为几何光学。在几何光学中，以一条有箭头的几何线代表光的传播方向，叫作光线。几何光学把物体看作无数物点的组合（在近似情况下，也可用物点表示物体），由物点发出的光束可以看作是无数几何光线的集合，光线的方向代表光能的传递方向。这些概念显然与光的波动本性相违背，但是如果所讨论的研究对象的尺寸远远大于光的波长，而它的细微结构也不必十分严密考虑的情况下，由几何光学得出的结论还是很好的近似（应用波动光学可以得到光的传播问题的严密的解）。由于几何光学方法简捷，在解决光学技术问题中经常用到它。

几何光学是光波波长无限短的表示。几何光学是基于光的传播三个基本定律：①光的直线传播定律；②光的独立传播定律，即两束光在传播过程中相遇时互不干扰，仍按各自途径继续传播，而当两束光会聚同一点时，在该点上的光能量是简单相加；③光的反射和折射定律，即光在传播途中遇到两种不同介质的分界面时，一部分反射、另一部分折射，反射光线遵循反射定律，折射光线遵循折射定律。

按照几何光学原理，光线在球面分界的两个折射率表面会产生严重的偏振，不同高度的光线偏振的角度不一样，这样人们就设计出了由两个球面组成的透镜。

透镜基本上有两大类：一类是凸透镜、一类是凹透镜，当然这里都是指透明的玻璃透镜。透镜可以实现对光束的汇聚与发散等功能，可以利用透镜的口径与焦距来表述透镜，通过不同透镜的组合来构造成像系统。对于一个单透镜系统（见图1.15），如果透镜的焦距为f，对于距离透镜距离为l的物体将在距离为l'之处成像，三者之间的关系为

$$\frac{1}{u}+\frac{1}{v}=\frac{1}{f}$$

透镜有一定口径，透镜口径对物体轴上点的张角就是数值孔径角，一个成像系统由于有一定的口径限制，不是物体发出的所有方向的光线都能够进入成像系统，所以存在一定的孔

径受限，而孔径限制了光学系统的成像能力。100多年前，德国科学家阿贝提出了光学系统存在成像的分辨率极限，如图1.16所示，在阿贝公式中，N是折射率，x就是光学系统的极限分辨率，θ是物镜对样品的张角。

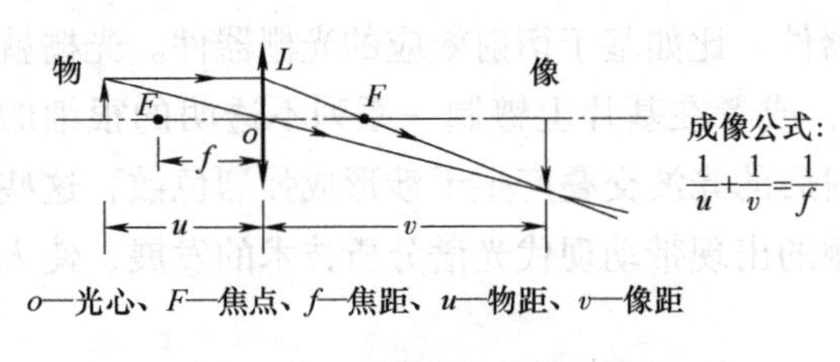

图1.15　透镜成像几何光路图

图1.16　阿贝和阿贝公式

最基本的透镜由两个球面构成。球面透镜有对称轴，离轴距离不同的光线经过透镜后在轴上聚焦的位置不同，由于透镜折射率具有色散（折射率是波长的函数），不同波长的聚焦点也不一样，不同的倾斜角的光线汇聚的位置也不一样，因此球面透镜系统存在成像的像差。像差一般涉及轴上像差与轴外像差两大类：轴上像差主要是球差、位置色差；轴外像差包括慧差、像散、场曲、畸变、放大色差。一个好的光学系统必须进行光学系统的像差校正，以便克服因为球面系统产生七种成像像差，影响成像质量。

随着信息技术的发展，人们对光的需求日益增强，光在现代信息技术中特别是在人工智能时代的智能感知技术中发挥着越来越重要的作用，直接影响人类对自然和社会的感知。

1.2.3　光电信息技术的基本特点

光电信息技术就是利用光作为信息载体，是利用光的特性来获取信息、加载信息、传播信息、处理与再现信息的方法与技术。它具有很多传统信息技术中不具备的特点，而且是信息技术发展到21世纪的必然。它的主要特点体现在以下几方面：

（1）非接触　在常规情况下，光束的光子形成的光压很小，与地球引力以及其他场的作用力比，在大部分常规应用中是可以忽略的，所以光束照射物体几乎是非接触方式的，光电信息可以依此在常规的应用中特别是对于宏观测量具有非接触的特性。

（2）可视化　人眼对可见光是敏感的，人类获得信息的70%是依赖人眼的视觉，因此光在信息展示与获取中的可视性是非常突出的。人们可以很方便地观看到在空气中传输的光束，这是由于大气中的气溶胶散射效应使在空气中传输的激光发生散射，进而使人们可以看到大气中传输的光。

（3）电中性　光子是中性粒子，一般情况下电磁场对其的作用很小，因此它可以到达或探测很多人们原来无法探知的世界。另外，电中性也意味着在复杂条件下的探测更加安全，不易燃易爆，没有静电影响，这在现代精细工业、微纳米工业中具有不可替代的作用。

（4）可并行　光束传输和光束传播的互不干扰特性使得光束可以很容易实现大的并行，极大地提高了信息的获取精度、获取速度与获取能力，传输能力以及处理能力都得到了巨大提升。

（5）频率高　光的载频高、信道容量大、可传输的信息量多，当今已经是光通信的时代，人们的日常生活离不开光的通信形成的信息传递。频率高还意味着信息量大、波长短、精度高，光电探测目前还是人类实现纳米级探测以及成像的基本手段与方法。

（6）原始性　宇宙产生于大爆炸，大爆炸必然形成大量的宇宙辐射，这些辐射都是光的各种形式，所以光又可以被认为是宇宙诞生的产物。人们可以通过探测辐射来研究宇宙的起源，以寻求过去与未来。

正是基于以上光的特点，光电信息技术具有极高的信息容量和效率、极快的响应能力、极高的分辨本领、极强的互连能力与并行能力、极大的存储能力以及为人类所直接感知的能力（视觉感知）。因此，光电信息技术的发展催生出大量新型的光电信息产品，形成了如今的光电信息产业，并在现代人工智能的智能感知时代发挥着越来越重要的作用。

1.3　光电信息技术涉及的产业与发展趋势

1.3.1　光电信息产业的形成背景

光电信息产业是随着信息产业的形成而形成的，同时光电信息技术的发展又推动了信息产业的发展。

光电信息技术发展的核心是三个标志性的事件，对应三个诺贝尔奖：一是1959年激光的提出与发明；二是20世纪60年代光纤通信的诞生；三是CCD图像传感器的发明。应该说激光的出现使得传统光学工程走向了近代光电子技术与光电工程，光学工程走出了成像的圈子而在各行各业中发挥了极大的作用。另外，20世纪60年代以后光电传感器的出现特别是CCD的出现极大地改变了人类观测实物的方法，信息传递技术实现了数字化，使得光学工程技术真正进入了光电子时代。

可以从经典光学产业与光电信息产业所涉及的学科内容上看到两者的区别（见图1.17）

21世纪人类进入光子时代，以光子科学与技术为特征的光电信息工程涵盖了经典的光学与光电子学，因此从产业分类来说，21世纪的现代光电信息工程产业将是经典光学产业与光电子产业的集成，光电产业已经发展到经典光学产业与光电子产业相互交融、共同发展

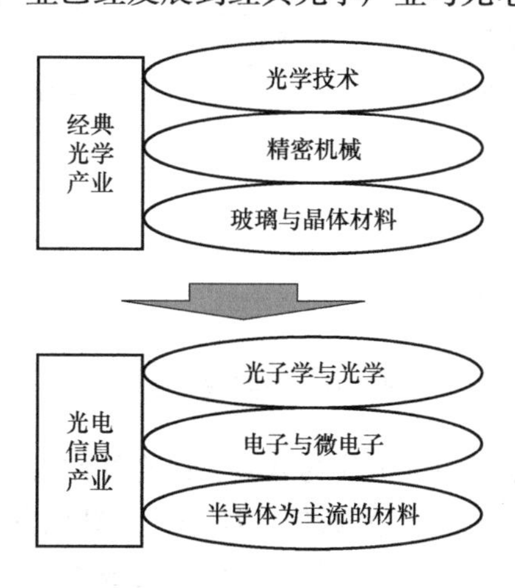

图1.17　经典光学产业与光电信息产业的区别

的阶段，各种产业并存构成了完善的上下游产业链，它将不断发展壮大，从以信息技术产品为主的产业发展为信息产品、生物信息产品以及能源产品共生的新型光子学产业。因此，可以预见21世纪将是以光子学为特征的现代光电信息工程产业快速发展、大有作为的世纪。

1.3.2 光电信息技术主要涉及的产业领域与规模

目前，光电信息技术主要涉及的领域与产业有光通信产业、光显示产业、手机成像产业、智慧城市与物联网产业、光电子产业以及仪器仪表产业等。

1. 光通信产业

光通信技术是一种以光波为传输媒质的通信方式，光波和无线电波同属电磁波，但光波的频率比无线电波的频率高，波长比无线电波的波长短。因此，光通信具有传输频带宽、通信容量大和抗电磁干扰能力强等优点。

光通信技术的诞生是电信史上的一次重要革命，与卫星通信技术、移动通信技术并列为20世纪90年代的技术。进入21世纪后，由于因特网的迅速发展和音频、视频、数据、多媒体应用的增长，对大容量（超高速和超长距离）光波传输系统和网络有了更为迫切的需求。光通信产业是国家的支柱产业之一，决定了国家的信息高速公路的畅通与否以及网络时代的到来。光通信技术的发展直接造就了互联网时代，推进网络社会化和信息社会的发展。

常见的光通信主要有自由空间光通信、空间激光通信、光纤通信等，相关学科分支则涉及光纤光缆技术、光通信器件（集成）、光纤传感技术、空间光通信技术以及量子通信技术等。

空间激光通信（见图1.18）的信息以激光束为载波，在大气中传播。它不需要铺设线路，设备较轻、便于机动、保密性好、传输信息量大，可传输声音、数据、图像等信息。但空间激光通信易受气候和外界环境的影响，一般用作河湖山谷、沙漠地区及海岛间的临时性的视距通信。

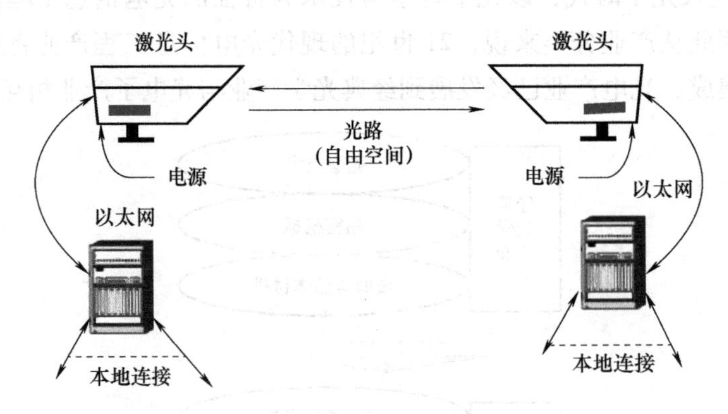

图1.18 空间激光通信

与之不同的是，光纤通信是以光波作为载波、以光纤作为传输介质将信息从一处传至另一处的通信方式，被称之为“有线”光通信。如今，光纤以其传输频带宽、抗干扰性强和信号衰减小等优点而远优于电缆、微波通信的传输，已成为世界通信中的主要传输方式。其主要优点包括容量大、衰减小、体积小、重量轻（有利于施工和运输）、抗干扰性能好、保密性强、节约有色金属、成本低，为光纤通信的迅速发展创造了重要的前提条件。

1966年英籍华人高锟发表论文提出用石英制作玻璃丝（光纤），其损耗可达20dB/km，可实现大容量的光纤通信，但是当时世界上相信的人很少。1970年，Corning公司研制出损失低达20dB/km、长约30 m的石英光纤。在此基础上，1976年贝尔实验室在华盛顿和亚特兰大建立了一条实验线路，虽然传输速率仅为45Mbit/s，只能传输数百路电话，而当时用同样尺寸的同轴电缆可传输1800路电话，但是光纤通信的雏形开始形成，光纤传输的优点让人们看到了曙光。

当时尚无可用于通信的激光器，而是用发光二极管（LED）作为光纤通信的光源，所以速率很低。1984年左右，通信用的半导体激光器被研制成功，光纤通信的速率达到144Mbit/s，可传输1920路电话。1992年，一根光纤的传输速率达到2.5Gbit/s，可传输3万余路电话。1996年，各种波长的激光器被研制成功，可实现多波长多通道的光纤通信，即所谓波分复用（Wavelength Devison Multiplex，WDM）技术（见图1.19），也就是在一根光纤内传输多个不同波长的光信号，于是光纤通信的传输容量倍增。

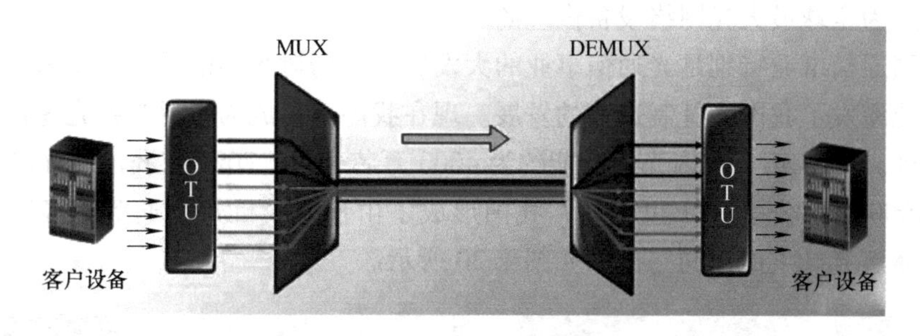

图1.19 波分复用技术

2000年，利用WDM技术，一根光纤的传输速率可达到640Gbit/s。据此国际信息高速公路借助于光纤通信建立起来，全球看好光通信产生的巨大市场，美国硅谷成为光通信发展的龙头，全球的光学工作者都向硅谷靠拢，全世界的信息基础设施建设即信息高速公路建设进入高潮，为后面网络时代的到来奠定基础，但是也逐步形成21世纪初全球经济的“光纤通信泡沫”。

光通信泡沫过后，全球光通信的研发中心逐步向我国转移，我国逐步成为全球光通信技术发展的主要生产与研究基地。从光纤通信发展史可以看出，尽管光纤的容量很大，但若没有高速度的激光器和微电子仍不能发挥光纤超大容量的作用。现在电子器件的速率才达到吉比特每秒量级，各种波长的高速激光器的出现使光纤传输达到太比特每秒量级（1Tb/s=1000Gb/s），人们才认识到光纤的发明无疑引发了通信技术的一场革命。

我国光纤通信的发展起步于1972年，当时电子部委托中国科学院部署研发，传输的石英光纤由中科院上海硅酸盐研究所承担，半导体激光器和光电探测器由中科院半导体所承担，而系统样机（时称732机）由中科院福建物构所承担。1979年，北京、上海等地建成了市内电话中继用的光纤通信系统试验段，是当时国际上拥有光纤通信现场试验线路的少数国家之一。当时建立的商用短波长（0.8~0.85μm）的多模光纤通信线路中继距离为十几公里，传输速率为34~140Mbit/s。后来使用的工作波长为1.3μm的单模光纤通信的中继距离为 30~40km，传输速率为 140~280Mbit/s。20 世纪 80 年代中期，数字光纤通信的速率已达到 144Mbit/s，可传送 1980 路电话，超过同轴电缆载波。在更高速率的光纤传输系统研究上，北京邮电大学于 1987 年研发出 400Mbit/s 光纤传输系统，同期在国内首次实现了 800Mbit/s 光纤传输试验系统，该 800Mbit/s 光纤传输试验系统在国家“七五”攻关成果展览会上得到了展示。

光通信是 20 世纪 80 年代以来我国重点发展的一门新兴光学产业，已成为我国电信系统的主流技术，并已在信息领域中占有了重要地位。我国已建立了“八纵八横”为主轴的国家级光通信体系，截止 2020 年底，全国已铺设的光缆总长已达 5169 万公里，省级干线也在迅速发展中，其发展规模居世界领先地位。

2013 年我国光传输技术再获突破，实现单通道 3.2Tbit/s 无误码实时传输，相当于现网运行的 100G 商用系统速率的 32 倍。该系统实验保有相当大的余量，据推算，最远传输距离约为 3600 公里，为世界先进水平。由于光通信市场的迅速膨胀，国内许多公司转入光通信领域，正在形成一支实力雄厚的力量。国内光通信企业也开始走向国际市场，华为、中兴通讯等都已经成为全球最大光网络设备供应商。

随着我国通信事业特别是光通信事业的大发展，市场对光纤的需求急剧增加，市场的牵引作用极大地激发了我国光纤制造业的发展。现在我国已经成为世界光纤光缆行业的主要消费区和加工区。2004 年，国内光缆产能约为 4000 万芯公里；2020 年我国的光纤光缆产量已经发展到 21000 万芯公里。21 世纪初，我国形成了由长飞、杭州富通等十多家企业生产光纤的产业群体。光纤生产车间与产品如图 1.20 所示。

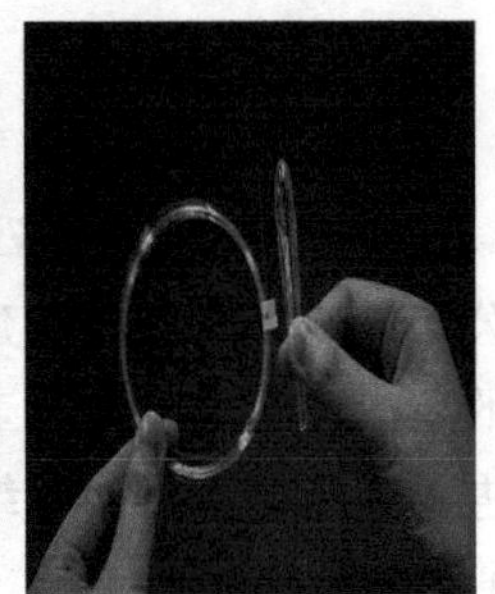

图 1.20　光纤生产车间与产品

2. 光显示产业

我国的光显示产业起步于 20 世纪 50 年代，主要标志是电影放映机设备的生产。南京电影机械厂成立于 1952 年，是我国最早的电影机械厂，它于 1952 年 6 月生产出我国第一台电影放映机——长江 200 型 16 毫米流动式放映机。此后，该厂又先后生产出我国第一台 35 毫米流动式放映机、宽银幕电影放映镜头、16 毫米及 35 毫米编辑机、120 和 135 照相机、35 毫米逐格放映机、16 毫米简易印片机等。20 世纪 50 年代到 80 年代，国内还相继建立了多家电影机械厂，如哈尔滨电影机械厂、八一电影机械厂、山东电影机械厂、浙江电影机械厂、广东电影机械厂等一系列电影机械生产企业，这些企业为我国电影事业的发展做出了突出的贡献。这些企业在 20 世纪 80 年代发展到高潮，随着 90 年代末数字电影技术的发展而逐渐淡出历史舞台。21世纪初，经过十余年的发展与变革，数字放映逐步成为电影行业的主流放映技术，利用空间光调制器作为图像源的数字投影设备，替代了传统的胶片电影放映机（见图1.21）。

图1.21　电影放映机的变迁

20世纪50年代末电视技术的发展带动了现代显示器产业的发展，以阴极射线管（Cathode Ray Tube，CRT）为代表的电视显示器成为从20世纪50年代一直到90年代显示器的代名词，该时期显示器的研究与发展主要是属于真空电子学科的研究范畴，光学工程学科当时主要为CRT显示器的发展提供各种光学参数的检测仪器，保证产品的生产与质量。

20世纪80年代我国开始引进等离子体显示器与液晶显示器技术，同时我国也开始布点等离子体显示器与液晶显示器技术的研究，国家从第七个五年计划开始设立了液晶显示技术的项目。20世纪90年代开始我国已经是扭曲向列型液晶显示器（TN-LCD）和超扭曲液晶显示器（STN- LCD）的全球主要产区。由于液晶显示技术中大量涉及光学工程的知识与技术，这期间光学工程学科开始逐步涉足显示领域。液晶显示技术如图1.22所示。

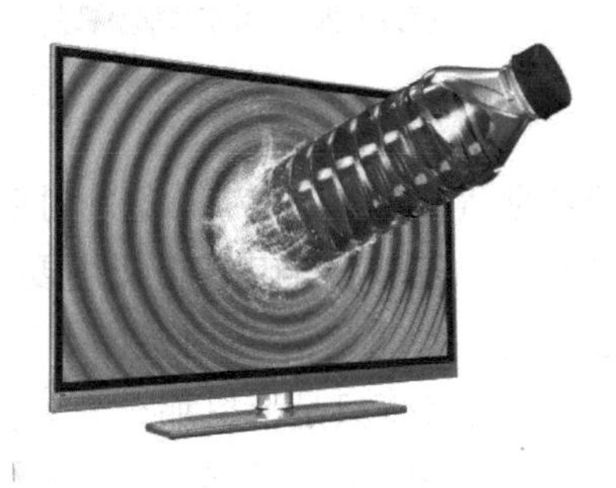

图1.22　液晶显示技术

进入21世纪以后，以薄膜晶体管液晶显示器（TFT-LCD）为代表的平板显示技术替代了传统的CRT显示器，成为信息显示技术的主流，我国几乎从零开始建起了一个规模宏大的本地液晶面板显示产业，其中京东方等在短短不到10年的时间已进入全球前五，深圳华星也已经成为国际知名的液晶板厂商。我国已成为全球最大的电子信息产业加工基地，全球超60%的显示终端在我国制造完成。截至2010年底，中国大陆共有4条4.5代线、4条5代线。目前我国已经成为国际平板显示的大国，在年生产的平板显示器面积上超越韩国，进入了高速发展的快车道。

如今，以有机发光二极管（OLED）显示为代表的新一代平板显示器也发展迅速，正成为未来显示技术的重要发展方向。据统计显示，目前，发展 AMOLED 技术的面板厂主要有京东方、天马微电子、维信诺、虹视与彩虹等。这些企业主要可以分为两类：一类是有 TFT-LCD 液晶屏幕制造基础的企业，比如京东方和天马微电子；另一类则是没有液晶制造基础、新进入 OLED 制造领域的企业，比如京东方、维信诺等，京东方等在大面积 OLED 显示屏方面已经开始大批量的生产。

另外，我国还有全球最大的电视机生产商、最大的 PC 生产商以及众多的手机移动信息产品的生产商，这些厂商为各种尺寸显示器的生产提供了广阔的市场，形成完整的产品产业生态与产业链。

3. 手机成像产业

从 1983 年第一部商用移动电话诞生至今，手机已经在人们的生活中悄然走过了将近 30 年的时光。随着功能的日益完善，手机已经不再是简单的用于通话的工具，而是逐步成为人们平时必不可少的随身物品，是当今信息社会个人最主要的移动信息产品（见图 1.23）。手机的发展经历以下几个时期。

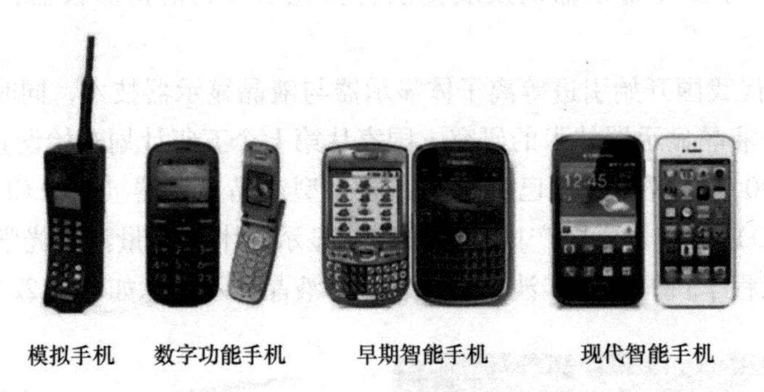

图 1.23　各个时期的手机

（1）萌芽期（1987—1997）　这一时期的主要特点是手机产品刚刚出现并且国外品牌占据我国全部市场，国内手机生产企业主要靠 SKD、CKD 方式生产国外品牌手机，市场由摩托罗拉、诺基亚、爱立信等公司垄断。正式进入我国市场的第一部模拟手机是摩托罗拉 3200，然而它的意义不只是手机那么简单，它曾经以绝对的优势垄断了我国的手机市场；它造就了“大哥大”这个词；它成了 20 世纪 80 年代香港电影的重要道具之一；它因不菲的身价和昂贵的费用也成了当年身份的象征。当时手机还工作在模拟信号模式，几乎没有显示屏，整机布满键盘按钮，体积硕大。

随后手机开始进入数字时代，爱立信的 GH337 则是第一款登陆我国大陆的 GSM 手机。作为一款数字手机，无论是性能还是其他方面都较模拟手机好得多，也可以说是当时的时尚潮流。手机进入数字时代，同时手机的显示屏显示的信息量开始多起来了。

（2）起步期（1998—2003）　这一阶段的特点是 GSM 手机普及，国内手机产业开始起步，国产手机市场占有率实现了零的突破，并掌握了一定的自主知识产权。

1998年信息产业部成立，国家实施了移动通信专项，投入数十亿元的资金大力开发具有自主知识产权的移动通信核心技术，扶持具有自主知识产权的移动通信产品的发展。1999年初，国务院颁布5号文件并相继出台了一系列优惠政策，支持整机和配套元器件自主开发、中试及产业化，扶持一批有一定技术和经济实力的手机生产企业。1998年我国确定了东方通信等10家国内企业作为手机生产的重点企业，加以大力扶持。此时，在核心技术方面，除了芯片和底层软件尚不能自主开发外，中兴、科健、南方高科等国内厂家已掌握了手机协议层软件开发、手机基带芯片的逻辑电路设计、手机结构设计、人机界面设计等关键技术。另外，如中国电子集团公司、中兴、科健等已开展了GSM核心芯片初步的设计工作。

1999年我国首次生产出自有品牌手机，当年产量为113万部，基本都在国内销售，国产品牌占有率实现了零的突破，达到4.98%。到2003年，十几家国产手机品牌开始起步，并在短短的两年间迅速发展，其中以“手机中的战斗机”波导手机为代表，强劲的手机信号能力使其一时之间便刮起了“旋风”。国内手机市场的成功对国外品牌手机造成极大冲击，并开始逐步走出国门。

（3）快速发展期（2004—2007） 在国家信息发展战略的推动下，我国的手机产业有了快速的发展，同时国际上手机市场也在逐步扩大，手机产业逐步从欧洲向亚洲移动，韩国成为国际手机的发展中心。从2003年底起，手机的多媒体发展步入了一个井喷的时代。各种各样的多媒体功能如“填鸭”一般加到了形形色色的手机上，2006年开始进入3G时代，那时手机行业进步的速度已经远远超出了人们的想象。

手机的形态、功能发生重大的变化，从单纯的通信产品向便携的信息终端方向发展。第一款无天线手机是汉诺佳CH9771；第一款内置游戏的手机是诺基亚变色龙6110；第一款双显示屏的手机是三星SGH-A288；第一款WAP手机是诺基亚7110；第一款照相手机是夏普在2000年推出的手机，这部手机可以拍摄出10万像素的照片，但是因为像素很低，这部手机并没有受到人们的重视（真正相机手机的出现应该是诺基亚的100万像素手机）；率先搭载自动对焦镜头的是索尼爱立信K750i；第一代机王是诺基亚N95。这些都预示着手机向个人移动信息终端的方向发展，而不再是简单的通信工具（见图1.24）。

图1.24 初期的拍照手机

（4）智能信息终端时期（2007—现在） 2007年苹果推出iphone手机（见图1.25）标志着手机正式进入智能时代，手机不再仅仅是通信工具，它已经成为人们不可或缺的信息终端。它以极快的速度融入移动互联网，并成为人类与网络世界的最佳接口。手机的拍照功能得到人们的充分重视，各种成像技术和成像软件纷纷涌现。高像素、高品质的手机摄影摄像成为人们日常生活中的必须，一个手机只有一个摄像模组的时代一去不复返，双摄像头成为手机的标配。没有人再去怀疑手机拍出来的照片是不是真正有实用性，手机拍照只会变得越来越强——500万像素已经成为最低标准，800万像素成为基本达标配置，1000万像素的手机相机已经普及，2000万以上的手机相机已经充斥市场，人们开始对手机相机进行无止境的追求。

图1.25　苹果iPhone 4是拍照手机真正流行的开始

同时人们对手机显示器的要求也逐步提高，人机界面的友好化要求显示器具有多点触摸操控功能。除了高像素，手机相机具有变焦功能（见图1.26），双镜头（见图1.27）也成为手机相机的发展趋势，另外极特殊图像的拍摄功能如VR拍摄、全景拍摄等也将成为手机相机发展的重要方向。

图1.26　三星Galaxy S4 Zoom的10倍光学变焦镜头仍是异类

图1.27　双镜头成为当今手机相机的发展趋势

首先，高像素可能仍是重点之一，类似三星Galaxy S5这样的2014年旗舰产品，将搭载1600万像素传感器并配备光学防抖功能，这一配置至少在Android领域将逐渐成为主流；其次，4K视频拍摄能力也将是标配，这主要得益于处理器性能的升级；再次，在拍摄体验方面，一些手机厂商似乎对Lytro光场相机“先拍摄、后对焦”的特点十分感兴趣，这种拍照体验也将有效提升用户体验，用户不必再为失焦的照片而烦恼了；最后，在软件应用上，视频分享逐渐流行，用户更关注效果编辑等功能，越来越多的厂商也在手机内集成简单易用的视频编辑功能，满足用户的需求。

2010年以后我国的手机行业发展迅速，以华为、小米、OPPO等为代表的手机企业逐渐发展成为国际手机领域的巨头，手机中的光电技术正在突飞猛进的发展。除通信与信息处理功能增强以外，手机发展主要体现在三个重要的方面：一是手机显示屏技术在分辨率、色彩与形状方面有重要发展，出现了视觉分辨极限屏、折叠屏、超色域屏、三维显示屏、曲面屏等；二是手机相机方面有了革命性的变革，除了分辨率大幅度提高外，大变焦、智能化以及三维成像等功能多样化成为主流，除了拍照功能之外，多镜头组合、100倍变焦、三维成像、光谱成像等都逐步进入手机相机的范畴；三是触摸功能的增强，手机的交互功能极大提高，指纹、视网膜等生物识别技术和屏下光学系统成为发展趋势。

总之，手机拍照已经成为移动互联网应用中不可或缺的一部分，未来的进化也将围绕画质、功能、手机硬件等多方面展开，现在手机相机已经取代卡片相机，成为大家日常生活记录的首选工具。

4. 智慧城市与物联网产业

1959 年，故宫发生了新中国成立后的第一起盗宝案，由于当时没有安防设备，古时皇帝订婚的金册、古钱币、御用配件等文物都被偷了。从此，我国开始研发安防报警设备，这就是现代智慧城市的城市监控管理系统的前身。近六十年来，城市监控报警系统从无到有、从弱到强，我国已经成为国际监控技术与产品的主要提供国。

早期报警产品是采用晶体管制作的单纯的监听系统，通过声音来判断到底出现了何种情况。从 1959 年至今，安防系统发生了翻天覆地的变化，除了声音监听，还有图像监测、红外报警、门禁识别等功能，可以说各个系统联动的安防设备开始覆盖到常见场所了（见图 1.28）。随着信息社会的到来，人类开始进入信息时代，而互联网技术的日益发展使城市开始逐步进入智慧城市，人们在城市的各个地方建设了大量的光学成像监控设施，这样既可以构成整个实施的数字化的城市，同时也可以实现更好的社会管理与社会服务，提高人们的生活质量。

图 1.28　视频相机应用于安防

2005 年之后，安防行业逐步向智慧城市技术与产品行业发展，形成了一个更为巨大与重要的产业。现在安防已经构建出系列化、系统化的城市视频音频以及数据网路体系。在视频安防方面有球机、CCTV、枪机等各类视频检测相机，而且具备了视频存储、灵巧分析、视频传输等功能。

2008 年，北京奥运会的召开为安防行业的发展带来了极好的机遇，大量的安防产品被应用在各种基础设施上；继北京奥运会之后，上海世博会、广州亚运会、深圳大运会一次次为金融危机下的安防带来了一片曙光，使得我国的安防产业急速发展，形成了强大的产业力量。很难想象，假如今天的城市没有安防监控设施，社会将如何管理。2000 年我国安防产值仅为 250 亿元，2005 年安防产值超过了 900 亿元，2007 年达到 1450 亿元，2010 年这个市场的产值已经到达 2100 亿元。可以看出，我国安防市场的需求量和份额均以接近 30%的速度迅猛增长，远远超出传统制造业的增速和盈利水平。

作为智慧城市的重要技术组成部分，安防产品遍布大街小巷、高速公路和各种基础设施，就连作为交通工具的汽车上也配置了多台摄像系统，从球机到枪机一直到 CCTV，还有各种广角监控、望远监控等无所不包。

物联网（Internet of Things，IoT）是信息社会中的关键技术，是新一代信息技术的重要组成部分，也是信息化时代的重要发展阶段。顾名思义，物联网就是物物相连的互联网。这有两层意思：其一，物联网的核心和基础仍然是互联网，是在互联网基础上的延伸和扩展的网络；其二，其用户端延伸和扩展到了任何物品与物品之间，物物之间可进行信息交换和通信，也就是物物相息。通过智能感知、识别技术与普适计算等通信感知技术，物联网被广泛应用于网络的融合中，也因此被称为继计算机、互联网之后世界信息产业发展的第三次浪潮。而在智能感知中，相机成为图像信息获取的基本手段被大量应用，并不断发展（见图 1.29）。

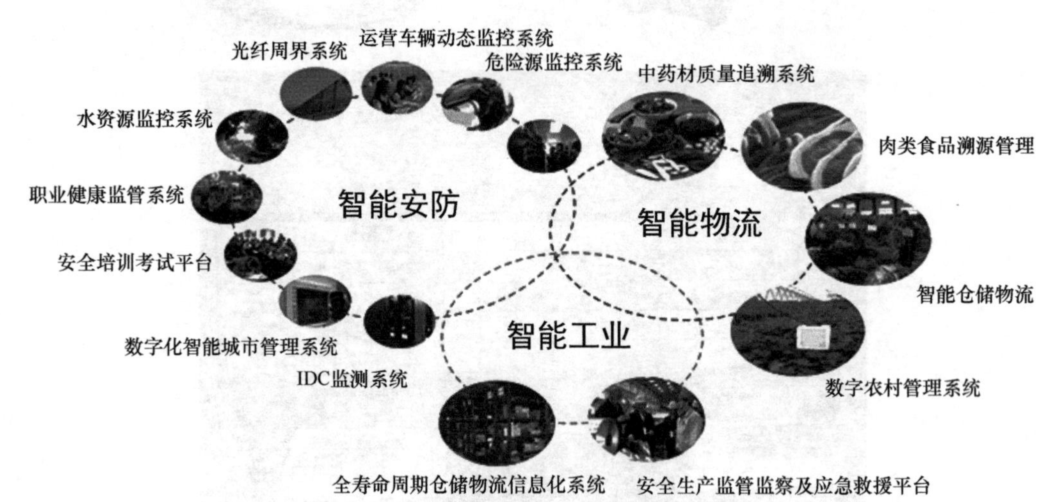

图 1.29　相机系统在智能感知中的重要作用

利用局部网络或互联网等通信技术把传感器、控制器、机器、人员和物等通过新的方式连在一起，形成人与物、物与物相连，实现信息化、远程管理控制和智能化的网络。根据中国物联网校企联盟的定义，物联网为当下几乎所有技术与计算机互联网技术的结合，实现物体与物体之间、环境以及状态信息实时的共享以及智能化的收集、传递、处理、执行。广义上说，当下涉及信息技术的应用都可以纳入物联网的范畴。物联网可定义为通过各种信息传感设备如传感器、射频识别（RFID）技术、全球定位系统、红外线感应器、激光扫描器、气体感应器等各种装置与技术，实时采集任何需要监控、连接、互动的物体或过程，采集其声、光、热、电、力学、化学、生物、位置等各种需要的信息，与互联网结合形成的一个巨大网络。其目的是实现物与物、物与人以及所有的物品与网络的连接，方便识别、管理和控制。

5. 光电子产业

光电子产业是随着激光的产生而产生的，主要涉及各种光源技术、各种光电探测器以及光电调制、解调、放大、处理等器件与技术，其中激光技术产业是光电子产业的核心。

激光技术是20世纪以来可以和原子能技术、计算机技术及半导体技术相提并论的重要技术之一。激光技术自诞生以来，就对人类社会产生了深远的影响。到目前为止，激光技术经过了几十年的发展，已广泛地用于通信、音像、加工、医疗、检测以及印刷等行业，从常见的条形码扫描仪到复杂的激光通信设备，与激光相关的市场价值每年高达上万亿美元，形成了从基本的激光器件到激光设备服务行业的整条产业链。

我国激光产业也有了很好的基础，特别是在激光应用方面发展明显，由1988年的1亿元增加到1998年的8亿元，平均年增长22.3%，10年销售额达41.2亿元。2008年我国激光产业销售额增长到了80亿元，2012年突破120亿元。目前，我国具有一定规模的激光企业有500多家，主要生产激光加工机、激光打标机（见图1.30）、激光美容机等产品，这些产品均占据相当的国际市场。这些企业主要分布在长三角、珠三角及华中等地区，为国民经济的发展做出了贡献。

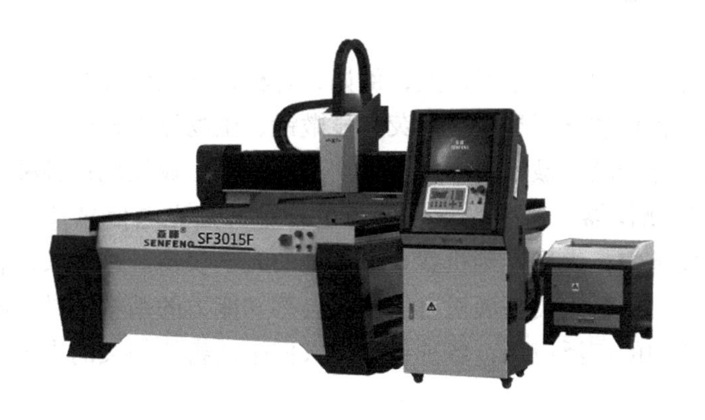

图1.30 激光打标机

半导体光电子产业也是一个具有相当规模的产业，包括除激光之外的发光二极管（LED）产业、用于照明的有机发光二极管（OLED）产业、太阳能电池产业以及光电探测器产业（比如各种光电探测器、面阵与线阵探测器、红外探测器、紫外探测器等）。其中LED照明已经成为人类照明的重要发展趋势，其发光效率已经达到150lm/W，大大高于传统的白炽灯与荧光灯。另外由于它具备体积小、易集成等特点，正在各行各业得到普及应用。太阳能电池作为一种绿色能源正在受到人们的充分重视，各种太阳能电池技术发展迅速，已经从传统的单晶硅太阳能电池发展到多晶硅薄膜型太阳能电池、有机聚合物太阳能电池以及其他非硅基类太阳能电池（见图 1.31），太阳能转化效率也在快速提升，从原来 7%左右就可进入市场的产品转化效率提升到 15%~20%的产品转化效率。太阳能电池正在成为人类最友好的绿色能源的途径之一。光电探测器产业主要涉及各类光电探测器、光电传感器、光电调制器、光电控制器等。图像传感器就是其中的一大类，它们已经从最经典的 CCD 面阵传感器向 CMOS 面阵传感器方向发展，向着高像素、高分辨、高灵敏、快速响应方向发展，向着光电混合集成智能化器件方向发展，正在形成重大的产业。同时，除了可见光成像，红外与远红外成像的图像传感器、弱光成像的像增强器等也都在快速发展。

图 1.31 太阳能电池

在单元光电探测器方面，雪崩光电二极管、光电倍增管、光电管、红外光电管等已经大量被用于物联网等传感应用之中，液晶器件、光栅、声光调制器、电光调制器等器件随着应用于需求的增加，都在成长为新的产业。

6. 仪器仪表产业

仪器仪表产业是应用光电信息技术的一个重要产业，例如，各种化学光谱分析仪、质谱仪、色谱仪等都是光电信息产品；各种教学用显微镜、荧光显微镜、生物体视显微镜、共焦显微镜等大型显微镜也都是光电信息产品，被广泛应用于生物、医学、工业领域；各种大型望远镜、太空观测器、星载光学观测仪器、遥感光学仪器与设备等都是光电信息仪器的范畴；在现代集成电路工业的基础设备中，大型光刻机就是最典型的光学仪器。这些仪器各自在相关产业中发挥着极为重要的作用，是人类拓展对自然和社会感知能力的基本工具。随着光学应用特别是在农业与生命科学中的广泛应用，各种各样与人们生活密切相关的光学与光电信息仪器层出不穷。

光电信息技术与产业在现代信息社会中起到极其重要的作用，其发展不断推进信息社会的快速发展。按照摩尔定律，每 18 个月集成电路的集成度翻一番，虽然光电信息技术产品不是直接的集成电路芯片，但是它与大规模集成电路芯片息息相关。因此光电信息技术的快速发展也成为该行业的一个重要特征。从上述对光电信息产业主要领域的描述可以看出，作为信息的基本载体，光子与基于光子的信息技术正在发挥越来越重要的作用。不论是上天探索宇宙起源，还是下海穷尽海洋奥秘；不论是下一代计算机芯片技术，还是未来绿色能源，都离不开光学与光电信息技术。所以学习与认知光学与光子学知识，对把握人类信息技术的未来是极其重要的。

思考与讨论题

1. 浅谈你是如何认识光电信息工程技术的，它与传统的光学技术的相同点与不同点是什么？与传统的电子技术的相同点与不同点是什么？

2. 为什么会出现光电信息技术产业？试从社会和技术两个角度说明光电信息技术产业出现的必然性。

3. 请从技术与产品线的角度论述激光发明对人类的贡献。

4. 请从当今社会信息技术产品出发，分析研讨光电信息类产品的发展趋势及其对技术发展的需求。

参考文献

[1] 郭奕玲，沈慧君. 物理学史［M］. 2版. 北京：清华大学出版社，2005.
[2] 刘旭，王珏人，张晓洁. 东亚地区光学教育与产业发展［M］. 杭州：浙江大学出版社，2009.
[3] 戴念祖，张旭敏. 中国物理学史大系：光学史［M］. 长沙：湖南教育出版社，2001.
[4] 母国光，战元龄. 光学［M］. 2版. 北京：高等教育出版社，2009.

第2章　光源技术

光电信息技术的基础是信息的载体——光，光作为信息载体是光电信息技术体系中的关键与核心。不仅如此，光源技术的发展也一直伴随着人类的发展，从某种意义上说，人类的文明史就是对光的不断探索与发明的历史，每一次光源技术的进步都极大地促进了人类社会的发展。因为光能给人们带来温暖、带来希望、带来光明，还能带来走向宇宙的路径。

太阳光让远古时代的人类认识这个世界有了可能。光明总是人类向往的目标，黑暗总是人类设法摆脱的梦魇。早在50万年前，北京猿人就已经懂得使用天然火。大约几万年前，人类又学会了钻木取火，钻木取火就是利用摩擦发热达到取火的目的。学会人工取火是人类历史上一个划时代的进步，恩格斯曾说“摩擦生火第一次使人支配了一种自然力，从而最终把人同动物界分开”。在远古时代，人类渐渐有意识地固定火源用于照明，而这些用来固定火源的辅助设备经过不断的改进与演变，就形成了早期专用照明的物件——灯具。殷商时代，人们就开始使用松脂火把照明。人们认识到光的传播速度比声音快，因此在战国之前就开始建立烽火台，形成信息传递通道。到了汉朝，出现了皮影戏的雏形，人们已经开始使用光源作为信息显示的手段。

早期人类使用以火为代表的光源，利用燃烧的火焰产生光照。一直到18世纪末，人类发明交流电之后，人们才开始对电光源开展研究。19世纪初，英国的H. 戴维发明碳弧灯。1879年，美国的爱迪生发明了具有实用价值的碳丝白炽灯（见图2.1），使人类从漫长的火光照明进入电气照明时代。1907年，采用拉制的钨丝作为白炽体，也就是出现了现在用的白炽灯的形式。1912年，美国的I. 朗缪尔等人对充气白炽灯进行研究，提高了白炽灯的发光效率并延长了寿命，扩大了白炽灯应用范围，从此白炽灯将光明带给了全世界。

图2.1　爱迪生与他的灯泡

20世纪30年代初，荷兰科学家开发出第一支荧光灯，开启了气体放电灯的时代，随后又开发出了集成镇流器于一体的紧凑型荧光灯。1938年，欧洲和美国研制出荧光灯，发光效率和寿命均为白炽灯的3倍以上，这是电光源技术的一大突破。20世纪40年代，高压汞灯进入实用阶段。20世纪50年代末，体积和光衰极小的卤钨灯问世，改变了热辐射光源技术进展滞缓的状态，这是电光源技术的又一重大突破。20 世纪 60 年代，金属卤化物灯和高压钠灯问世，其发光效率远高于高压汞灯。荧光灯以及 20 世纪 80 年代出现的细管径紧凑型节能荧光灯、小功率高压钠灯和小功率金属卤化物灯（见图 2.2），使电光源进入了小型化、节能化和电子化的新时期。

图 2.2 气体放电灯（荧光灯，高压气体放电灯）

20 世纪 60 年代，在光源史上还有一件划时代的事情，就是激光的发明。在此之前，人类的光源都是为照明而研制的是宽谱、漫射的非相干光源。而激光作为人类的第一个相干光源，改变了人类对光的认识，人类第一次产生了非自然存在的具有超高亮度、良好方向性、很窄光谱的相干光源，正是这样的传播特性使得激光作为载频技术成为可能，同时大大增强了人们感知信息的能力，促进了社会的信息化进程，尤其是推进了光电信息工程方向的建立。

20 世纪 60 年代还是半导体技术不断发展的关键时期，人类开始关注半导体二极管光源。20 世纪 90 年代，半导体发光二极管（LED）光源的出现（见图 2.3）使人类进入固态光源时代，并进一步改变了人类对光源的驾驭方式，推进人类进入智能时代。

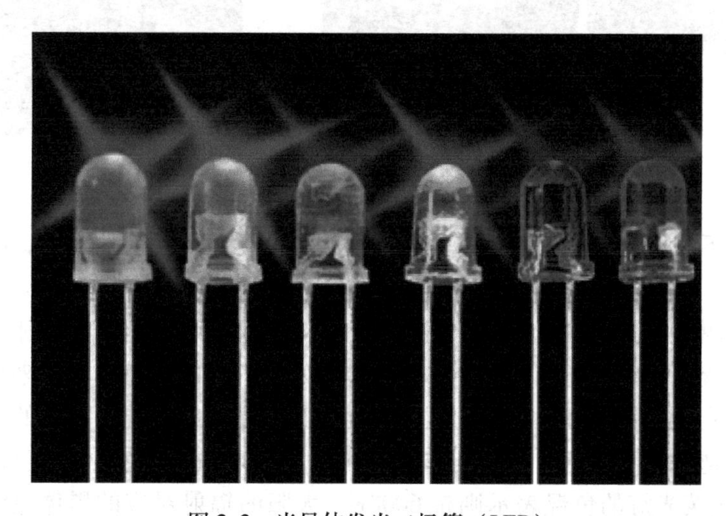

图 2.3 半导体发光二极管（LED）

光源发展到现在的 130 多年里经历了几次重要的变革，几代光源的产生见证了历史的演变。1879 年爱迪生发明了白炽灯，人类终于进入对光的方便控制和安全利用阶段，大大推进了人类社会的发展，从此人们利用灯源建立了灯塔，指导海上的船只航行。20 世纪初，荧光灯的出现使人类进入气体放电灯的时代。到了 20 世纪 60 年代初，激光的出现促进了信息社会的到来，造就了 20 世纪 90 年代信息技术的高速发展，产生了以光通信技术为主的信息产业。2000 年之后，固态光源的出现使照明与信息光源技术得到了突飞猛进的发展，人们利用灯光开始了更大量的信息获取。人类利用灯光延长了工作的时间，实现了更多、更深入的科学研究。

本章将介绍光电信息工程的基本光源技术，也是改变人类信息获取与传播的关键光源技术，主要包括激光、半导体发光源以及有机半导体发光器件。

2.1 经典光源

经典光源也就是人们最常见的电光源，主要包括热辐射光源与气体放电光源两大类。

2.1.1 热辐射光源

任何物体都具有不断辐射、吸收、反射电磁波的本领。辐射出去的电磁波在各个波段是不同的，也就是具有一定的谱分布，这种谱分布与物体本身的特性及其温度有关，因而被称为热辐射。为了研究不依赖于物质具体物性的热辐射规律，物理学家们定义了一种理想物体——黑体（Black Body）（见图 2.4），以此作为热辐射研究的标准物体。

图 2.4 各种黑体辐射光源

在任何条件下，对任何波长的外来辐射完全吸收而无任何反射的物体，即吸收比为 1 的物体被称为黑体。因此，在黑体辐射中，随着黑体本身温度不同，辐射的大小与辐射的光谱也不同，也就是辐射出的光的颜色各不相同。黑体温度从低到高，其辐射呈现红—橙红—黄—黄白—白—蓝白的渐变过程。某个黑体光源所发射的光的颜色，看起来与黑体在某一个温度下所发射的光颜色相同时，黑体的这个温度称为该光源的色温。黑体的温度越高，光谱中蓝色的成分则越多，而红色的成分则越少。例如，白炽灯的光色是暖白色，其色温表示为 2700K，而日光色荧光灯的色温表示则是 6000K。太阳的辐射对应的黑体色温是 6000K，所以人们经常将 6000K 热辐射光源称为标准光源或太阳辐射光源。

可以更进一步从普朗克辐射定律定量分析黑体的辐射特征。图 2.5 给出了黑体辐射光谱分布，可以看出不同温度辐射的峰值光谱是不同的，一般人体体温 37℃ 对应 9μm 左右的辐射。所以人们可以用红外热像仪在夜晚观测环境中是否有人。

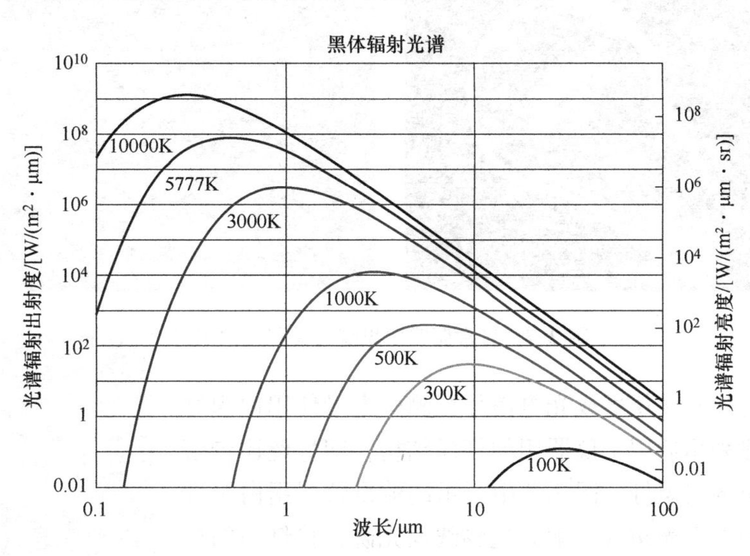

图 2.5 黑体辐射光谱分布

值得一提的是，红外谱段是大量物质的振动特征谱段，因此对这些谱段的探测对制药业、环境监测等行业的发展具有极为重要的作用。同时，红外波段也是国防军事中重要武器发展应用的波段。为了研究发展不同光谱的光电信息探测技术，特别是在国防军事与医药检测、环境监测领域，人们需要更好地利用黑体的辐射效应，发展各种红外标准辐射源，以便更好地发展各种谱段的研究技术。图 2.6 所示就是一个红外黑体辐射源，通过黑体腔的加载可以产生不同温度的黑体辐射。

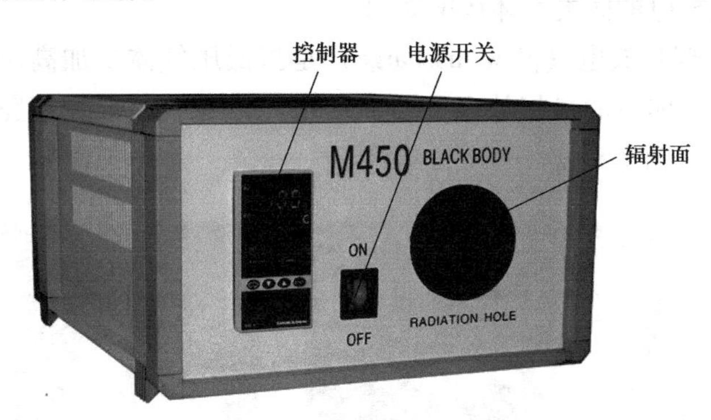

图 2.6 红外黑体辐射源

白炽灯也是一种热辐射光源，它是依据欧姆热，通过电流将金属灯丝加热到高温形成可见光的热辐射（见图 2.7）。爱迪生最早发明的白炽灯是采用真空中的碳丝加热实现热辐射的，后来才采用了比较稳定的惰性金属细丝，最后又采用惰性保护气体，减少金属灯丝在加热状态的升华与氧化，使白炽灯的寿命大大加长。因为白炽灯灯丝所耗电能中仅一小部分转为可见光，故其发光效率较低，一般为 10~15lm/W。但由于白炽灯容易制造、成本低、启动快、线路简单，现仍被采用。

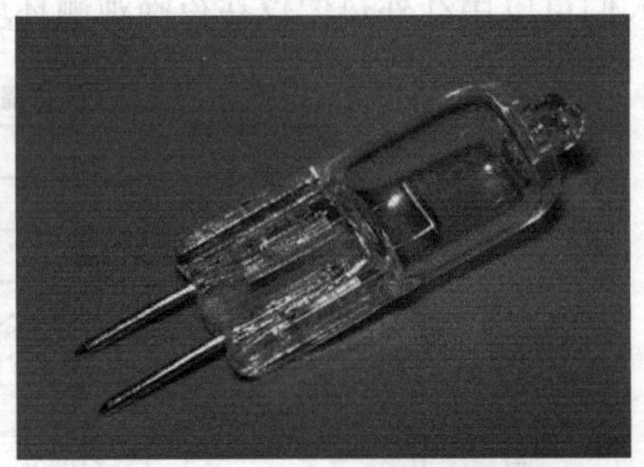

图 2.7　日常照明白炽灯与仪器用白炽灯

在经典的现代光学仪器或光电信号检测中大量使用白炽灯作为光源，一般采用适用于仪器用的灯丝结构，即灯丝比较密集、发光区域小的白炽灯，图 2.7 中所示的就是仪器用白炽灯灯泡。同时还配上反光碗（一般是抛物线反光碗，将灯泡的灯丝区域放置在反光碗的焦点上），形成准平行光的照明光源（见图 2.8）。

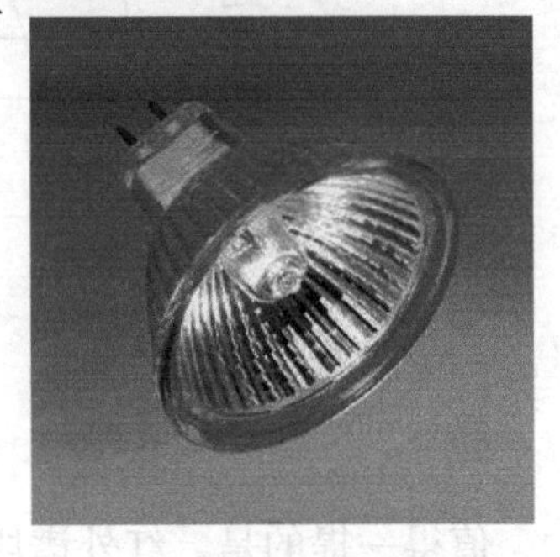

图 2.8　带有反光碗的仪器用灯泡

2.1.2　气体放电光源

1. 气体放电的种类

气体放电灯是由惰性气体、金属蒸气或几种气体与金属蒸气的混合放电而发光的灯。气体放电光源是指通过气体放电将电能转换为光的一种电光源。气体放电的种类很多，主要有基于辉光放电和弧光放电的两类气体放电光源。

（1）辉光放电　辉光放电（glow discharge）是指低压气体中加高压电离产生辉光的气体放电现象，即稀薄气体中的自持放电（自激导电）现象，一般用于霓虹灯、荧光灯和各种小功率的指示灯（见图 2.9）。

图 2.9　辉光放电灯

（2）弧光放电　弧光放电是指狭窄区域内形成的强电场引起场致发射，使电流剧增，产生电弧，呈现弧状白光并产生高温的气体放电现象（见图 2.10）。当电源功率较大，能提供足够大的电流（几安到几十安），使气体击穿，发出强烈光辉，产生高温（几千到上万摄氏度），这种气体自持放电的形式就是弧光放电。由于其有很强的光输出，照明光源大都采用弧光放电，比如荧光灯、高压汞灯、钠灯和金属卤化物灯是应用最多的照明用气体放电灯。

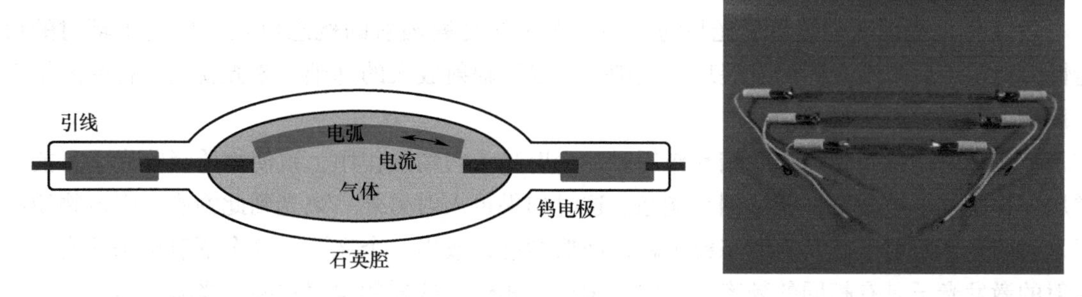

图 2.10 弧光放电灯

2. 气体放电灯放电发光的基本过程

气体放电灯放电发光的基本过程分三个阶段：①放电灯接入工作电路后产生稳定的自持放电，由阴极发射的电子被外电场加速，电能转化为自由电子的动能；②快速运动的电子与气体原子碰撞，气体原子被激发，自由电子的动能又转化为气体原子的内能；③受激气体原子从激发态返回基态，将获得的内能以光辐射的形式释放出来。上述过程重复进行，灯就持续发光。放电灯的光辐射与电流密度的大小、气体的种类及气压的高低有关。一定种类的气体原子只能辐射某些特定波长的光谱线。低气压时，放电灯的辐射光谱主要就是该原子的特征谱线；当气压升高时，放电灯的辐射光谱展宽，向长波方向发展；当气压很高时，放电灯的辐射光谱中才有强的连续光谱成分。

3. 气体放电灯的构成及特点

各种气体放电灯都由泡壳、电极和放电气体构成，基本结构大同小异。泡壳与电极之间是真空气密封接，泡壳内充有放电气体。气体放电灯不能单独接到电路中去，必须与触发器、镇流器等辅助电器一起接入电路才能启动和稳定工作。放电灯的启动通常要施加比电源电压更高的电压，有时高达几千伏甚至几万伏以上。放电灯和镇流器串联起来使用才能稳定工作，镇流器可以是电阻、电感或电容，通常在直流电源时用电阻镇流、低频交流电源时用电感镇流、高频时用电容镇流。

气体放电灯具有以下特点：①辐射光谱具有可选择性，选择适当的发光物质可使辐射光谱集中于所要求的波长上，也可同时使用几种发光物质，以求获得最佳的组合光谱；②具有高效率，它们可以把25%~30%的输入电能转换为光输出；③寿命相对白炽灯长；④光输出维持特性好，在寿命即将终止时仍能提供60%~80%的初始光输出。

气体放电灯在工业、农业、医疗卫生和科学研究领域的用途极为广泛。除作为照明光源之外，在摄影、放映、晒图、照相复制、光刻工艺、化学合成、塑料及橡胶老化、荧光显微镜、光学示波器、荧光分析、紫外探伤、杀菌消毒、生物栽培、固体激光等方面都有应用。

2.2 激光与激光技术

2.2.1 激光概述

1917年，爱因斯坦提出了光与物质相互作用的受激辐射的概念以及产生受激辐射的可能性，奠定了后来激光器的发展理论基础——受激辐射放大的基础。激光就是一种受激辐射振荡放大的光。

受激辐射是指当光与物质相互作用时，入射光子与物质作用，致使物质吸收光子且能量增加，物质粒子被激发，跃迁到高能态。这时如果再入射另外一束光到此物质，则该物质在新入射的光子照射下，其高能态粒子跃迁回低能态，放出一个光子，这个辐射出来的光子与入射的激发光子具有相同的频率、方向、偏振与相位。这样的辐射被称为受激辐射。

在受激辐射中，在高能级上的粒子受到外围入射诱发光子的激发，会从高能级跃迁到低能级上，并会辐射出与激发它的光相同性质的光，这样物质中一个光子就变成两个相同的光子，如果这个过程不断重复，就可以将一个弱的光激发增强为一个强光，这就叫作受激辐射的光放大，简称激光。图2.11所示为产生激光的受激辐射与振荡放大过程。

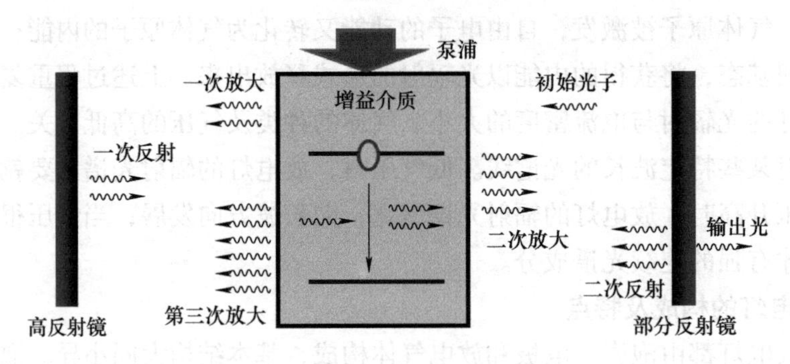

图2.11 受激辐射与振荡放大

虽然受激辐射可以将相同的光子加倍，但是要形成激光，还必须要满足一个受激辐射产生的光必须再次以相同的性质进行再次放大，也就是需要有一个让光不断来回振荡放大的光系统，这样的光学系统被称为谐振腔或光学频率选择器。光学谐振腔保证仅有这样的频率的光在不断产生受激辐射、再不断放大。光学谐振腔可以使受激辐射的光波在该器件中来回传播而不逃逸出去，就像平行放置两面镜子，当期间有一束垂直镜面的光束在两镜轴向传播时，该光束将不断被这两面镜子反射而保留在两面镜子之间，一直传播。应该指出，由于受激辐射放大的光具有相同频率偏振，因此不同的来回振荡的光之间是相干的，如果两个镜子之间的距离是光波长一半的整数倍，那么这个光波在镜子中的反馈传播的光束之间干涉结果是干涉加强的，这也被称为光波在腔内的谐振。

激光就是一种受激辐射放大振荡的光，是一种在光学振荡放大器中来回振荡、不断谐振放大的光束。因此激光器的组成主要包括光学放大器和振荡反馈系统两大部分。激光器工作时，在外部泵浦下，腔内激光增益介质被泵浦光激发到高能态，与之相应的信号光束进入光学谐振腔，经过腔内的增益介质实现受激放大，受激放大的光在腔内振荡，形成反馈系统，在满足一定的相位匹配条件下，回到放大器的输入端作为放大器的输入信号，再经过谐振腔进行放大，放大之后的光又被谐振腔在满足一定相位匹配条件下反馈，这样形成接续放大，形成满足谐振腔谐振条件的相干强光输出。激光系统的原理结构如图 2.12 所示。稳态条件下，放大器所提升的光信号增量除用于补偿激光器的各种损耗外，即等于激光器的输出信号。

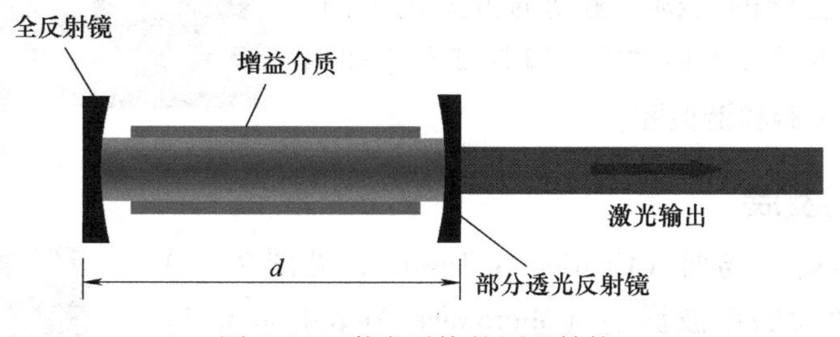

图 2.12 激光系统的原理结构

对一个光学振荡放大器来说，为了实现一个振荡器的放大振荡，以下两个条件必须得到满足（见图 2.13）：①振荡器中小信号光在整个行程过程的增益必须大于整个反馈系统的损耗，即在整个谐振反馈器中存在净增益；②振荡器的整个回路中，往返一周的总相位偏移量必须是 2π 的整数倍，这样经反馈输入的信号相位与原始输入信号的相位正好匹配。

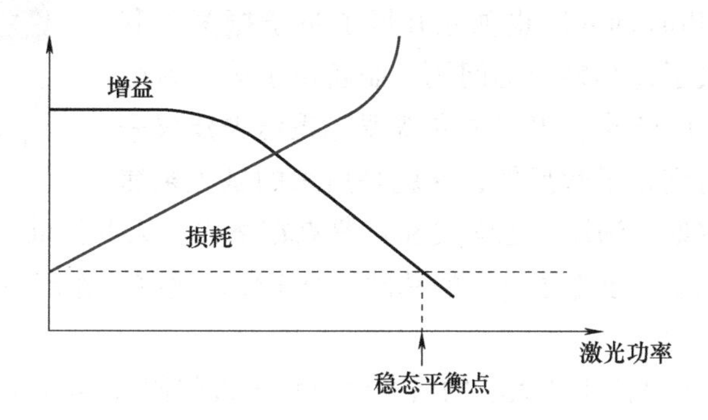

图 2.13 光学振荡放大器条件

当这两个条件得到满足时，系统中的光束开始产生振荡放大。但是随着振荡功率的增加，激光放大器的增益出现饱和现象，与初始状态相比，增益逐渐降低。当增益降低到等于系统的损耗值时，系统达到稳定状态。这时，因为激光系统的增益正好补偿其损耗，系统停止放大，处在稳定振荡输出状态。激光实现稳定输出。

由于增益和相移都是频率的函数，上述的两个振荡条件只有在一个（或几个）特定的工作频率下才得到满足，这个频率就成为光学谐振腔的共振频率。所需要的输出功率，通过从振荡器中耦合部分输出得到。归纳起来，一个实用化的振荡器需要包含一个具有增益饱和机制的放大器、一个反馈系统、一个频率选择机制、一个输出耦合机制。

激光器是一种光学振荡器，其放大器包含一个受到泵浦的激活介质，增益饱和是激光放大器的基本特性。将激活介质放置于光学谐振腔中，由反射镜前后反射谐振腔中的光信号，可以实现有效的反馈。频率选择由共振放大器和谐振腔共同完成，因为谐振腔中只存在特定的模。通过将一个反射镜设计成部分透射，可以实现有效的输出耦合。He-Ne 激光器与输出腔镜如图 2. 14所示。

图 2. 14　He-Ne 激光器与输出腔镜

与其他光源的光束相比，激光主要有四大特性：高亮度、高方向性、高单色性和高相干性。虽然激光有多种方式及各种各样的结构，驱动的方式也不同，可以是电泵浦、光泵浦等多种方式，但其基本原理相同，即都需要有放大器和谐振腔。

2. 2. 2　激光器的发展

1951 年，查尔斯 · 汤斯（Charles H. Townes，见图 2. 15）提出了受激辐射放大的微波激射（Microwave Amplification by Stimulated Emission of Radiation，MASER）的概念，标志着激光基本概念的形成。1954 年，查尔斯 · 汤斯、戈登（James P. Gordon）以及赫尔伯特 · 汤斯（Herbert J. ZeigerTownes）制备出第一台微波激射器（MASER），但是这还不是激光。

图 2. 15　查尔斯 · 汤斯（Charles H. Townes）

与此同时，苏联的科学家巴索夫（Nikolay Basov）和普罗克霍洛夫（Aleksandr Prokhorov）也独立开展了量子振荡并利用多于两能级系统解决了连续输出的问题，制备出了第一台微波激射器（MASER）。1955 年，巴索夫和普罗克霍洛夫建议采用光泵多能级系统以得到粒子数反转，这就是后来的激光泵浦基本方法。为此，查尔斯 · 汤斯、巴索夫和普罗克霍洛夫三人共同获得了 1964 年的诺贝尔物理奖，以表彰他们从事量子电子方面的基础研究工作，这些工作产生了基于微波激射和激光原理的振荡放大的辐射。

“激光” 这个词是由哥伦比亚大学的研究生戈登 · 古尔德（Gordon Gould）在 1959 的国际会议上发表的文章中首次提出的（The LASER，Light Amplification by Stimulated Emission of Radiation）。戈登试图将“-aser” 作为一个后缀，以便加上不同的前缀以构成不同谱段的激发的波的需求（如激发 x-射线为 xaser、远紫外光为 uvaser 等）。虽然后来这些命名没有被真正采纳，但是却表明当时在受激放大辐射方向上研究之热。

世界上第一台工作的激光器是由休斯实验室（Hughes Research Laboratories）的希尔多 · 梅曼（Theodore H. Maiman，见图 2. 16）在 1960 年研制的红宝石激光器，该激光器揭示了人类从此拥有了可控的相干光源。我国的第一台激光器是王之江院士在 1962 年研制成功的红宝石激光器，如图 2. 17 所示。

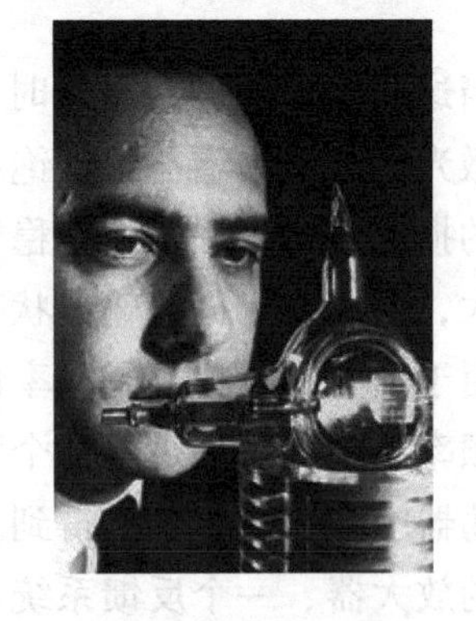

图 2. 16　希尔多 · 梅曼（Theodore H. Maiman）与红宝石激光器

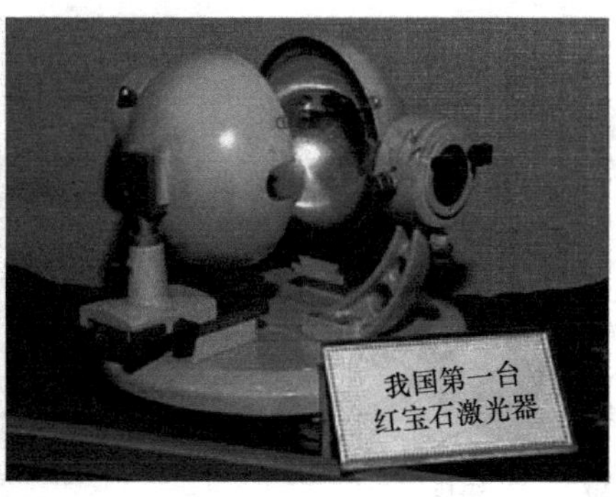

图2.17 王之江院士与我国第一台红宝石激光器

1960年，伊朗的科学家阿里（Ali Javan）研制了世界上首台氦氖激光器，他于1993年获得了爱因斯坦奖（Albert Einstein Award）（见图2.18a）。氦氖激光器被称为20世纪60年代到80年代最为普及的激光器，为信息技术的发展做出了突出贡献。半导体激光二极管的概念是巴索夫与加曼提出的。1962年豪尔（Robert N. Hall）发明制备了第一支激光二极管。豪尔的器件由砷化镓（GaAs）外延制备，可以发射850nm红外激光（见图2.18b）。半导体激光器的发展是伴随着微电子技术的发展而发展的，直接导致光通信技术的发展。

a)

b)

图2.18 氦氖激光器的发明者阿里与半导体激光器的发明者豪尔

二氧化碳激光器是库玛（Kumar Patel）于1964年发明的，该激光是20世纪60年代至90年代最强的激光，推进了激光加工业的数字化发展。1964年，休斯实验室的威廉·布力居（William Bridges）发明了氩离子激光器，该激光器被称为20世纪90年代以及当今信息防伪技术的全息防伪技术的主要担当者。1964年圭斯克（J. E. Geusic）发明了第一台Nd:YAG激光器，YAG激光在20世纪90年代开始成为人类使用最广的大功率激光，如大量使用的激光打标机、激光焊接机、激光切割机等各式各样的激光加工设备，成为现代工业加工的基本工具（见图2.19）。

第一台准分子激光器是由莫斯科列别捷夫物理研究所（Lebedev Physical Institute）的尼古拉·巴索夫（Nikolai Basov）、丹历切夫（V. A. Danilychev）以及博波夫（Yu. M. Popov）

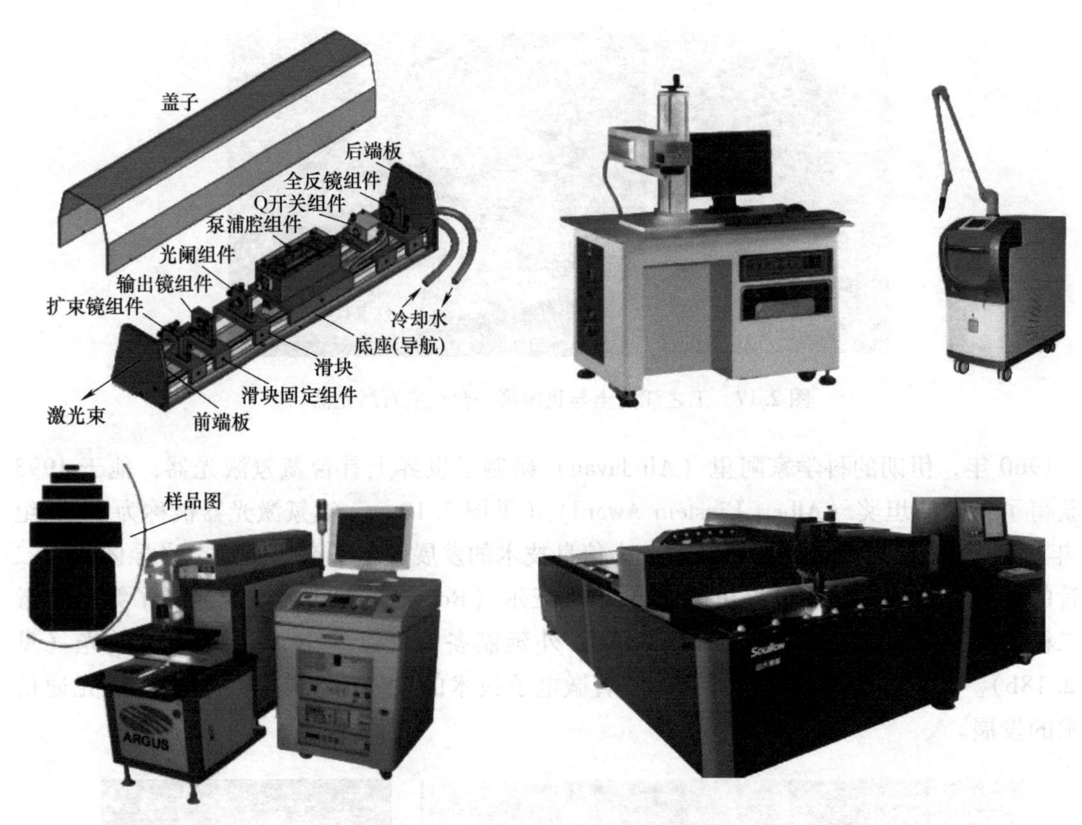

图 2.19 YAG 激光器与激光打标机、激光焊接机、激光切割机

于 1970 年发明的，该激光器为后来大规模集成电路的发展所需要的光刻机光源提供了基础。因此从 20 世纪 60 年代到 70 年代是激光诞生与发明的年代，几乎所有类型的激光器在这个时期均已经出现。而激光进入大面积应用却是在 20 世纪 80 年代后期到 90 年代信息时代快要到来时实现的。

随着激光技术的发展，人们发现原来分立式器件构建的激光器使用维护均非常不方便。随着激光晶体材料的发展，二极管泵浦固体激光器（Diode Pump Solid State Laser，DPSSL）开始出现。DPSSL 是近年来国际上发展最快、应用较广的新型激光器，它发展的重要原因是激光晶体材料的发展，该类型的激光器利用输出固定波长的半导体激光器代替了传统的氪灯或氙灯来对激光晶体进行泵浦，从而取得了崭新的发展，被称为第二代的激光器。这类激光器的出现使激光更加稳定、使用方便、颜色多样，被广泛应用于日常的激光指示笔中，使激光成为人们生活中的常用品（见图 2.20）。

DPSSL 的发展与半导体激光器的发展是密不可分的。1962 年第一只同质结砷化镓半导体激光器问世，1963 年美国人纽曼首次提出了用半导体作为固体激光器的泵浦源的构想。但在早期由于二极管的各项性能还很差，作为固体激光器的泵浦源还显得不成熟。直到 1978 年量子阱半导体激光器概念的提出，特别是 20 世纪 80 年代初期 MOCVD 技术的使用及应变量子阱激光器的出现，使得激光二极管（Laser Diode，LD）的发展步上了一个崭新的台阶。在进入 20 世纪 90 年代以来，大功率的 LD 及 LD 列阵技术也逐步成熟，极大促进了

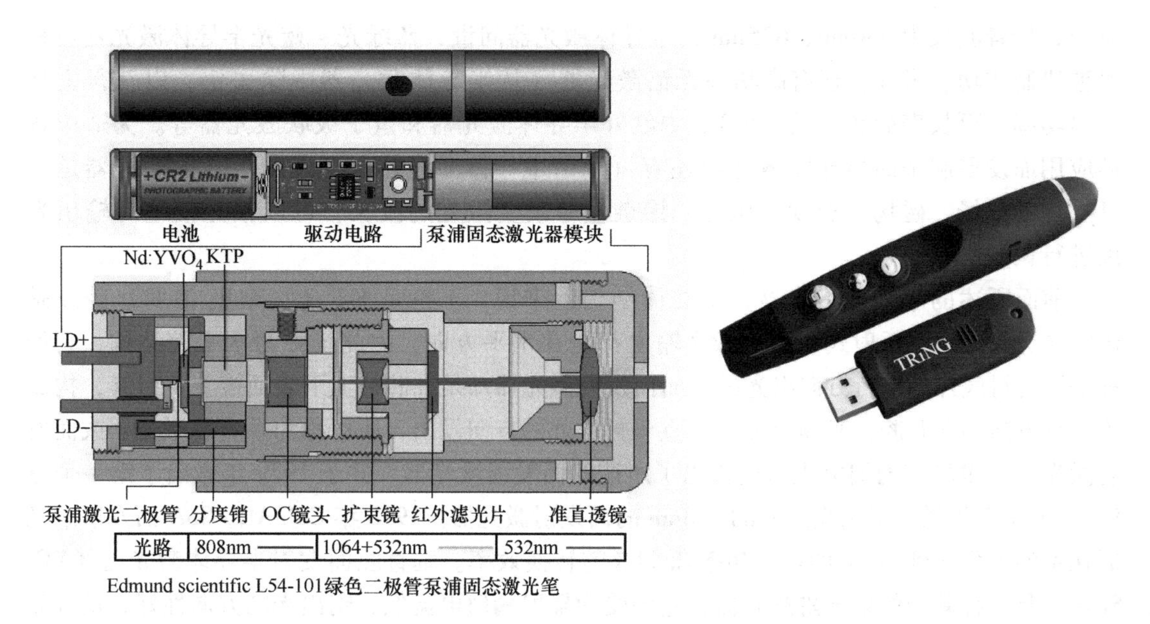

图 2.20 激光指示笔及其内部固态激光器结构

DPSSL 的发展。现在除了个别场合需要以外，人们大部分使用的都是以半导体激光泵浦配合非线性晶体的固态激光器。通过非线性晶体的频率变换，可以拥有众多的激光频率，如图 2.21所示。

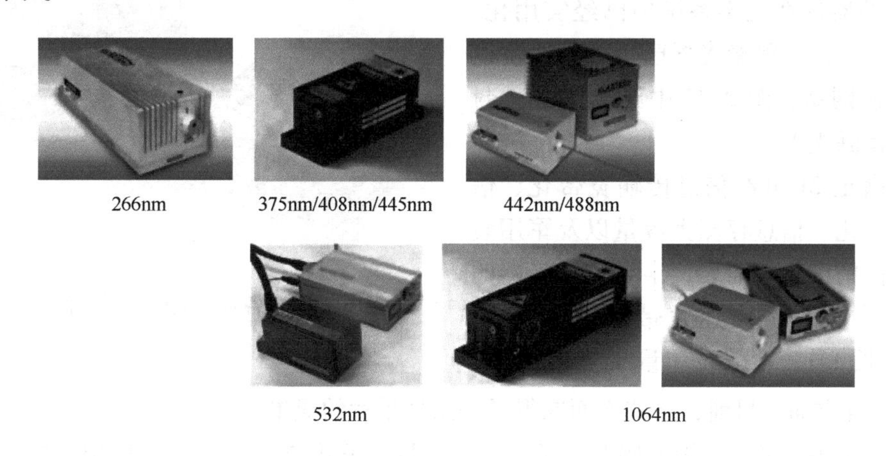

图 2.21 各种波长的全固态激光器

从 20 世纪 70 年代末开始，半导体激光器明显向着两个方向发展：一个是以传递信息为目的的信息型激光器方向；另一个是以提高光功率为目的的功率型激光器方向。以信息传递为主的半导体激光器主要是围绕光通信的波段与要求来发展，以 1.3~1.5μm 波段为主要频谱空间来进行各种应用于光纤通信的激光光源研究。在泵浦固体激光器等应用的推动下，高功率半导体激光器在 20 世纪 90 年代取得了突破性进展，其标志是半导体激光器的输出功率显著增加，国际千瓦级的高功率半导体激光器已经商品化。如果从激光波段的被扩展的角度来看，红外半导体激光器、670nm 红光半导体激光器先后大量进入应用，接着波长为650nm、635nm 的半导体激光器问世，蓝绿光、蓝光半导体激光器也相继被研制成功。另外，还有高功率无铝激光器（从半导体激光器中除去铝，以获得更高输出功率、更长寿命和更低造价）、中红外半导体激光器和量子级联激光器等。为适应各种应用而发展起来的半导体激光器还有可调谐半导体激光器。可调谐半导体激光器是通过外加的电场、磁场、温度、压力、掺杂盆等改变激光的波长，可以很方便地对输出光束进行调制。

前面所述的半导体激光器，从腔体结构上来说，不论是 F-P（法布里-泊罗）腔或是 DBR（分布布拉格反射式）腔，激光输出都是在水平方向，因此统称为水平腔结构，它们都是沿着衬底片的平行方向出光的。而面发射激光器却是在芯片上下表面镀上反射膜，构成了垂直方向的 F-P 腔，光输出沿着垂直于衬底片的方向发出，所以称为垂直腔激光器或面发射激光器。1977 年有研究人员就提出了所谓的面发射激光器，并于 1979 年做出了第一个器件，于 1987 年做出了用光泵浦的 780nm 的面发射激光器。1998 年 GaInAIP/GaA 面发射激光器在室温下可达到 8mW 的输出功率和 11%的转换效率。垂直腔面发射半导体激光器（VC-SEIS）是一种新型的量子阱激光器，它的受激辐射阈值电流低，输出光的方向性好，耦合效率高，能得到相当强的光功率输出。20 世纪 90 年代末，面发射激光器和垂直腔面发射激光器得到了迅速的发展，且已考虑了在超并行光电子学中的多种应用，980mn、850nm 和 780nm 的器件在光学系统中已经实用化。目前，垂直腔面发射激光器已用于千兆位以太网的高速网络，图 2.22 中给出了各种封装的半导体激光器。

图 2.22　各种封装的半导体激光器

为了满足 21 世纪信息传输宽带化、信息处理高速化、信息存储大容量以及军用装备小型和高精度化等需要，半导体激光器的发展趋势主要是在高速宽带 LD、大功率 LD、短波长 LD、盆子线和量子点激光器、中红外 LD 等方面。目前，这些方面取得了一系列重大的成果。

但是对于 DPSSL，主要是吸收波长短的高能量光子并转化为波长较长的低能量光子，总有一部分能量以无辐射跃迁的方式转换为热。如何从块状激光介质中散发、排除这部分热量成为半导体泵浦固体激光器的关键技术。为此，人们开始探索增大散热面积的方法，方法之一就是将激光介质做成细长的光纤形状。这样就出现了光纤激光器，光纤激光器可在光纤放大器的基础上开发出来。

光纤激光器（Fiber Laser）是指用掺稀土元素玻璃光纤作为增益介质的激光器，原理结构如图 2.23 所示。在泵浦光的作用下，由于光纤波导对光束的局域效应，光纤内极易形成高功率泵浦密度，造成激光工作物质的激光能级粒子数反转，当适当加入正反馈回路（构成谐振腔）便可形成激光振荡输出，所以光纤激光器就是用光纤作为激光介质的激光器。

从这个概念上说，1964 年世界上第一代玻璃激光器就是光纤激光器，因为激光增益介质当时就是做成光纤的细棒状的。由于光纤的纤芯很细，一般的泵浦源（如气体放电灯）很难聚焦到芯部，所以在以后的 20 余年中光纤激光器没有得到很好的发展。

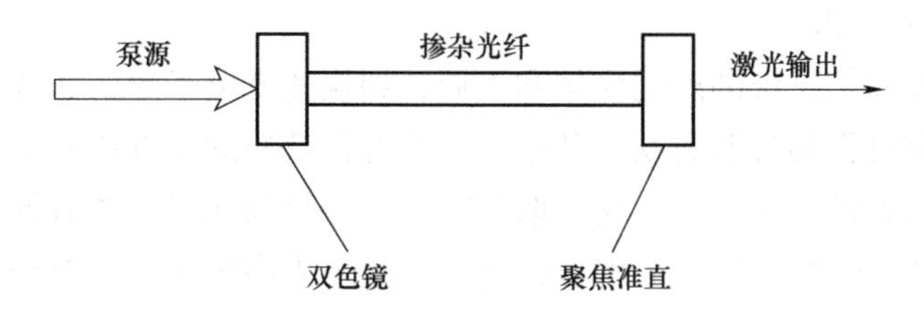

图 2. 23 光纤激光器的原理结构示意图

随着半导体激光器泵浦技术的发展特别是光纤通信的蓬勃发展，光纤制备技术有了很大提高。光通信需要光中继放大，因此需要光纤放大器的迅速发展，这为后来光纤激光器的发展奠定了坚实基础。1987 年英国南安普顿大学及美国贝尔实验室实验证明了掺铒光纤放大器（Erbium Doped Fiber Amplifier，EDFA）的可行性，它采用半导体激光光泵掺铒单模光纤对光信号实现放大，现在这种 EDFA 已经成为光纤通信中不可缺少的重要器件。由于要将半导体激光泵浦入单模光纤的纤芯（一般直径小于 10μm），要求半导体激光也必须为单模的，这使得单模 EDFA 难以实现高功率，报道的最高功率也就几百毫瓦。

为了解决光纤激光器的泵浦问题，人们提出了双包层激光的设计。该设计采用双包层光纤扩大光纤断面，增大半导体激光与光纤增益介质的耦合率，同时利用包层的弱损耗进行泵浦光的有效传递，增强泵浦效果，提高泵浦效率，可以说双包层光纤的发明解决了光纤激光器这一难题并成为当今光纤激光器的主流结构。双包层光纤由纤芯、内包层、外包层和保护层组成（见图 2. 24）：纤芯是掺稀土元素的单模光波导；内包层是横向尺寸和数值孔径比纤芯大得多、折射率比纤芯小的多模光波导；外包层是折射率比内包层小的聚合物；最外层是由硬塑料等材料构成的保护层。双包层光纤与普通光纤的区别在于泵浦光耦合进入内包层而非纤芯，泵浦光在内包层中传播，反复穿越纤芯被掺杂介质吸收，从而使纤芯中传播的光比例增加，显著提高了耦合效率和入纤泵浦功率，耦合效率可达 90% 以上。双包层光纤的研制为瓦级甚至更大功率的单模光纤激光器的实现奠定了坚实基础（见图 2. 25）。

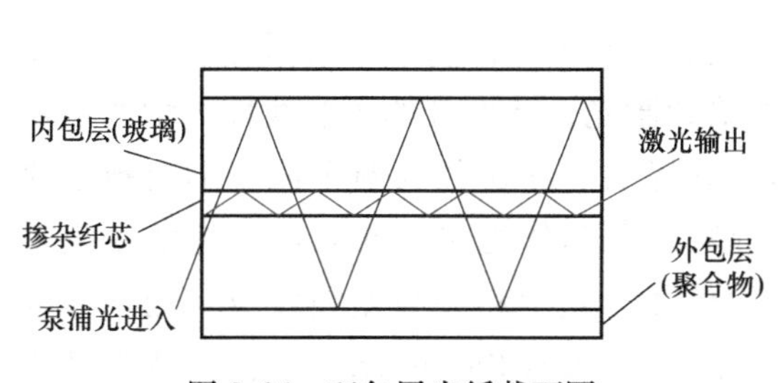

图 2. 24 双包层光纤截面图

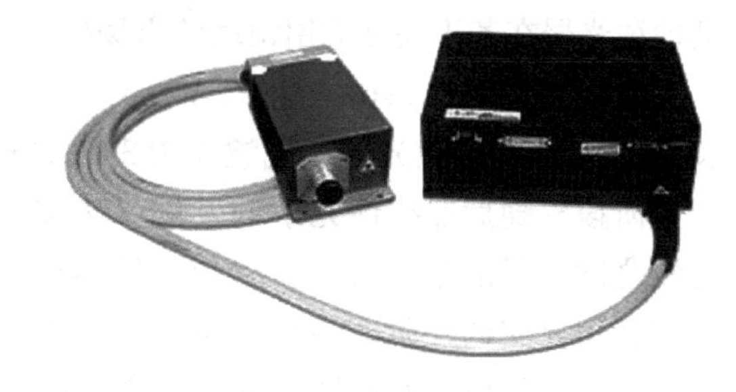

图 2. 25 光纤激光器示意图

为了提高功率，1988 年有研究人员最早提出光泵由包层进入。初期的设计是圆形的内包层，但由于圆形内包层完美的对称性使得泵浦吸收效率不高，直到 20 世纪 90 年代初矩形内包层的出现使激光转换效率提高到50%，输出功率达到5W。1999年用四个45W的半导体激光器从两端泵浦，获得了110W的单模连续激光输出。随着高功率半导体激光器泵浦技术和双包层光纤制作工艺的发展，光纤激光器的输出功率逐步提高，目前采用单根光纤已经实现了1000W的激光输出。

近期，随着光纤通信系统的广泛应用和发展，超快速光电子学、非线性光学、光传感等各种领域应用的研究已得到日益重视。其中，以光纤作基质的光纤激光器在降低阈值、振荡波长范围、波长可调谐性能等方面已明显取得进步，是目前光通信领域的新兴技术，它可以用于现有的通信系统，使之支持更高的传输速度，是未来高码率密集波分复用系统和未来相干光通信的基础。

光纤激光器作为第三代激光技术的代表，具有以下优势：

1）玻璃光纤制造成本低、技术成熟及光纤的可挠性所带来的小型化、集约化优势。

2）玻璃光纤对入射泵浦光不需要像晶体那样进行严格的相位匹配。

3）玻璃材料具有极低的体积面积比，散热快、损耗低，所以转换效率较高、激光阈值低。

4）输出激光波长多：这是因为稀土离子能级非常丰富及其稀土离子种类众多。

5）可调谐性：这是由于稀土离子能级宽和玻璃光纤的荧光谱较宽。

6）由于光纤激光器的谐振腔内无光学镜片，具有免调节、免维护、高稳定性的优点，这是传统激光器无法比拟的。

7）光纤导出使得激光器能轻易胜任各种多维任意空间加工应用，使机械系统的设计变得非常简单。

8）能适应恶劣的工作环境，对灰尘、震荡、冲击、湿度、温度具有很高的容忍度。

9）不需热电制冷和水冷，只需简单的风冷。

10）高的电光效率：综合电光效率高达20%以上，能大幅度节约工作时的耗电、节约运行成本。

11）功率大：商用化的光纤激光器是6kW。

光纤激光器由于具有绝对理想的光束质量、超高的转换效率、完全免维护、高稳定性以及体积小等优点，对传统的激光行业产生巨大而积极的影响。目前光纤激光器技术是研究的热点技术之一。光纤激光器的快速发展改变了激光器的国际市场配置，将争夺固体激光器及其他激光器在若干关键应用领域的市场份额，而这些市场份额几年来稳步上涨。

激光出现后的1961年，P. A. 弗兰肯等人首次利用石英晶体将红宝石激光器发出的波长为694.3nm的激光转变成波长为347.15nm的倍频激光，从而开始了非线性光学的主要历史阶段。随后非线性光学的发展又为激光的发展提供了新途径与新手段。不同频率的光波之间进行能量变换，引起频率转换的各种混频现象叫作光学变频效应。光学变频效应包括由介质的二阶非线性电极化所引起的光学倍频、光学和频与差频效应、光学参量放大与振荡效应以及四波混频效应等。布洛姆伯根（Nicolaas Bloembergen）被公认为是非线性光学的奠基人（见图2.26），他和他的同事们为非线性光学的发展奠定了理论基础，布洛姆伯根将各种非线性光学效应应用于原子、分子和固体光谱学的研究，逐渐形成了激光光谱学的一个新的研究领域，即非线性光学的光谱学。在非线性光学的研究中，他建立了许多非线性光学的光谱学方法，其中最为重要的是四波混频法，即利用三束相干光的相互作用在另一方向上产生第四束光，以便产生红外波段和紫外波段的激光。因此他于1981年获得了诺贝尔物理学奖。

图2.26 布洛姆伯根（Nicolaas Bloembergen）

在现代信息传输、探测、显示、存储与处理中大量使用了激光光源，当前主流激光主要集中在下面几种：光通信中的主要是半导体激光器，中等功率的激光（几十毫瓦到千瓦）是全固态激光器与光纤激光器，几千瓦到万瓦级的主要是固态激光与化学激光器。

2.3 半导体光源与现代大型光源

近30年来信息科学与技术的一个重要发展就是基于半导体技术的微电子技术的发展，光与电子的极为密切的信息特性使得半导体技术从20世纪50年代研究开始就与光电子技术紧密相连，并对光电子器件的发展直接相关，成为近代各种固态光源与光电探测器的主要技术。

2.3.1 发光二极管光源

发光二极管（Light Emitting Diode，LED）是一种能够将电能转化为可见光的固态半导体器件。半导体晶片由两部分组成：一部分是P型半导体，在它里面空穴占主导地位；另一端是N型半导体，在这边主要是电子为主导。当这两种半导体连接起来的时候，它们之间就形成一个P-N结。当电流通过导线作用于该二极管结区时，电子就会被推向P区，在P区里电子与空穴复合，然后就会以光子的形式发出能量，这就是LED发光的原理。而发光的波长也就是光的颜色，是由形成P-N结的材料决定的。

发光二极管（LED）的前身是电致发光器件，即某个固体器件加上电就能发光。其实电致发光器件是一个历史悠久的产品，1907年英国马可尼（Marconi）实验室的科学家亨利（Henry Round）第一次推论半导体P-N结在一定的条件下可以发出光。这个发现奠定了发明LED的物理基础，并且人们第一次在碳化硅里观察到电致发光现象。由于那时候碳化硅所发出的黄光太暗，不符合实际应用，因此没有太引起人们的重视；更难的在于碳化硅与电致发光不能很好地适应，最终研究被摒弃了。1936年乔治（George Destiau）发表了一个关于硫化锌粉末发射光的报告，开始了电致发光的研究，由此出现了“电致发光”这个术语。一直到20世纪50年代中期，电致发光的工作才有了重大进展。1955年，美国无线电公司33岁的物理学家鲁宾·布朗石泰（Rubin Braunstein）首次发现了砷化镓（GaAs）及其他半导体合金的红外发光效应，并在物理上实现了二极管的发光，可惜发出的光不是可见光而是红外线。在早期的实验中，LED需要被放置在液化氮里，在极低的温度下工作。

第一个商用的LED是1961年德州仪器公司（TI）率先生产出的用于商业用途的红外LED，该红外LED获得了砷化镓红外二极管的发明专利。不久，红外LED就被广泛应用于传感及光电设备当中，特别是现在遥控器上用的红外发射管就是从这里而来的。

1962 年，美国通用电气公司（GE）研究人员尼克·何伦亚克（Nick Holonyak Jr.）发明了在砷化镓基体上使用磷化物的第一个红光 LED。该红光 LED 的材料是镓砷磷（GaAsP），发红光（$\lambda_p = 650nm$），在驱动电流为 20mA 时，光通量只有千分之几个 lm，相应的发光效率约 0.1lm/W，何伦亚克也因这项发明被称为“发光二极管之父”。当时的 LED 还只能手工制造，而且每只的售价需要 10 美元。1972 年，何伦亚克的学生乔治·克劳福德（M. George Craford）发明了第一只橙黄光 LED，其亮度是先前红光 LED 的 10 倍，这标志着 LED 向着提高发光效率方向迈出了第一步。到 20 世纪 70 年代中期，引入元素铟和氮使 LED 产生绿光（$\lambda_p = 555nm$）、黄光（$\lambda_p = 590nm$）和橙光（$\lambda_p = 610nm$），光效也提高到1lm/W。苏联科学家利用金刚砂发明出能发出黄光的 LED，尽管它不如欧洲的高效，但在 20 世纪 70 年代末，它能发出纯黄色的光。20 世纪 80 年代中早期，对砷化镓、磷化铝的使用使得第一代高亮度 LED 诞生，先是红色（砷化镓铝的 LED 光源使得红色 LED 的光效达到 10lm/W），接着是黄色、绿色。到 20 世纪 90 年代早期，采用铟铝磷化镓生产出了橙红、黄光和绿光 LED。第一个有历史意义的蓝光 LED 于 1993 年被开发出来，同样是利用了碳化硅，如果用今天的技术去衡量，它与 20 世纪 70 年代苏联的黄光一样发光暗淡。

1993 年，日本日亚化学工业株式会社的中村修二利用半导体材料氮化镓（GaN）和铟氮化镓（InGaN）发明了蓝光 LED，在蓝光 LED 出现之前，由于无法通过红绿蓝系统合成白光，LED 的光效和亮度不高，也无法应用于照明领域。因此 1995 年中村修二采用铟氮化镓又发明了绿光 LED，1998 年利用红、绿、蓝三种 LED 制成白光 LED，绿光与白光 LED 研制的成功标志着 LED 正式进入照明领域，这是 LED 照明发展最关键的里程碑。中村修二也因此被称为“蓝光、绿光、白光 LED 之父”。1996 年，日亚化学公司在日本最早申报的白光 LED 的发明专利就是在蓝光 LED 芯片上涂覆 YAG 黄色荧光粉，通过芯片发出的蓝光与荧光粉被激活后发出的黄光互补而形成白光。目前主流的白光 LED 的产生原理如图 2.27 所示。蓝色光和白色光 LED 的出现拓宽了 LED 的应用领域，使全彩色 LED 显示、LED 照明等应用成为可能。

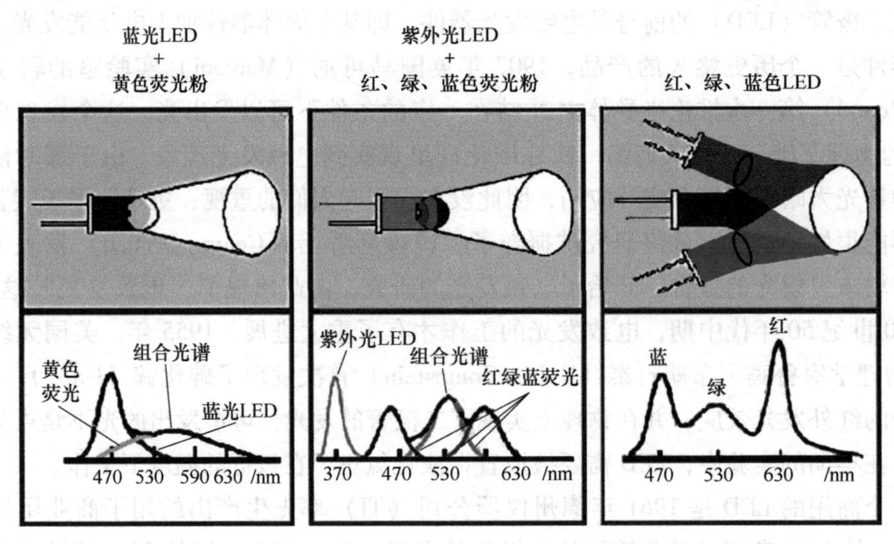

图 2.27　白光 LED 的产生原理

图 2.28　典型大功率 LED 结构

进入 21 世纪，美国流明（lumileds）公司开始研制大功率 LED，将 LED 芯片封装在铜质热沉上，用金线连接两端引出脚达到封转散热及电气连接的目的。最开始的大功率 LED 光效只有 20lm/W 左右。业界采用最多的也是仿流明结构，如图 2.28 所示。

2001 年，由镓铝铟磷（GaAlInP）做成的 LED 在红、橙区（$\lambda_p = 615nm$）的光效达到 100lm/W，由氮化铟镓（GaInN）制成的 LED 在绿色区域（$\lambda_p = 530nm$）的光效可以达到 50lm/W。这样整个可见光领域的单色 LED 已经完整，能够满足各种单色发光的应用场所。2003 年，美国 Cree 公司已封装出 1200lm 的白光 LED 集成灯，光效为 32lm/W。进入 21 世纪 10 年代，LED 的发光光效数据为 165lm/W。大功率 LED 的应用非常广泛，可以做成 LED 路灯、LED 投光灯、LED 洗墙灯、LED 地埋灯、LED 水底灯、LED 草坪灯、LED 点光源等室外灯具；还能做成 LED 灯泡、LED 灯杯（LED 射灯）、LED 灯管（LED 荧光灯）、LED 天花灯、LED 筒灯、LED 豆胆灯、LED 壁灯等室内灯具。随着 LED 技术的发展，LED 照明灯具将替代传统灯具，成为新一代真正意义上节能环保的产品。

图 2.29 给出了灯源发展的主要历程，其中主要体现了 LED 发展的关键节点与技术。可以看出，半导体光电发光器件的效率加快了发展历程，光电子学近几年发展速度较快、活力较强。无机红光 LED 在 1962 年由美国通用电气公司提出后，通过 20 世纪 70 年代发光性能的不断改进与提升，到 20 世纪 90 年代的半导体激光被大量应用于光通信系统，到 2003 年以后的大功率 LED 照明，其发光效率提高了接近五个量级。

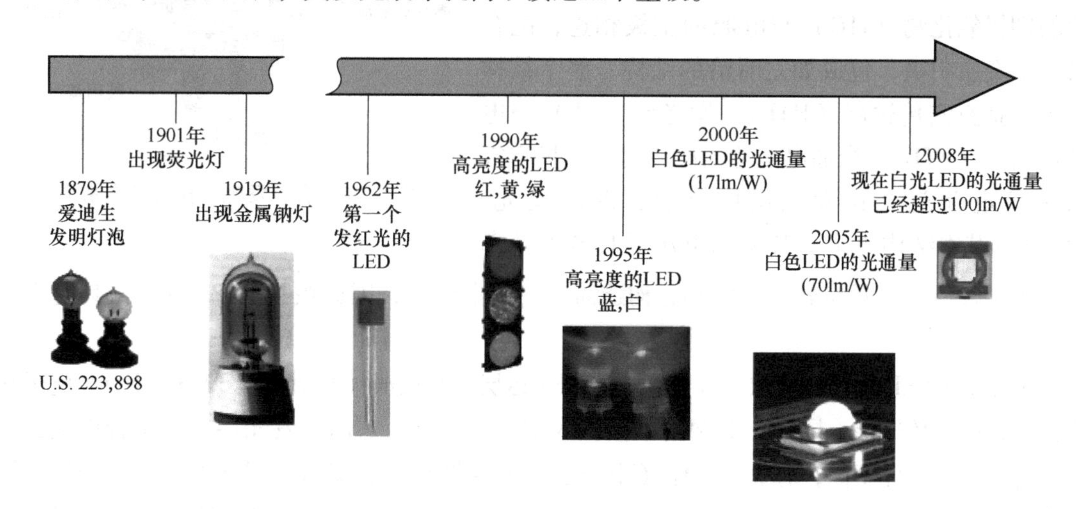

图 2.29　LED 发展史

2.3.2　有机发光二极管光源

有机发光二极管（OLED）是用有机材料作为发光层制成的发光二极管。1987 年美国柯达公司的邓青云教授（Dr. Ching W. Tang，见图 2.30）和 Van Slyke 采用超薄膜技术，用透明导电膜做阳极、Alq_3 做发光层、三芳胺做空穴传输层、Mg/Ag合金做阴极，制成了第一个双层有机电致发光器件，实现了有机薄膜二极管发光，从而开启了有机二极管发光的历史。邓青云教授也因此被称为“OLED 之父”。1990 年，英国剑桥大学实验室也成功研制出聚合物高分子有机发光二极管，形成两大类有机发光器件系列。

图 2.30 邓青云教授

小分子的 OLED 和聚合物发光二极管（Polymer Light Emitting Diodes，PLED）目前均已开发出成熟产品。有机发光二极管基本结构如图 2.31 所示。

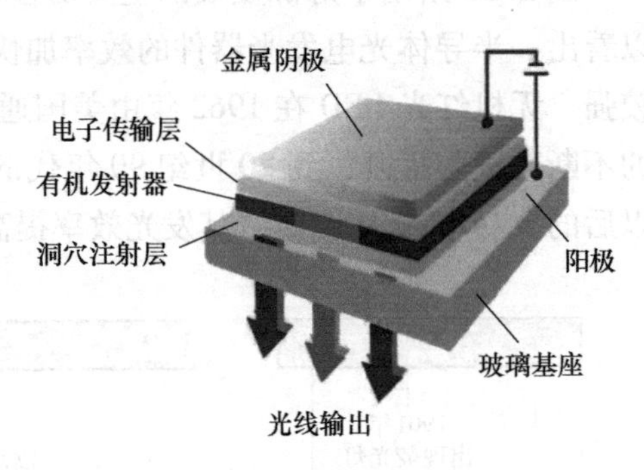

图 2.31 有机发光二极管基本结构

OLED 的基本结构是由一薄而透明具半导体特性的铟锡氧化物（ITO）与电源的正极相连，配合另一个金属阴极，包成如三明治的结构。整个结构层中包括空穴传输层（HTL）、发光层（EL）与电子传输层（ETL）。当加电至适当电压时，正极空穴与阴极电荷就会在发光层中结合，形成发光。OLED 的基本结构决定了其驱动电压低且省电效率高，加上反应快、重量轻、厚度小、构造简单、成本低等，因此被视为 21 世纪最具前途的产品之一。

典型的 OLED 电子传输层、发光层、电洞输运层等都很薄（相对无机 LED 相比）。电子从阴极注入电子传输层，同样，电洞由阳极注入空穴传输层，它们在发光层重新结合而发出光子。与无机半导体不同，有机半导体（小分子和聚合物）没有能带，因此电荷载流子输运没有广延态。受激分子的能态是不连续的，电荷主要通过载流子在分子间的跃迁来输运。因此，在有机半导体中，载流子的移动能力比在硅、砷化镓甚至无定型硅的无机半导体中要低几个数量级。在实际的 OLED 中，有机半导体典型的载流子移动能力为10^{-3} ~ $10^{-6}$$cm^2/V \cdot s$。因为它太小，OLED 器件就得很薄，以保证电压低。在一般的 OLED 中，全部有机膜的厚度约为 1μm。

有机发光二极管所用的物料是有机小分子或聚合物高分子材料，有望应用于制造平价可弯曲显示幕、照明设备、发光衣或装饰墙壁。

OLED一出现就引起了人们的高度关注，因为当时电致发光显示器件都是无机材料的，人们第一次发现有机薄膜器件能够作为二极管形式电致发光，而且驱动电压还比较低。因此大量高校、研究机构与企业开始了对OLED器件的研究，由此拉开了OLED的序幕。从整个OLED发展历程看，可以大致分成四个阶段：

1997至2001年是OLED的研究与试验阶段。这段时期大量的研究机构、大学开始了OLED的研究，不同的有机物发光材料被合成出来，从荧光发光到磷光发光材料，发光性得以大幅度提高。OLED开始逐渐走出实验室，1997年日本先锋公司在全球率先将OLED器件商品化并成功用于汽车音响。2000年以后OLED开始应用于汽车音响面板以外的PDA（包括电子词典、手持计算机和个人通信设备等）、相机、手持游戏机、检测仪器等方面。但产品很有限，规格少，均为无源驱动，单色或区域彩色，很大程度上带有试验和试销的性质，2001年OLED的全球销售额仅约为1.5亿美元。

2002至2008年是OLED技术的成长阶段。这段时期人们开始逐渐掌握了高性能的OLED材料，并在器件设计、彩色有机发光材料研制等方面特别是小分子OLED器件的制备技术上取得了重大进展。同时在彩色OLED器件上也取得进展，出现了基于白光OLED的彩色显示与基于三色OLED的彩色显示等多种模式，OLED器件在使用寿命上也得到显著改善。在厂家的努力下，更多带有OLED的产品不断出现，如车载显示器、PDA、手机、数码相机、头戴显示器等。该阶段主要以10寸以下的小OLED面板为主，以被动寻址驱动技术为主，主动驱动的、10寸以上的面板开始投入研发。

2009至2015年是OLED开始走向成熟的阶段。其标志就是大像素的AMOLED显示屏技术产品进入市场，厂商们纷纷推出成熟的产品。2009年各大厂商开始将重心转向主动驱动的AMOLED，致使AMOLED产值首度超越被动矩阵驱动的OLED。2013年LGD、SMD先后推出55英寸OLED电视。OLED从首次商业应用到成功推出55英寸电视屏仅用了16年，而LCD走过这段历程则用了32年，可见全球OLED产业发展之迅猛。

2016年以后，OLED进入高品质多元化阶段。聚合物高分子OLED显示屏开始进入市场，柔性显示屏、透明式OLED屏、高密度头戴显示器小屏、OLED on Silicon等新技术、新产品层出不穷，OLED显示器的显示性能得以极大提升，OLED显示进入高速发展期。

OLED的特色在于其器件可以做得很薄，厚度为目前液晶的1/3，加上OLED为全固态组件，抗震性好，能适应恶劣环境。OLED自体发光的特性让其几乎没有视角问题，与LCD技术相比，即使在大的角度观看，其显示画面依然清晰可见。OLED的元件为自发光且是依靠电压来调整，反应速度要比液芯片件快许多，比较适合当作高画质电视使用，2007年底索尼公司推出的11英寸OLED电视XEL-1反应速度就比LCD快了1000倍。

OLED的另一项特性是对低温的适应能力强，一般的液晶显示器在-75℃时即会发生破裂故障，OLED只要电路未受损仍能正常显示。即便不到那么低的温度，如在-10℃左右的户外，常规的液晶显示器也会存在速度急剧下降的问题，无法长时间工作，而在这方面OLED具有很强的优势。此外，OLED的效率较高，耗能较液晶显示器略低，还可以在不同材质的基板上制造，甚至能制作成可弯曲的显示器，应用范围日渐增广。

综上，OLED 与 LCD 比较之下较占优势，数年前 OLED 的使用寿命仍然难以达到消费性产品（如 PDA、移动电话及数码相机等）应用的要求，但近年来已有大幅的突破，许多移动电话的屏幕已采用 OLED，然而在价格上仍然较 LCD 贵许多，这也是未来量产技术有待突破的。随着显示技术的发展特别是大屏幕平板显示器技术的发展，OLED 显示屏幕已经进入大尺寸量产阶段。除了三星、LG 等国外知名企业有高品质 OLED 电视面世之外，国内的京东方在开始量产自己的手机 OLED 屏的同时也开始了 OLED 电视的大批量生产。现在 OLED 已成为人们日常生活中不可或缺的显示媒介。

在过去的几年中，人们还致力于开发 OLED 在背光源、低容量显示器到高容量显示器领域的应用。

在灯源方面，OLED 使用的材料不论是小分子还是高分子，都是面光源，这改变了从安迪生开始发光源均为点光源的状态，人们真正有了可以大面积发光的光源。这样的面光源照明可以更加柔和，减少眩光效应，提高照明品质，所以 OLED 是先天的面光源技术。

OLED 一般发光均匀柔和，本身几乎就是一个灯具，无须搭配灯罩使用。目前，白光 OLED 主要以发红绿（黄）蓝三种基本颜色的有机材料依次叠加混合而成。另外，有机材料发光光谱的特点是其半波峰宽度很宽，白光 OLED 的光谱中没有较大的光谱缺失，这使得 OLED 光源的显色指数非常优异，特别适合于室内通用照明，甚至是专业摄影等应用。而且，通过调节每种颜色材料的发光比例，可以产生出任意色调的光，以适应不同的应用场合。OLED 实际产品——台灯如图 2.32 所示。

图 2.32　OLED 实际产品——台灯

由于 OLED 具有非常大的发光面积，工作时产生的热量可以及时散发掉，无须散热装置，所以 OLED 可以非常轻薄，从而节省空间成本。另外，OLED 可以被设计成多种造型，大大拓展了 OLED 灯具在艺术装潢领域的应用空间（见图 2.33）。

OLED 杀手级的可透明特性使其甚至能实现传统灯具完全无法想象的应用方式，比如把 OLED 制作在窗户玻璃上，白天让自然光线透射进来，晚上作为照明灯具使用。OLED 的出现完全弥补了 LED 的不足之处，不久的将来，OLED 照明的使用工具在各个区域都会出现。

图 2.33 OLED 应用于艺术装潢

与无机 LED 的发展相比较，虽然 OLED 器件在 20 世纪 90 年代才开始出现，但其发展更为迅速，其发光效率已经接近了当今无机 LED 的水平，成为未来柔性发光与信号产生的重要技术之一。图 2.34 给出了两种技术与器件的发展历程。

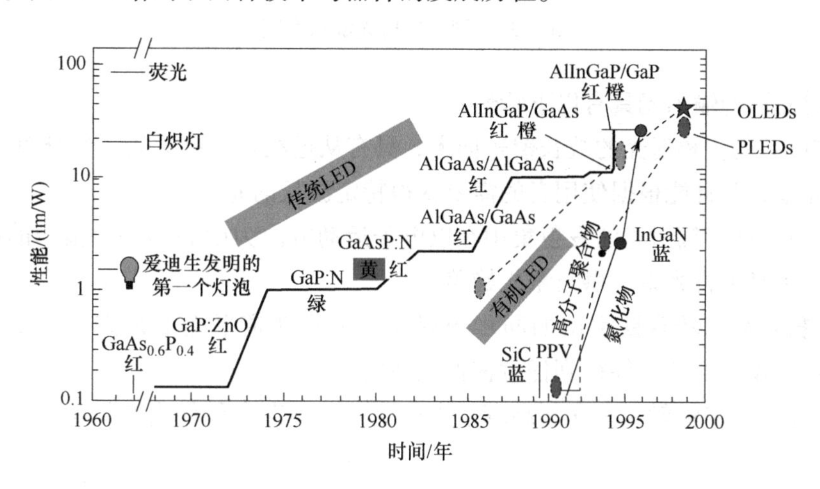

图 2.34 发光二极管的发光效率发展历程

2.3.3 现代大型光源装置——同步辐射光源

1. 同步辐射光源概述

同步辐射是速度接近光速的带电粒子在磁场中沿弧形轨道运动时辐射出的电磁辐射，由于它最初是在同步加速器上观察到的，所以也被称为同步加速器辐射，同步辐射光源示意图如图 2.35 所示。做加速器的高能物理学家并不喜欢加速器中同步辐射，因为它消耗了加速器的能量，阻碍了粒子能量的提高。但是，人们很快便了解到同步辐射是具有从远红外到 X 光范围内的连续光谱，是具有高强度、高度准直、高度极化、可精确控制等优异性能的脉冲光源，可以用以开展其他光源无法实现的许多前沿科学技术研究。于是在几乎所有的高能电子加速器上，都建造了“寄生运行”的同步辐射光束线及各种应用同步光的实验装置。

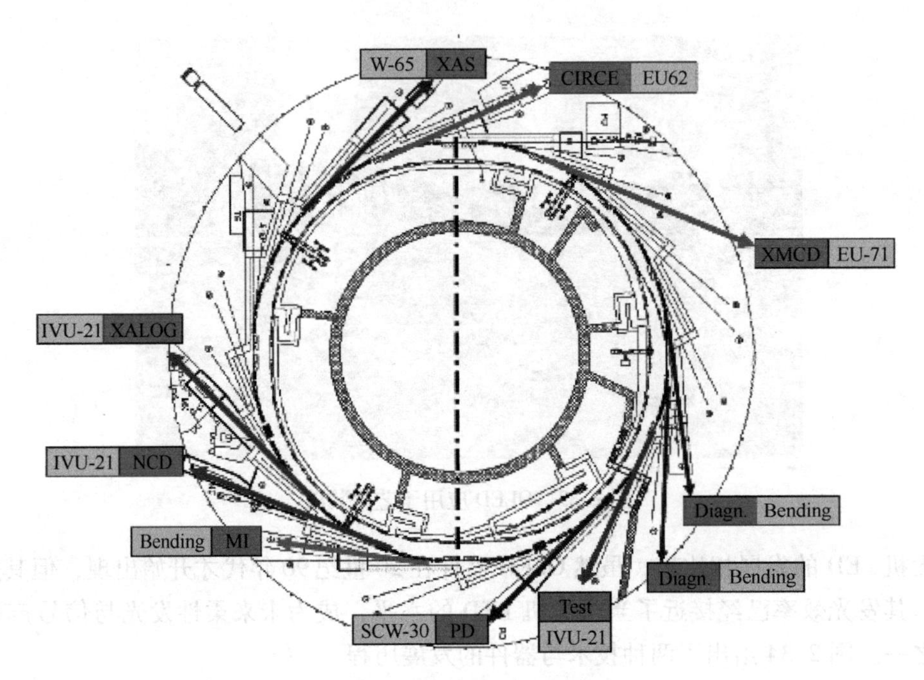

图 2.35　同步辐射光源示意图

同步辐射光源的输出光具有以下特性：

1）宽波段：同步辐射光的波长覆盖面大，具有从远红外、可见光、紫外直到 X 射线范围内的连续光谱，并且能根据使用者的需要获得特定波长的光。

2）高准直：同步辐射光的发射集中在以电子运动方向为中心的一个很窄的圆锥内，张角非常小，几乎是平行光束，堪与激光媲美。

3）高偏振：从偏转磁铁引出的同步辐射光在电子轨道平面上是完全的线偏振光，此外，可以从特殊设计的插入件得到任意偏振状态的光。

4）高纯净：同步辐射光是在超高真空中产生的，不存在任何由杂质带来的污染，是非常纯净的光。

5）高亮度：同步辐射光是高强度光源，有很高的辐射功率和功率密度，第三代同步辐射光源的 X 射线亮度是 X 光机的上千亿倍。

6）窄脉冲：同步辐射光是脉冲光，有优良的脉冲时间结构，其宽度在 10^{-11}～10^{-8}s（几十皮秒至几十纳秒）之间可调，脉冲之间的间隔为几十纳秒至微秒量级，这种特性对“变化过程”的研究非常有用，如化学反应过程、生命过程、材料结构变化过程和环境污染微观过程等。

7）可精确预知：同步辐射光的光子通量、角分布和能谱等均可精确计算，因此它可以作为辐射计量特别是真空紫外到 X 射线波段计量的标准光源。

此外，同步辐射光还具有高度稳定性、高通量、微束径、准相干等独特而优异的性能。

2. 上海同步辐射光源

上海同步辐射光源（Shanghai Synchrotron Radiation Facility，SSRF）简称上海光源，是

第三代中能同步辐射光源（见图 2. 36），由中国科学院和上海市人民政府共同建议和建设，坐落于上海市浦东张江高科技园区，包括一台 150MeV 电子直线加速器、一台全能量增强器、一台 3. 5GeV 电子储存环以及已开放的 13 条光束线和 16 个实验站。上海光源是国家重大创新能力基础设施，是支撑众多学科前沿基础研究、高新技术研发的大型综合性实验研究平台，向基础研究、应用研究、高新技术开发研究各领域的用户开放。上海应用物理研究所/上海光源国家科学中心负责装置的运行、维护和改进提高。

图 2. 36　上海同步辐射光源

上海光源具有波长范围宽、高强度、高亮度、高准直性、高偏振与准相干性、可准确计算、高稳定性等一系列相比其他人工光源更优异的特性，可用以生命科学、材料科学、环境科学、信息科学、凝聚态物理、原子分子物理、团簇物理、化学、医学、药学、地质学等多学科的前沿基础研究，以及微电子、医药、石油、化工、生物工程、医疗诊断和微加工等高技术的开发应用的实验研究。

思考与讨论题

1. 试论述光源的发展历程如何反映出人类文明的发展。

2. 为什么说激光的出现带动了光电信息技术的发展和光电信息产业的发展，有哪些重要的特性使激光具有这样的作用，而其他光源不具备这样的能力？

3. 你认为未来的信息技术发展对光源还会提出怎样的要求？

4. 设想未来的照明与信息的显示以及信息交互会产生怎样的相互转换？请提出几种你认为可能的未来光电信息技术的光源？

参考文献

[1] BERTOLOTTI M. The History of the Laser [M]. Florida: CRC Press, 2004.

[2] FRED S E. Light-Emitting Diodes [M]. Cambridge: Cambridge University Press, 2006.

[3] THEJO K N. Principles and Applications of Organic Light Emitting Diodes [M]. Cambridge: Woodhead Publishing, 2017.

第 3 章 光电信息的传播、探测与传感

信息载体是信息技术的核心，光子与电子已经成为当前信息的基本载体，因此了解信息载体的特性对信息的传播与处理具有极为重要的意义。作为信息载体的光子，其有别于电子的物体特性决定了其在信息携带方面的独特性，进而为现代信息的传播、探测与处理技术上带来极为深刻的变化。本章将介绍光电信息的传播、探测与传感方面的基本特点与状况，目的是使读者深入了解光的基本特性，特别是在信息传播、探测与传感方面，人们如何利用被测目标对信息载体——光子的影响，通过检测光子特性变化来表征被测目标特征的基本过程。

3.1 光信息的产生与传播

3.1.1 光信息的产生、编码

光波是一种电磁波，它以特定的频率、偏振、方向等特性传播着。要使光波携带信息，也就是需要将信息加载在一个光波上。由于光波是一个频率非常高的电磁波，它有多个参数可以调制加载信号，所以其信息的加载可以多种多样，信息的加载量也是很大的，可以多维度（参量）同时加载。

要了解光信息的加载，首先回顾一下第 1 章的信息论基础。第 1 章指出信息就是一种变化，如一个物理量的不同、一个姿势的不同或者一个图案的不同等都可以表示信息，信息可以用信号来表示。因此光信息就是利用光作为信息载体，将光波的某个参数、某几个参数的某种变化或多种变化作为信号，来表示一个信息。

一个复杂的信息就是按照一定的编码规律将信息转化为变化的信号加载到光波中，这样经过信号加载的光波就被称为带有信号的光波。可以用一个简单的平面光波来说明光信息的加载模式，平面光波的电场表达式为

$$\boldsymbol{E}=\boldsymbol{A}\exp(-\mathrm{i}(\omega t-\boldsymbol{k}\cdot\boldsymbol{r}))$$

式中，$\boldsymbol{A}$ 是光波电场的振幅，它是矢量，表示光波是有偏振状态的；ω 是光的频率；$\boldsymbol{k}$ 是光波的波矢，表示光波传播方向；$\boldsymbol{r}$ 表示传播的空间位置；$\boldsymbol{k}\cdot\boldsymbol{r}$ 是光波经过距离 r 之后的相位变化。可以看出，最简单的平面光波也有振幅、偏振、波长、传播方向、相位等多个参数，因此既可以在光波的强度上加载信号，也可以在偏振状态上加载信号，还可以在传播方向上加载信号，同样在相位上也可以加载信号，当然频率也是一个信号加载的参量。

最常见的，人们采用强度调制的方式加载光信号，如图3.1所示。具体过程是首先将信息进行编码，即将信息转变为光强变化可以表示的信号；然后将信号加载到光强变化上，就是将光波的强度按照编码信号形成亮暗、亮暗的变化，以此将信息加载进光束。光强加载有很多方法，一般可以采用光源加载法、电光调制方法、声光调制方法以及最一般的斩波器调制方法。值得指出的是：不同的信号加载方式形成加载的信息速度是不同的，加载信息的信噪比也是不同的。

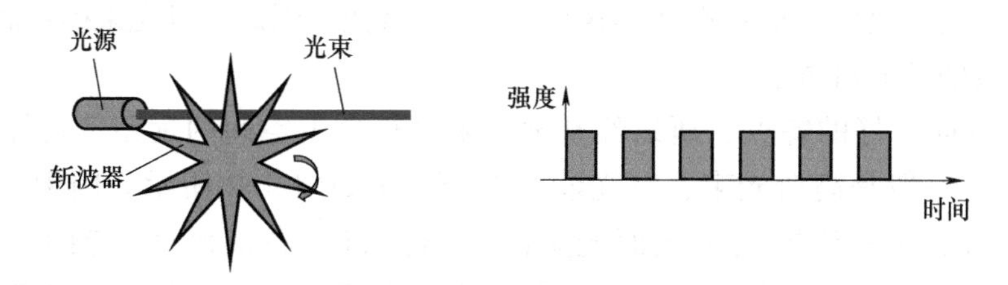

图3.1　斩波器加载光信号

此外，也可以在光波的偏振参数上加载信息，比如可以利用线偏振光的偏振状态来编码加载信息，可以用相互正交的两种偏振状态来表示信号的变化或者用左旋偏振光与右旋偏振光来表示不同的状态。

另外，还可以从相位参数上加载信号，可以在光路中利用压电陶瓷在电压作用下的伸缩作用在相位上加载信号。相位编码技术也是一种常用的信息加载与探测技术，这种技术充分利用光波的相干性，通过利用一个未加载的光波与加载信号的光波的干涉，提取出载波光束相位中的光信息。

总之，所有的光波的参数都可以通过相应的调制加载信息。这里讨论的是经典光学的范畴内，在光波中加载信息的基本方法。如果是在量子光学范畴，信息的加载方式就会发生较大的变化，这些是当今正在研究与发展的内容，本书中并不涉及，本书仅仅在经典光学的范畴来讨论分析一般的光信息加载方式。

应该注意的是：不同的信号加载方式，在信号解调侧需要用不同解调的方法。例如，光强调制式比较简单，只要用光电探测器探测光强度的变化，在所探测的信号中做一个滤波即可将信号滤出。而偏振的调制，就需要在探测侧加上相应的检测偏振系统，再加上光电探测器来检测光信息。

前面提及的都是主动的信号加载方式，即人们将要传输的信息主动加载到光束中去。而在大量的应用中特别是利用光进行传感探测的场合，则是利用被探测目标本身的光辐射或电磁辐射来直接探测被测目标的特性，这种信息探测技术被称为被动探测技术或信号的被动探测，比如人们利用远红外成像仪对人体温度分布的成像，就是探测人体不同部位不同温度对应的热辐射的强度。与被动探测相对应的是主动探测，在主动探测中，人们利用光波照射被探测的目标，探测目标与入射光波相互作用，使入射光产生光波特性参数上的各种变化，从而检测经目标变化调制后返回的光波的特性，实现对被探测目标的特性的传感。由于光传播的速度快，光照产生的光压很小以至于几乎可以忽略，光束又不带电，所以光电信息探测技术是高灵敏、高可靠的一种无损的探测技术。

3.1.2 自由空间中光信息的传播

空气的光学折射率接近为1，光波在自由空间传播非常接近理想无扰动（当然，前面提到气体散射与吸收是不可避免的，因此必须选择大气影响较小的波段的光）的传播。一般人们会用激光或准直后的光束来进行自由空间的光信息传播，因为一般的光束具有比较大的发散角，传播距离越长，光束就会发散得越厉害。根据光束传输的拉赫不变量原理，在自由空间，一束光束其发散角与光束截面大小的乘积应是常数，因此一旦光束确定后，光束的截面越大，则光束的发散角越小。

激光具有方向性好的特点，所以经常被用来进行自由空间的远距离传输。与平面波不同，激光光束一般是高斯光束，其光波的电场分布如图3.2所示。图中z轴为光束传播方向，在z轴上任一位置光束截面光束的电场分布为高斯函数，轴上点电场最大。图3.2中，$z=0$之处为高斯光束的束腰，束腰处的波面为平面，图中的两条过$z=0$点的白线描述了光束的发散角，对于高斯光束而言，要使光束的发散角小，就需要加大激光束的束腰。人们一般通过放大激光光波的束腰，即通过准直扩束方法来获得发散角很小的光束。

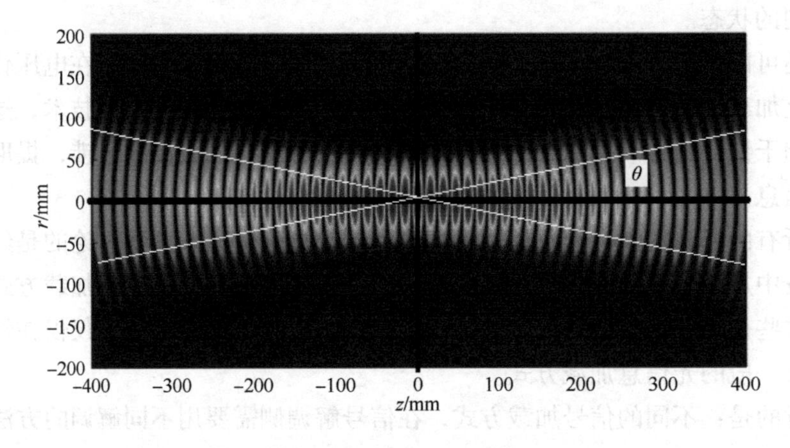

图3.2 高斯光束示意图

实际发光物体发出的光一般都为发散光束，与之相比，高斯光束具有很好的方向性，这也是激光一般具有很高的亮度与很小的发散角的原因；另一方面，激光还是相干光，其波长带宽很窄，因此一般认为激光就是一个波长的光。

虽然理想的平面光波是不存在的，但是因为太阳光离地球很远，对于较小的视场范围内，可以将太阳光近似视为平面波。注意：太阳光的光谱不是单一波长，而是具有很宽的光谱。当太阳光透过大气层照射在地球表面上时，由于大气层中各种气体对光的吸收不同，所以形成了地球的太阳光谱，如图3.3所示。

当光波在空气中传播时，由于空气中有大量气溶胶的存在，气溶胶的散射也会造成光波传播状态的变化，出现光的散射以及光被空气吸收等现象，这些都会影响光波的传输效果。而且不同波长的光在大气中的传输损耗是不同的，从散射损耗的角度，波长越长，散射损耗

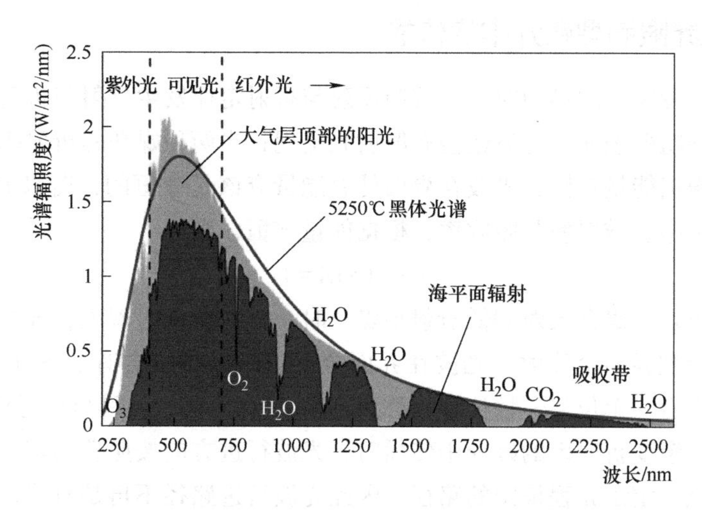

图3.3　太阳辐射经过地球大气层后的光谱分布

越小，因此长波长的光，只要不落在空气吸收区域，一般传输损耗会比较小一些。图3.4为光束在大气中的传输损耗。

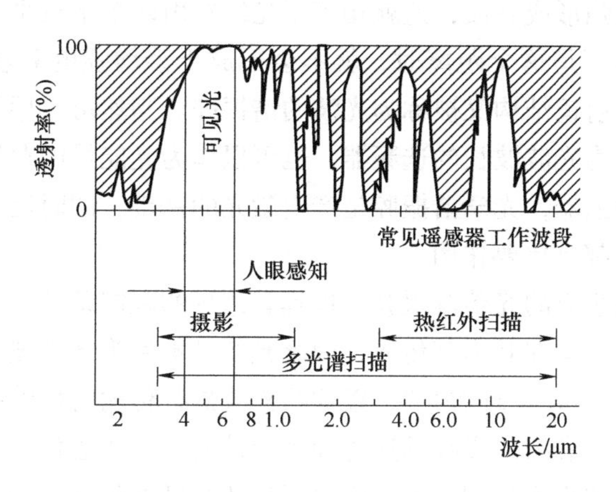

图3.4　光束在大气中的传输损耗

大气对照射光的散射降低了沿传播方向的光强，产生了大量杂散漫射光，对于光传输而言是不利的一面，但是另一方面人们恰恰可以利用传播介质对光波的散射效应来探测介质的特性。典型例子就是激光大气雷达，它就是利用大气中气溶胶对激光的后散射效应来探测大气中的气溶胶分布，甚至可以从这些散射光的光谱来分析气溶胶的种类，因为正是气体组分影响光束的光谱透射率，可以利用气体的分子吸收谱的不同，选择分子吸收特征谱线的光束来探测气体分子的组分。

由于空气中大气的折射率是随着高度变化的，这对于水平传输的光束影响不大，但是对于斜着传播的光束，就会因为折射率随高度的变化而产生光束偏折。此外在实际的大气中，由于大气气压分布产生的大气流动会形成大气的涡旋湍流，使得实际情况下大气的折射率会有非常复杂的时变与空变特性，这些都会影响光束在大气中的传播。

3.1.3 光在边界限制型媒介中的传播

光波在到达两种媒介的界面时，会按照反射与折射定律发生反射与折射。当界面不是理想的光滑平面时如粗糙表面，光波还会有散射光出现；当两种媒介的折射率具有吸收时，还会被部分吸收。根据能量守恒，光波在界面处总能量应该是守恒的，若以 R、T、S、A 分别代表反射率、透射率、散射率与吸收率，根据能量守恒，则

$$R+T+S+A=1$$

当光波从高折射率媒介入射到低折射率媒介时，存在全反射现象，即当光波的入射角大于全反射角时，会被界面全反射。光波在界面全反射时，相位会有非零非 π 的变化，也相当于光波在界面上有一个位移，该位移被称为古斯-汉森位移，位移量接近波长。

当光波在一个渐变折射率的媒介中传播时，光波行进方向按照费马定律来计算，也就是光波从 a 点到 b 点一定走光程最短的路径。因此光波行进路径不再是直线，而可能是曲线。

如果光波在一个闭合的媒介中传播时，可以按照边界条件精确描述出光波的传播行为。如光在一对有一定间隔的平行平面反射镜之间传播，会被两个反射镜所不断反射，当两个反射镜的间距为光波半波长的整数倍时，若忽略反射镜反射带来的相位变化的话，正反向行进的光波正好干涉叠加增强形成驻波，这就相当于光波在由两个平行平面反射镜之间形成了光学谐振。而两镜子间距不是这个距离时，就不会形成干涉增强的驻波，谐振也就消失。因此，这样的平行平面反射镜结构又被称为光波的谐振腔。当然可以用各种器件构建光学谐振腔，光学谐振腔可以作为光波波长的选频器，也可以作为光能量的存储器，还可以作为增加光与媒介作用距离的增强器，光学谐振腔是产生激光的基础，同时谐振腔在光谱分析、能量存储、高灵敏度探测中都有重要作用。

光纤就是一种有限边界的光传输媒介，也具有边界的限制条件，光波在其中受边界条件的约束而在沿光纤长度方向在其内部传播，因此光纤又被称为光学波导。光束在光纤中传输由于边界的限制也存在一些分立的模式，以这些模式进行传输时传输损耗小，偏离模式的光很快就因为光束的泄漏而衰减。光纤的这种导光特性使之成为通信的基本载体，同时也可以在传感与检测技术中发挥很大作用，本章将主要论述光纤在传感中的作用（见 3.3 节光纤传感技术及应用），而关于光纤通信的应用，将会在第 4 章光通信技术中有更详细的论述。

3.2 光信息的探测

3.2.1 光信号探测的基本方法

1. 光强度信号的探测方法

一般光电探测系统主要由光源、探测目标与光电探测器三部分构成。光源发出的光经过与探测目标的作用，被光电探测器所探测转化为电信号，然后经过处理提取出需要的光信息。由于在这种探测系统中，人们是主动发光去探测，所以又被称为主动式光电探测系统（见图 3.5）。如果探测目标本身就有一定的光学辐射，就只需要检测该被探测目标发出的光

学辐射即可以感知该目标，将这样的探测系统称为被动探测系统，这种系统往往应用于人体探测，如红外体温测试、人体目标探测、红外热成像等。

图 3.5　主动式光电探测系统

对一般光电检测系统而言，其光信号要远大于周围的噪声，才能通过直接探测获得光信息。但是实际情况是很多时候要探测的光信号往往与噪声接近甚至被淹没在周围的噪声之中，此时遇到的就是低信噪比的光信号探测问题。

2. 低信噪比的光信号探测方法

如果是弱光信号，为了提高探测信噪比，一般会对信号进行周期调制，这样就可以在很强的背景信号中探测出经过调制的周期变化信号。调制可以是两种：一种是对光源进行调制，另一种是对探测目标进行调制。当信号与周边的噪声相比比较小时，可以利用强大的背景噪声信息，虽然很大，但它是没有被调制的，而要探测的信号是很微弱的以致被淹没在背景噪声之中，为了探测出这个微弱的信号，只要将要探测的信号调制起来（交流变化，周期调制），并将混合噪声与信号的探测器探测出的信号与对前面人为加入的调制方式进行卷积，就可以将只有与调制信号相同频率的信息抽取出来，其他信息都被滤波去除，这就是相关器与锁相环信号探测原理（见图 3.6）。依据这类微弱信号探测的仪器被称为锁相放大器。

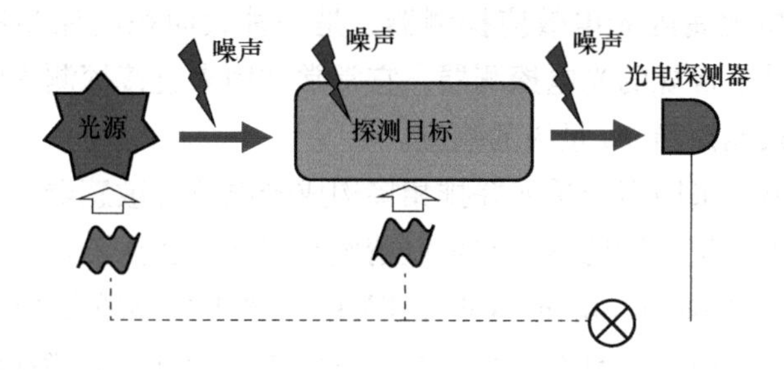

图 3.6　相关器与锁相环信号探测原理

3. 快速变化光信号的探测方法

对淹没在噪声之中的脉冲型的周期重复信号探测，可以采用将调制信号多次取样平均的方法以去除噪声，靠牺牲时间的办法改善信噪比并恢复信号波形。这种方法以时间为代价，被称为取样积分探测方法。取样积分（或称为累加平均）是适合于锁相放大器无法应用的场合，即快速变化的信号。采用取样积分原理的探测器被称为 Boxcar 信号平均器。

3.2.2　光电探测器

1. 光电探测器的工作原理

光电探测器是将光信号转化为电信号的器件，在光电信息处理中具有重要作用。光电探测器的工作原理主要有两个，即外光电效应与内光电效应。

（1）外光电效应　当光照射到金属或半导体表面时，由于金属或半导体中的电子吸收了光子的能量，使电子从金属或半导体表面逸出至周围空间的现象叫外光电效应。利用这种现象可以制成阴极射线管、光电倍增管和摄像管的光阴极等。

（2）内光电效应　当入射光的能量 $h\nu \geqslant E_g$（E_g 为带隙间隔）时，价带中的电子就会吸收光子的能量，跃迁到导带，而在价带中留下一个空穴，形成一对可以导电的电子-空穴对。这里的电子并未逸出形成光电子，但显然存在着由于光照而产生的电效应。因此，这种光电效应就是一种内光电效应，内光电效应主要有光导效应、光生载流子效应或光生伏特效应。

当探测器受到光照射时，将吸收光子能量，其电阻率降低而导电，这种现象称为光导效应，它属于内光电效应。除金属外，多数绝缘体和半导体都有光导效应，半导体尤为显著，根据光导效应制造的光电元件有固有敏感光频率，当该光照在光电阻上时，导电性增强，电阻值下降。光强度越强，其阻值越小，若停止光照，其阻值恢复到原阻值。

当光照在半导体上，若电子的能量与半导体禁带的能级宽度相等，则使电子从价带跃迁到导带形成电子。同时，价带留下相应的空穴，导致电子空穴仍留在半导体内，并参与导电在外电场作用形成的电流。

半导体受光照射产生电动势的现象称为光生伏特效应，据此效应制造的光电器件有光电池、光电二极管、管控晶闸管和光耦合器等。

2. 几种常见的光电探测器

下面根据上述效应，介绍一些常见的光电探测器。

（1）光电池　光电池属内光电效应探测器，是一种大面积的探测器，有多种形态。比如单元型的光电池就是最常规的光电探测器，它常常被用来直接探测光强信号的变化，响应速度不是很快，一般只能探测 ms 量级的响应。

光电池的一种变形是采用多个单元并排相接构成光电位置敏感器，最典型的就是一种被称为四象限传感器的光电位置敏感器，它可以精确确定光斑在探测器灵敏面上的位置。

（2）光电倍增管（Photo Multiplier Tube，PMT）　光电倍增管是最常见的经典光电探测器，它工作在外光电效应模式，具有灵敏度高、速度快等特点，它能在低能级光度学和光谱学方面测量波长 200~1200nm 的极微弱光辐射功率，被广泛应用于各种光电探测中，如光谱检测、弱光探测等。

光电倍增管是一种具有极高灵敏度和超快时间响应的光电探测器。典型的光电倍增管如图 3.7 所示，在真空管中，包括光电发射阴极（光阴极）和聚焦电极、电子倍增极和电子收集极（阳极）的器件。光电倍增管的工作原理是：光阴极在光子作用下发射电子，这些电子被外电场（或磁场）加速，聚焦于第一次极；这些冲击次极的电子能使次极释放更多的电子，它们再被聚焦在第二次极；这样，一般经十次以上倍增，放大倍数可达到 10^8~10^{10} 倍；最后，在高电位的阳极收集到放大了的光电流，输出电流和入射光子数成正比。整个过程时间约 10^{-8}s。

光电倍增管有顶窗与侧窗等多种，同时也有阵列型光电倍增管，又称微通道板（Micro Channel Plate，MCP）光电倍增管。微通道板是一种大面阵的高空间分辨的电子倍增探测

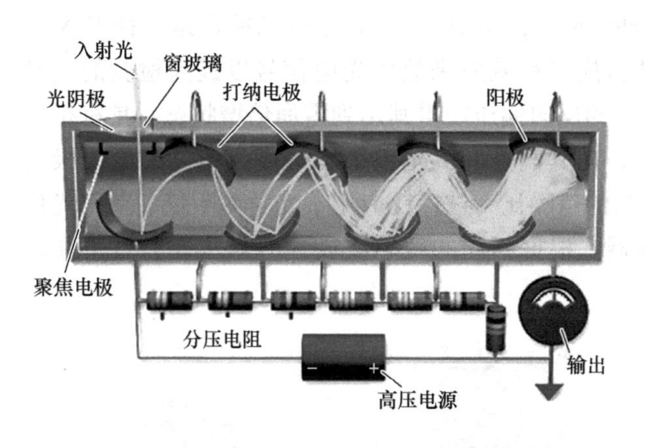

图 3.7　光电倍增管（PMT）原理图与实物图

器，具备非常高的时间分辨率，主要用作高性能夜视像增强器并广泛应用于各科研领域。微通道板以玻璃薄片为基底，在基片上以数微米到十几微米的空间周期以六角形周期排布孔径比空间周期略小的微孔。一块 MCP 上约有上百万微通道，二次电子可以在通道壁上碰撞倍增放大，工作原理与光电倍增管相似，如图 3.8 所示。

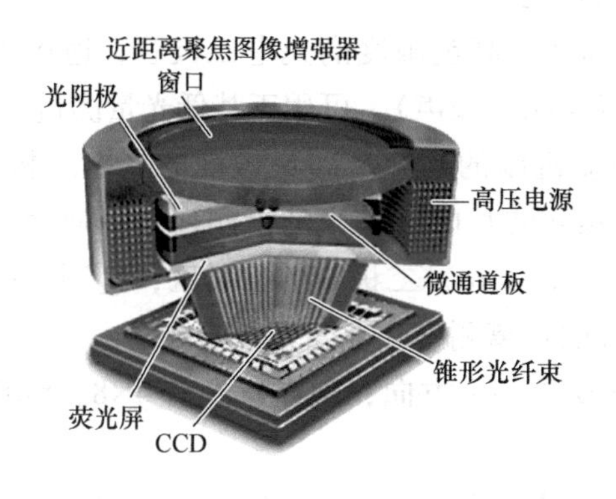

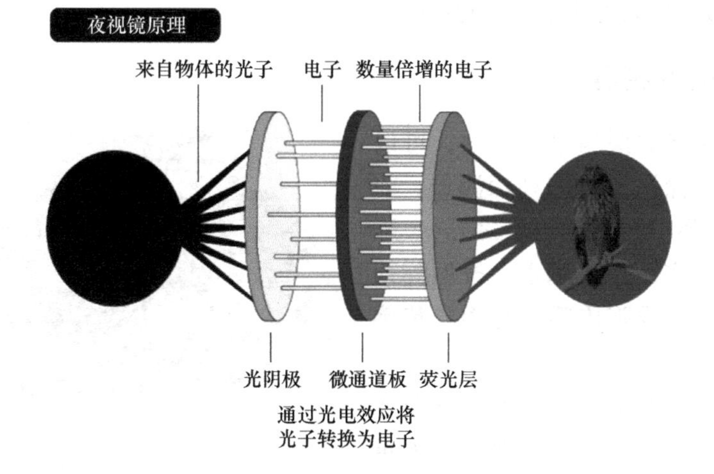

图 3.8　微通道板光电倍增管

(3) 雪崩光电二极管 (Avalanche Photo Diode, APD) 雪崩光电二极管是一种 P-N 结型的光检测二极管，其中利用了载流子的雪崩倍增效应来放大光电信号以提高检测的灵敏度，是内光电效应探测器。工作时施加较大的反向偏压使得其达到雪崩倍增状态，具有很大的光电探测率。APD 是通过施加反向偏压，使其高速和高增益工作的高灵敏度光电二极管(见图 3.9)。它比 PIN 光电二极管具有更高的信噪比，被广泛应用于光学测距仪、空间光传输、闪烁侦检器等，常用来用作光子探测器。根据不同的敏感波段，APD 主要有以下几种形式：

图 3.9 雪崩光电二极管 (APD)

1) 氮化镓 APD：氮化镓 APD 可用于紫外线的检测。

2) 硅 APD：硅 APD 是内部具有增益机制的高速、高灵敏度的光电二极管，适用于对可见光和近红外线的检测，且具有较低的倍增噪声 (超额噪声)，可用于甚低光量测量。

3) 铟镓砷 APD：铟镓砷 APD 是内部具有增益机制的高速、高灵敏度的光电二极管，可用于甚低光量测量。它主要适用于波长超过 1.6μm 波长的红外光的检测，且倍增噪声低于锗材料。它一般用作异质结结构 (hetero junction structure) 二极管的倍增区，适用于高速光纤通信及商用产品的速度已达到 10Gbit/s 或更高的距离测量和空间光传输等。

4) 硅 APD 阵列：从单元 APD 发展到阵列 APD 是一个方向，现在已经有 4×8、8×8 像元的 APD 阵列，具有低噪声和短波灵敏度增强的特性。

5) 碲镉汞 APD：该 APD 可检测远红外线，波长最高可达 14μm，但需要冷却以降低暗电流。使用该二极管可获得非常低的超额噪声。

3.2.3 光电阵列探测器

按照光电探测器的探测单元个数，可以将探测器分成单元探测器与阵列探测器。前述主要是单元探测器 (除微通道板之外)。阵列探测器主要是用作图像传感器，按照阵列形态的不同可以分为线阵传感器与面阵传感器 (见图 3.10)。

图 3.10 线阵与面阵传感器

1) 顾名思义，线阵传感器就是探测单元排列成一条直线，这类传感器主要用在大量的扫描成像与检测之中。

2）面阵传感器的探测单元排列成二维矩阵，是最主要的图像传感器。面阵传感器的典型代表就是CCD以及目前最为普及的CMOS面阵传感器。值得一提的是：随着CMOS面阵传感器的普及，极大推进了当今智能感知技术的发展，无论是城市监控还是智能手机都离不开CMOS面阵传感器进行光电图像的传感。

CCD与CMOS面阵传感器，除了对可见光波段探测成像之外，还可以对景物的近红外0.7~0.9μm波段进行成像（具体参见第5章5.3.2节与5.3.3节）。

3.2.4 红外光电探测器

红外光电探测器是将入射的红外辐射信号转变成电信号输出的器件。红外辐射是波长介于可见光与微波之间的电磁波，人眼察觉不到。而一般红外探测是指中、远红外探测，即大于2μm波长以上的红外辐射的探测，要察觉这种辐射的存在并测量其强弱，则必须把它转变成可以察觉和测量的其他物理量。红外辐射能透过烟、尘、雾、阴影、树丛等，通过红外探测与成像能实现全天候被动远距离探测。

现代红外探测器主要基于红外热效应和光电效应来实现探测，大体分为红外光子探测器和热辐射探测器两大类：

1）红外光子探测器主要是利用窄禁带半导体的内光电效应来探测传感。

2）热辐射探测器主要是利用敏感器对红外辐射的吸收产生的热效应来探测传感。

由于红外辐射区对应的黑体辐射温度低，器件本身以及周边环境的温度产生的红外辐射影响严重，因此往往需要将探测器制冷进行探测。因此红外探测器还可以按照有无制冷要求，分成非制冷型红外探测器与制冷型红外探测器：

1）非制冷型红外探测是新发展的红外探测技术，由于无须制冷设备，该类红外探测系统非常小巧，使用方便，在民用中得到迅速推广。非制冷型红外探测器又被称为室温红外探测器，它是利用探测器接收红外辐射后自身温度开始升高，从而引起热敏元件的物理性质发生改变而实现对红外光进行检测的探测器（见图3.11）。主流非制冷红外热像仪的一般热敏

图3.11 非制冷红外探测器

材料采用的是氧化钒或者多晶硅的量热计型。非制冷红外焦平面阵列大致可分为热电堆/热电偶、热释电、光机械、微测辐射热计等几种类型（关于红外图像传感器可见第 5 章 5.2.4 节）。

2）制冷型红外探测器主要是光子探测器，其红外辐射的探测主要基于探测器件的光导/光伏效应，在近短波红外主要是铟镓砷/铟镓锑器件，锑化铟探测器（工作在 3~5μm 波段）、碲镉汞探测器（工作在 8~14μm 波段）以及量子阱器等灵敏度、响应速度、探测距离等性能都比较高（高于非制冷器件），但都必须用低温制冷器进行制冷（一般需要液氮制冷）以控制噪声。制冷型红外探测器如图 3.12 所示。

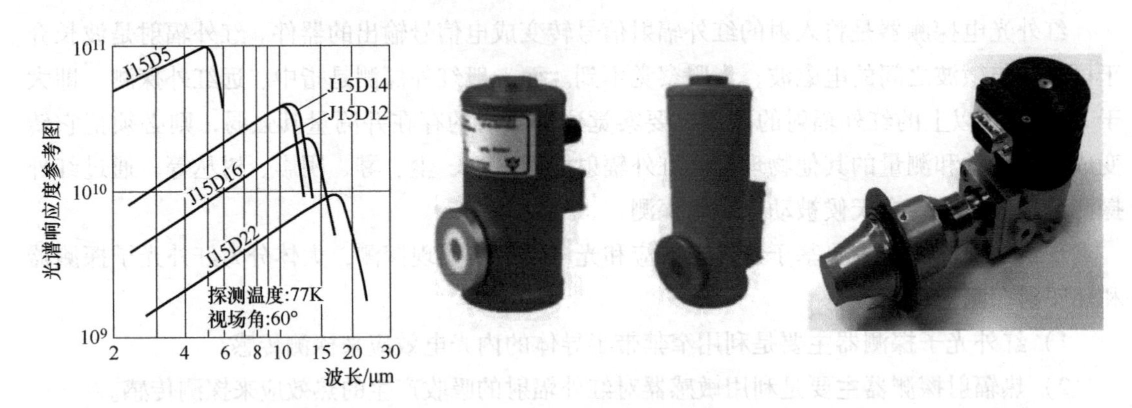

图 3.12　制冷型红外探测器

3.2.5　紫外光电探测器

顾名思义，紫外光电探测器就是一种探测紫外光信号的光电传感器。生活中产生紫外光的场合很多，比如发生火灾或高压线出现故障发生电弧现象时都会发出特殊的紫外光，紫外光肉眼看不见，只能靠灵敏的探测器“捕捉”。利用超灵敏度的紫外线探测，还可以用来检测海上油污、卫星遥感监测雾霾、深井油田探测甚至探测远在千里之外是否有导弹发射等。

紫外光电探测器主要基于外光电效应，紫外光子能量大，能够激发光阴极产生光电子，然后被外电极收集，传感器获得的信号（电流等）是接收到的紫外光转换值。外光电效应器件通常指光敏电真空器件，主要用于紫外、红外和近红外等波段的辐射探测。外光电效应器件包括光电敏倍增管、像增强器等光敏电真空器件，它们具有极高灵敏度，能将极微弱的光信号转换成电信号，可进行单光子检测，其灵敏度往往比内电光效应的半导体器件高几个量级。

近年来随着宽禁带半导体的发展，基于内光电效应的紫外光半导体探测器发展迅速。基于光电导效应的探测器，半导体吸收足够能量的光子后，把其中的一些电子或空穴从原来不导电的束缚状态激活到能导电的自由状态，导致半导体电导率增加、电路中电阻下降。基于光伏效应的探测器，光生电荷在半导体内产生跨越结的 P-N 小势差，产生的光电压通过光电器件放大并可直接进行测量。根据光电导效应和光伏效应制成的器件分别被称为半导体光电导探测器和光伏探测器。

常用的紫外光电探测器主要有三种类型：

1）光电真空探测器，比如光电倍增管、像增强器和电子轰击 CCD 等。

2）光电导探测器，比如 GaN（氮化镓）基和 AlGaN（氮化镓铝）基光电导探测器等。

3）光伏探测器，如 Si（硅）、SiC（碳化硅）、GaN P-N 结和肖特基势垒光伏探测器以及 CCD。

紫外光电探测器（见图 3.13）对紫外辐射具有高响应。其中，日盲紫外探测器的光谱响应区集中在中紫外（波长小于 290nm），而对紫外区以外的可见光及红外辐射响应较低；光盲紫外探测器长波响应限在紫外与可见光交界处。

图 3.13　监测火焰的紫外光电探测器与紫外摄像机

3.3　光电传感技术及应用

传感技术、通信技术、计算机技术构成了现代信息的三大基础，20 世纪 80 年代是个人计算机时代，90 年代是计算机网络时代，21 世纪第一个 10 年则进入智能时代，而智能时代的热点可能是智能感知，它是集成了传感、执行与检测的智能系统。在信息时代里，随着各种系统的自动化程度和复杂性的增加，需要获取的信息量越来越多。传感器已渗透到诸如工业生产、宇宙开发、海洋探测、环境保护、资源调查、医学诊断、生物工程甚至文物保护等极其广泛的领域，可以毫不夸张地说，从茫茫的太空到浩瀚的海洋以至于各种复杂的工程系统，几乎每一个现代化项目都离不开各种各样的传感器。

光电传感器的工作原理是：将被测量的变化转换成光信号的变化，然后通过光电探测方法探测出光信号的变化，通过光电探测转换元件变换成电信号。光电传感器的工作基础是光电效应。光电传感器结构框图如图 3.14 所示。

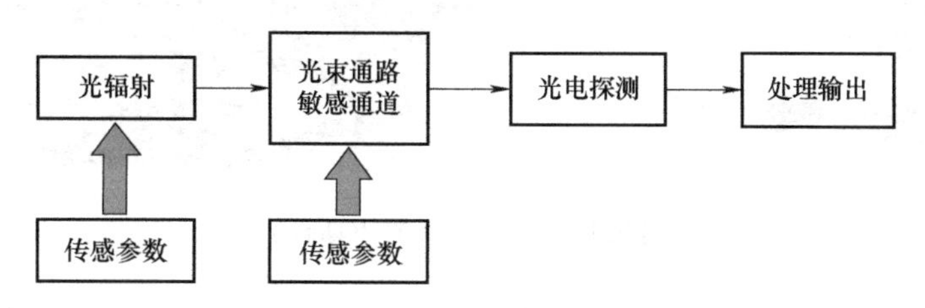

图 3.14　光电传感器结构框图

光电传感器是采用光电元件作为检测元件的传感器，通常由光源、光学通路和光电元件三部分组成。光电传感器不仅可以用来检测光照度、光强、辐射测温、气体成分分析等非电量，也可以用来检测表面粗糙程度、零件的直径、位移、应变、振动、速度以及加速度，还可以用来测量物体的形状、工作状态的识别等其他非电量，以及化学参数的检测。它具有精度高、反应快、非接触、可并行等优点，同时它具有可测参数多、传感器的结构简单、形式灵活多样等特点，因此光电传感器在各行各业的检测、控制中的应用非常广泛。

3.3.1 物理量的光电传感

物理量的光传感主要是指利用光作为探测手段来探测客观世界中的常见物理量，如光辐射参数、电磁参数、温度参数等。这些参数都可以十分方便地采用光学方法加以探测与表征，下面介绍几种探测这些参数的主要仪表或仪器。

1. 光辐射类参数测试仪表

光辐射度类的参数传感与测量一般采用对光电单元探测器进行辐射定标，在特定的口径与空间角的条件下探测辐射的强度。

（1）光辐射度计　光辐射度计测量的是对应光辐射的强度，测量波长范围根据具体照度计的不同而不同，如图 3.15所示。

图 3.15　光辐射度计

（2）照度计　照度计（或称勒克斯计）是一种专门测量光照强度的仪器仪表，如图 3.16 所示。光照强度（照度）是物体被照明的程度，也即物体表面所得到的光通量与被照面积之比。照度计通常由硅光电池和微安表组成。通常的照度计指的是 380~780nm 范围波长的光照度，光照度=380~780 波长上的辐射照度×视见加权函数（380~780nm）。

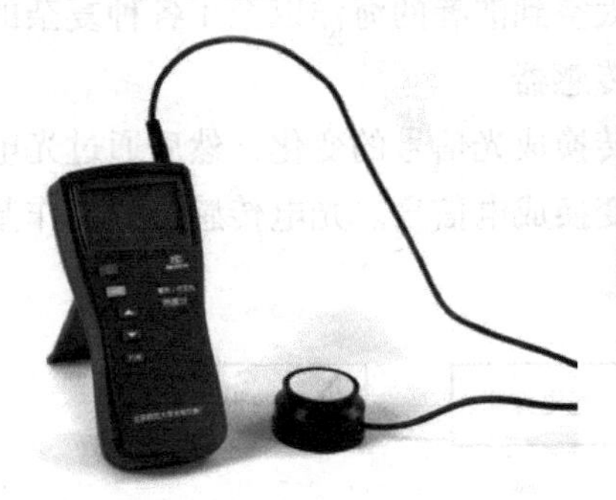

图 3.16　照度计（勒克斯计）

照度计与三基色滤光片结合就可以构造出彩色照度计，它不仅可以测试出照度，还可以测试出该辐射的颜色特性包括色坐标等。

（3）亮度计　亮度计是测量物体表面的发光亮度，一般采用有一定距离的光孔接收固定立体角、固定发光面积的光通量的探测方法。亮度不随物体远近而变，亮度计的探测值与相应的发光区域相对应。为了瞄准被测物体，亮度计常采用成像系统。被测光源经物镜后在带孔（前光孔）反射镜上成像，其中一部分光经反射镜及目镜由人眼接收，以瞄准和监控清晰成像面与带孔反射镜重合；另一部分光则经过反射镜上的小孔经后光孔到达 V（λ）接收器。亮度值用指针或数字表头显示。其典型系统如图 3.17 所示。

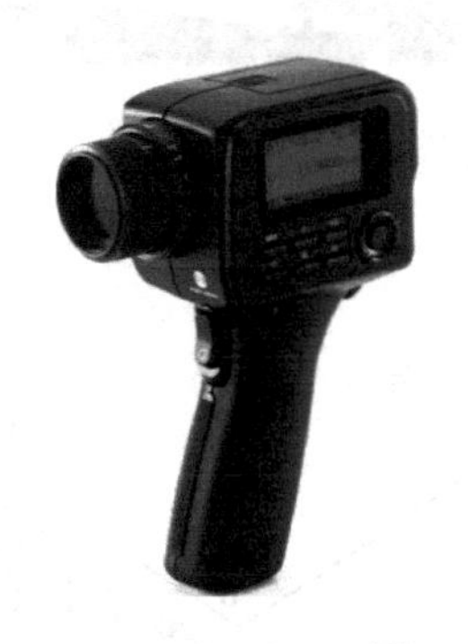

图 3.17　手持式亮度计与台式亮度计

亮度计往往与彩色测试联系在一起构成彩色亮度计，它可以测试光辐射的颜色，给出光辐射或样品反射光的色坐标。亮度计在显示器领域有重要应用。

2. 光波相位与偏振类检测仪器

光波相位是用光学波长来衡量样品表面或厚度形貌的测量仪器，主要是各种光学波面干涉仪。图 3.18 所示的光学波面干涉仪，就是监测光学表面的球面度与平面度的精密仪器，它是利用光学干涉检测的方法检测光学表面的波面偏离球面或平面的多少，精度非常高。

图 3.18　ZYgo 与 Wyko 是国际上两家最知名的波面干涉仪制造商

椭偏仪是光偏振状态参数的主要传感与测量仪器，其原理是利用起偏器与检偏器的组合旋转进行光束偏振态的探测，它可以检测出光束的任意偏振状态，其结构如图 3.19 所示。

这些参数的传感与测量基本上都与光学偏振的测试方法类似，即将所要传感的参数转换为光强度的变化，通过对光强度的测试来实现对这些参数的测试。

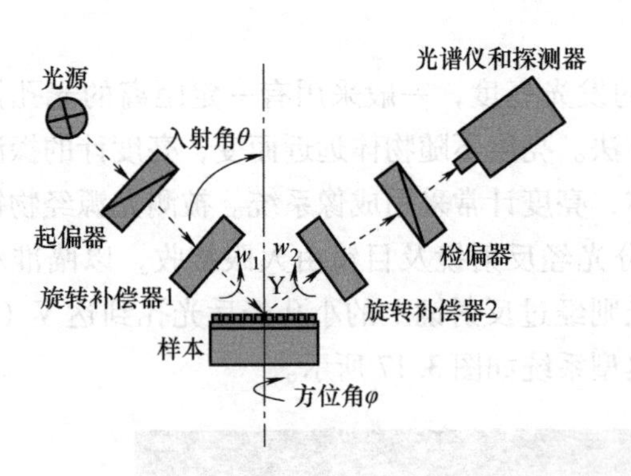

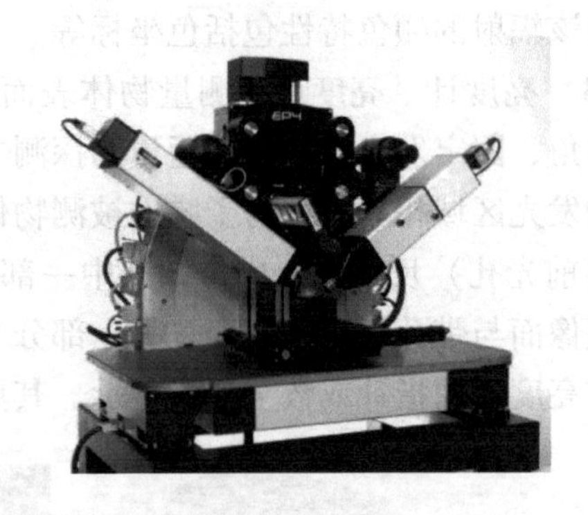

图 3.19　椭偏仪结构示意图与实物

3. 电、磁与温度类参数的传感与测试

（1）电流类参数的传感与测试　光学电流传感器（optical current transducer）在电流测量领域具有重要应用，它基于法拉第效应，通过测量在磁光介质中传播的线偏振光在经过被测电流所致磁场时，偏振光偏振角的旋转角度的变化，来得到与角度呈线性关系的电流值，如图 3.20 所示。通过测量该角度的大小来确定被测电流的大小。与传统的电磁感应式电流传感器相比，在电流测量领域中采用光学传感技术具有明显的优越性：①不含油，无爆炸危险；②与高压线路完全隔离，满足绝缘要求，运行安全可靠；③不含铁心，无磁饱和、铁磁共振和磁滞现象；④抗电磁干扰；⑤响应频域宽；⑥便于遥感和遥测；⑦体积小、重量轻、易安装等。

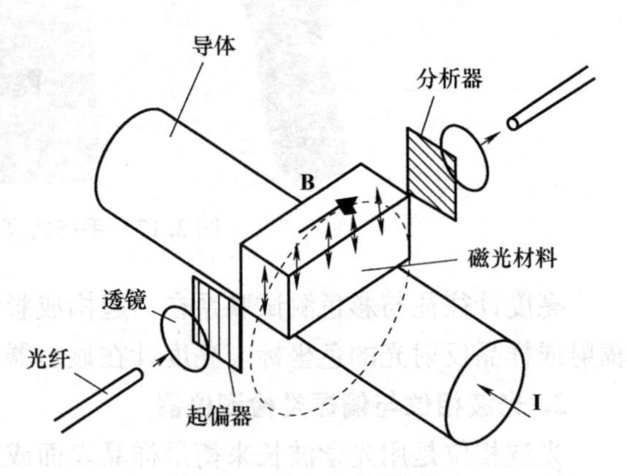

图 3.20　光学电流传感器

光学电流传感器可分为四种类型：块状光学材料型、全光纤型、光电混合型和磁场传感器型。目前块状光学材料型光学电流传感器的实用化和可行性最好。而未来的光学电流传感器应与目前蓬勃发展的光纤光学密切结合，发展结构灵活、简单、成本低的全光纤型光学电流传感器，这是光学电流传感器的发展趋势。

（2）磁性类参数的传感与测试　光学磁场传感器的原理与电流测试类似，不同之处就是不需要用电流产生磁场，而是直接将传感器放入磁场，利用磁光晶体的法拉第磁旋光效应探测偏振光偏振角度的旋转，即可以测试直流磁信号，也可以测试脉冲性的磁信号。光学磁场传感器如图 3.21 所示。

（3）温度类参数的传感与测试　光学温度传感器测温有多种方法，其基本思路是利用一个媒介，该媒介在要测试对象的温度变化时能够对该媒介中传播的光产生调制或影响，通过探测在该媒介中传播的光的变化就可以反推出要测试对象的温度变化。

方法一：基于光学材料折射率的温度效应，所有的材料折射率都随温度的变化而变化，在其他参数不变的情况下，只要测试出折射率的变化就可以表征出温度的变化。光学折射率

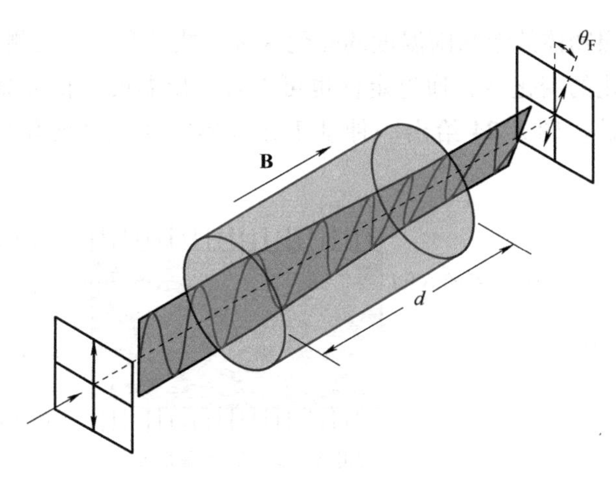

图 3.21　光学磁场传感器

的测量可以利用很多光学方法来实现，如谐振腔、多光束干涉、偏振与相位检测等，可以实现很高精度的检测。图 3.22 所示就是多光束干涉测试温度变化的一个例子。

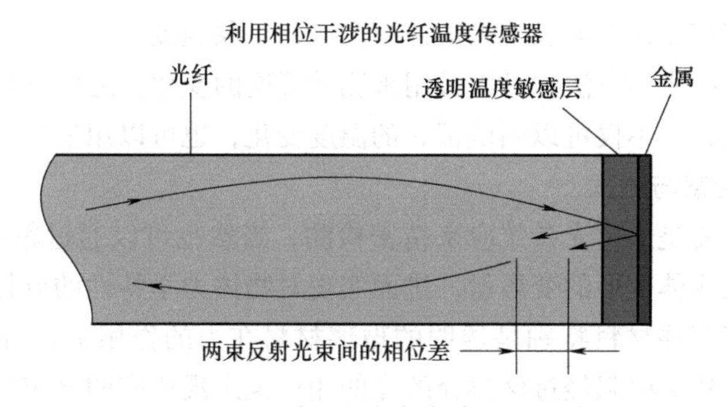

图 3.22　基于光学材料折射率的温度效应

方法二：材料的吸收随温度的变化。有一些相变材料的温度系数很大，可以在常温变化中就表现为吸收带的移动，直观观测就是颜色变化，如 VO_2 等相变材料，其典型结构如图 3.23 所示。因此可以设计光学方法精确测试出材料吸收的变化，进而实现对温度的精确测试。

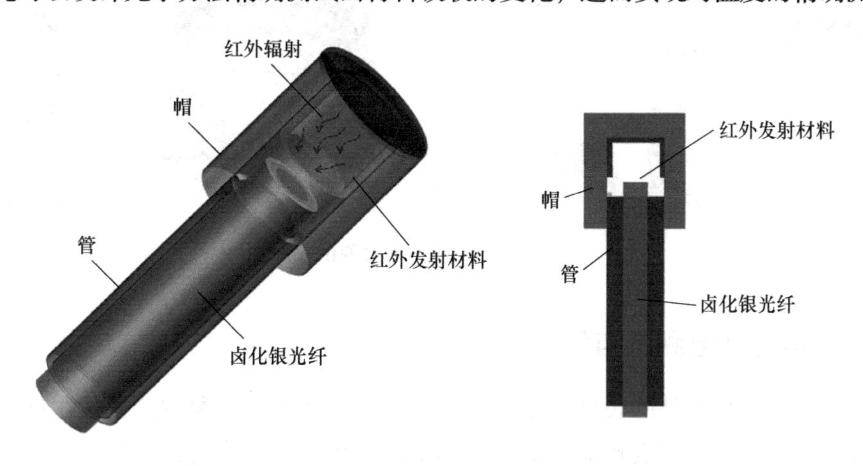

图 3.23　材料的吸收随温度的变化

方法三：利用参照物体的形状随温度的变化这种特性来实现温度测试。测试一种参照物体的形状随温度的变化的变化量，通过定标也可以表征出温度。很多微机电系统（MEMS）都采用这种机制来传感。图 3.24 给出一种基于光纤形状随温度变化而变化的传感器原理示意。

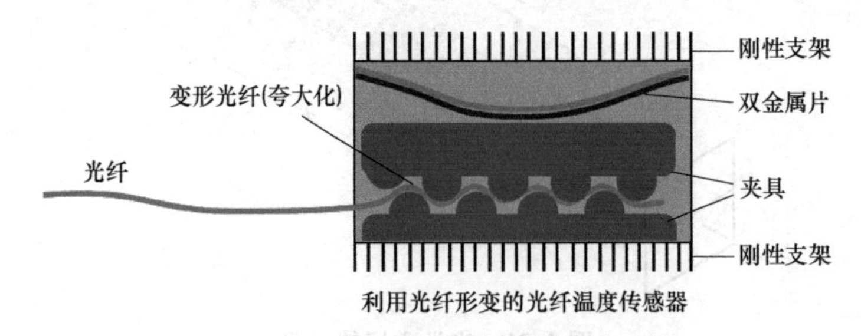

图 3.24　参照物体的形状随温度的变化

方法四：根据维恩定律，不同温度的物体热辐射的峰值波长不同，因此可以通过测试物体辐射峰值的偏移来测试物体的温度。目前市场上大量的手持式温度传感器大都基于该原理，当然它们一般仅仅用几个波长来表征计算测试的对象温度。

总之，有非常多的光学方法都可以被用来测试温度的变化，之所以采用光学方法就是因为光学方法灵敏度高，它不仅可以测试很大的温度变化，也可以用来测试很小的温度变化。

4. 力学参数的传感与测试

力学参数传感主要是通过光弹效应来精密检测，当然也可以通过精密的光学干涉检测，来探测力学作用下的物体变形的变形量，进而实现对物体力学特性的分析。

光弹特性主要指某些材料特别是透明的玻璃材料在力的作用下，折射率出现不均匀分布，折射率的分布变化会引起经过该媒介的光的相位也出现相应的分布变化，利用偏振光经过物体前后的相位变化则可以推导出物体的受力情况。

图 3.25 所示为大面积应力测试仪，彩色图样显示出样品的应力分布。该仪器具有大直径的偏振器，可以观察透射型的器件应力分布与强度。

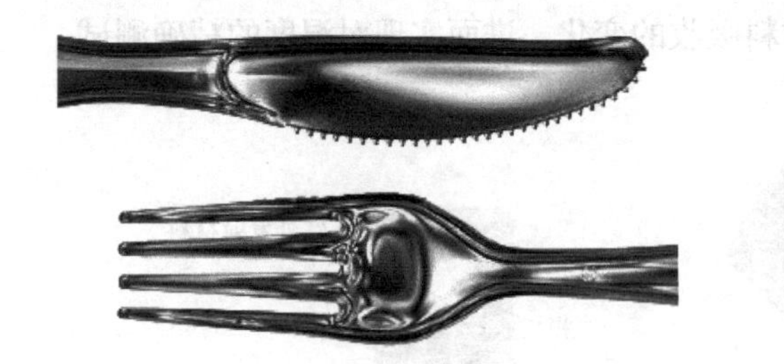
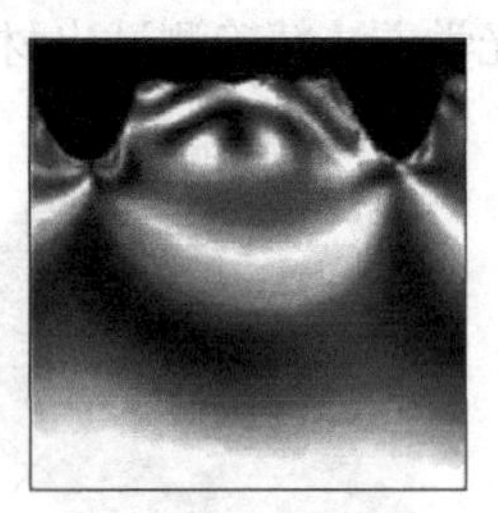

图 3.25　大面积应力测试仪

3.3.2　几何量的光电测试与传感

几何量是指物体与器件的长度、角度、轮廓与水平度等几何参数。光学在这些参数的测试中具有很强的优势，可以实现非接触式的测量，而且利用光波波长短的特点，可以获得很高的测试精度。几何量的光电测试与传感仪器主要有光学测长仪、激光测距仪、光电测振仪、几何轮廓测试仪等。

1. 光学测长仪

光学测长仪主要适用于机械工件的长度检测或其他固态物件的机械长度检测。该仪器是接触式长度计量仪器，仪器测量基准是光栅线纹尺，它固定在阿贝测轴的中心线上，这一设计符合阿贝原理，测轴是长方形的，运动过程中不存在有旋转现象。工作台有五个自由度运动，可完成工件内、外尺寸测量。光学测长仪系统外形如图3.26所示。

图3.26 光学测长仪

2. 激光测距仪

激光测距仪主要是用于测试米级到公里级的距离测试，在建筑以及户内外检测中具有广泛应用。激光测距仪从工作方式上可分为脉冲激光测距仪和连续波激光测距仪。

（1）脉冲激光测距仪 脉冲激光测距原理是用脉冲激光器向目标发射一列很窄的光脉冲（脉冲宽度小于50ns），光达到目标表面后部分被反射，通过测量光脉冲从发射到返回接收机的时间可算出测距仪与目标之间的距离。假设所测距离为 h，光脉冲往返时间为 t，光在空中的传播速度为 c，则 $h=ct/2$。

大型脉冲激光测距仪一般能发出较强的激光，测距能力较强，即使对非合作目标，最大测距也能达到30000m以上。其测距精度一般为5m，最高的可达0.15m。脉冲激光测距仪既可在军事上用于对各种非合作目标的测距，也可在气象上用于测定能见度和云层高度以及应用在对人造卫星的精密距离测量等领域。

目前短程激光测距仪均采用数字测相原理。它采用脉冲展宽细分的数字测相技术，无须合作目标即可达到毫米级精度，测程已经超过100m，且能快速准确地直接显示距离，是短程精度精密工程测量、房屋建筑面积测量中最新型的长度计量标准器具。手持式激光测距仪如图3.27所示。

（2）连续波激光测距仪（相位式激光测距仪） 连续波激光测距仪是用无线电波段的频率，对激光束进行幅度调制并测定调制光往返测线一次所产生的相位延迟，再根据调制光的波长换算此相位延迟所代表的距离，即用间接方法测定出光经往返测线所需的时间。

与脉冲激光测距仪相比，连续波激光测距仪发射的（平均）功率较低，因而测远距离能力相对较差。连续波激光测距仪一般应用在精密测距中。由于其精度高（一般为毫米

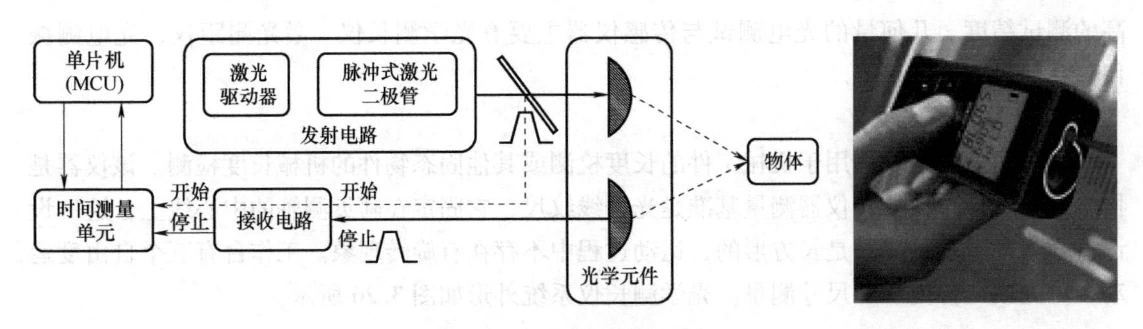

图 3.27　手持式激光测距仪

级），为了有效地反射信号，并使测定的目标限制在与仪器精度相称的某一特定点上，对这种测距仪都配置了被称为合作目标的反射镜。对非合作目标，相位式测距的最大测程只有1~3km。

3. 光电测振仪

光电测振仪的工作原理：激光器发出一定频率的偏振光（设频率为 *F*0）由分光镜分成两路，一路作为测量，一路用于参考；测量光通过声光调制器具有一定频移（*F*），再被聚焦到被测物体表面，物体振动引起多普勒频移（*f*）；系统再收集反射光与参考光汇聚在传感器上，这样两束光在传感器表面产生干涉，干涉信号的频率为 *F*+*f*，携带了被测物体的振动信息；信号处理器将频移信号转换为速度和位移信号。光电测振仪如图 3.28 所示。

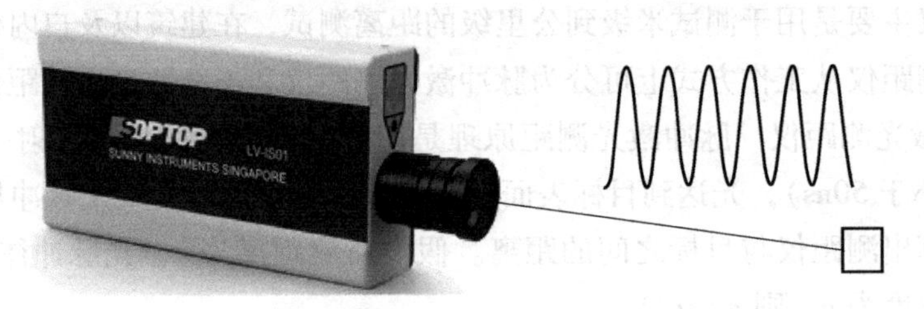

图 3.28　光电测振仪

4. 几何轮廓测试仪

（1）光学轮廓仪　光学轮廓仪是一款便捷的、精确的、实用的三维形貌测量系统，分为接触型与非接触型两大类。接触型的如原子力显微镜（Atomic Force Microscope，AFM），非接触型的如激光干涉显微镜以及结构光三维检测仪等。光学轮廓仪可以实现对超光滑表面和粗糙表面进行表征，主要涵盖了亚纳米量级粗糙度测量到毫米尺度台阶高度测量，可满足研发、磨损分析、失效分析及工艺控制等领域的需求。

原子力显微镜是最高精度的光学轮廓仪，可以达到纳米量级（见图 3.29）。原子力显微镜利用微悬臂感受和放大悬臂上尖细探针与受测样品原子之间的作用力，达到检测的目的，具有原子级的分辨率。由于原子力显微镜既可以观察导体，也可以观察非导体，从而弥补了扫描隧道显微镜的不足。原子力显微镜是由 IBM 公司苏黎世研究中心的格尔德·宾宁与斯坦福大学的 Calvin Quate 于 1985 年所发明的，其目的是为了使非导体也可以采用类似扫描探针显微镜（Scanning Probe Microscope，SPM）的观测方法。原子力显微镜与扫描隧道显微镜

（Scanning Tunneling Microscope，STM）最大的差别在于并非利用电子隧穿效应，而是检测原子之间的接触、原子键合、范德瓦耳斯力或卡西米尔效应等来呈现样品的表面特性。它主要由带针尖的微悬臂、微悬臂运动检测装置、监控其运动的反馈回路、使样品进行扫描的压电陶瓷扫描器件、计算机控制的图像采集、显示及处理系统组成。微悬臂运动可用光束偏转法、干涉法等光学方法检测，当针尖与样品充分接近至相互之间存在短程相互斥力时，检测该斥力可获得表面原子级分辨图像，一般情况下分辨率也在纳米级水平。AFM 测量对样品无特殊要求，不需要对样品进行特殊处理，仅在大气环境下就可测量固体表面、吸附体系等，得到三维表面粗糙度等信息。

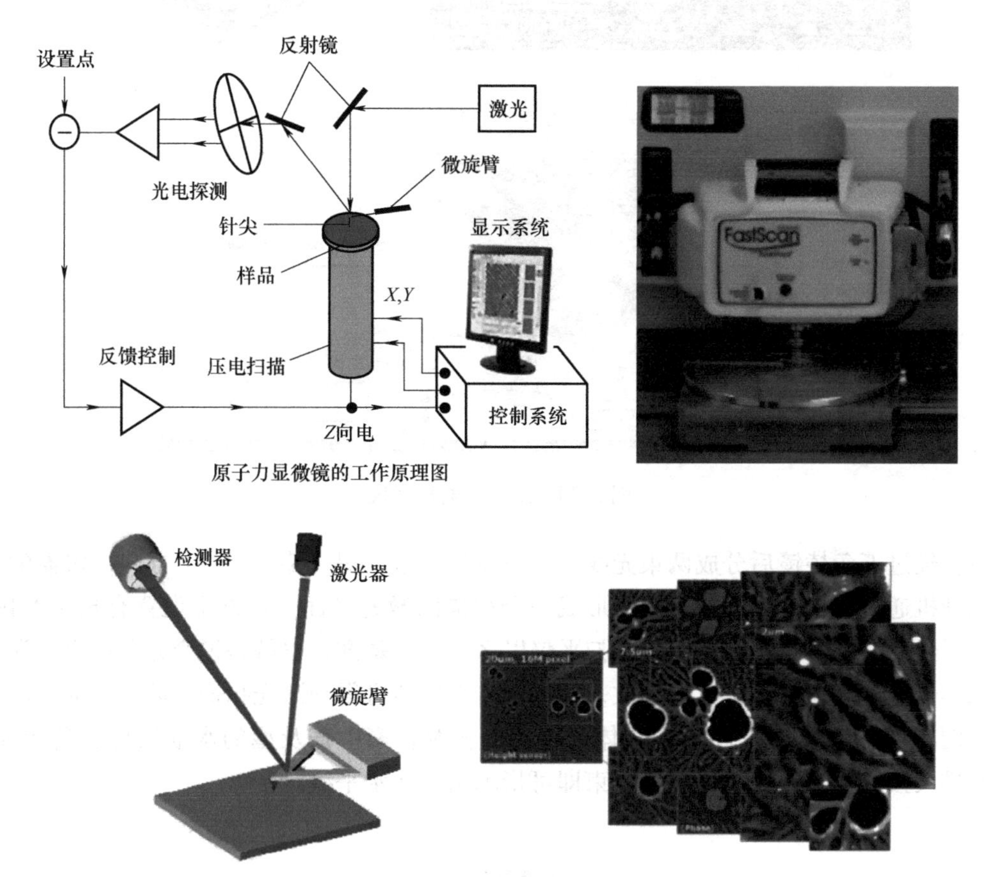

图 3.29　原子力显微镜

（2）激光光电轮廓仪　激光光电轮廓仪是建立在光学干涉显微镜的基础上的，也就是在样品表面形成干涉图样，基于光学移相干涉成像原理，依托显微成像获得高的横向分辨率，利用干涉获得高的纵向分辨率，它不仅可以获得样品的轮廓，而且可以直接测试出物体的三维形貌。激光光电轮廓仪如图 3.30 所示。

5. 水平与角度测试仪

（1）激光扫平仪　激光扫平仪主要是用激光束指示出水平线，以便在实际应用中标志一定距离处的水平方位。最常见的是水泡式激光扫平仪，它是适宜于建筑施工、室内装饰等施工工作的普及型仪器。其基本构建为：激光二极管发出的激光经物镜后得到一激光束，该

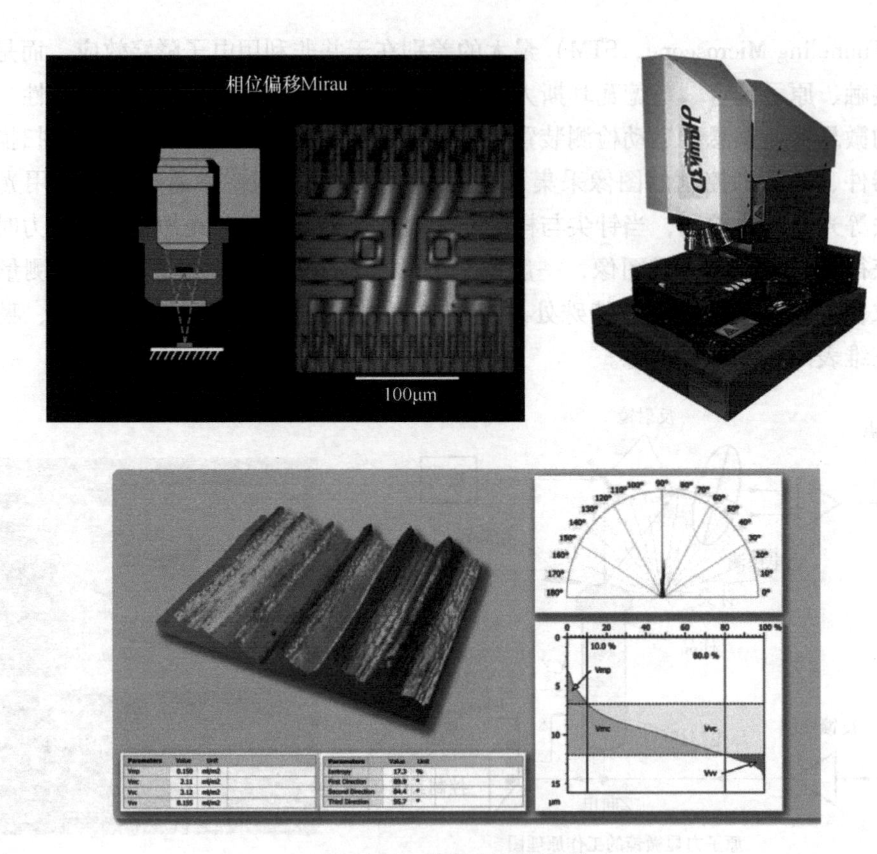

图 3.30　激光光电轮廓仪

激光束在经过五角棱镜后分成两束光线，一束直接通过、另一束改变 90°方向，仪器的旋转头由电动机通过皮带带动旋转，使之形成一个扫描的激光平面，仪器上设置有长水准仪器，用于安平仪器。和水泡水准仪一样，扫平仪以水准器为基准，也就是说激光平面水平误差取决于水准器的精度，假如将仪器卧放，根据竖直水准器可得到激光扫描出的铅垂面。激光扫平仪如图 3.31 所示。另外随着半导体激光器的普及，家中普及型的水准尺也装备激光束，只要水准尺按照水平调好水平，激光束即可指示出一条水平线。

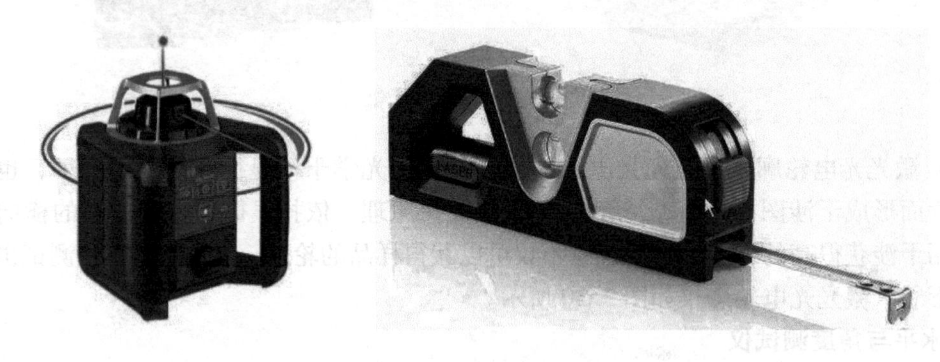

图 3.31　激光扫平仪

（2）激光经纬仪　经纬仪是最早的光学测量仪器，是一种用于测量角度的精密测量仪器，常用于工程建设的角度测量、工程放样以及粗略的距离测取。经纬仪是望远镜与高精度机械回转机构的组合，使望远镜能高精度地向不同方向瞄准。经纬仪具有两条互相垂直的转轴，以调校望远镜的方位角及水平高度。整套仪器由望远镜、水平度盘、竖直度盘、水准器、基座等组成。测量时，将经纬仪安置在三脚架上，用垂球或光学对点器将仪器中心对准地面测站点上，用水准器将仪器定平，用望远镜瞄准测量目标，用水平度盘和竖直度盘测定水平角和竖直角。

激光经纬仪（Laser Theodolite）是带有激光指向装置的经纬仪（见图 3.32）。它是将激光器发射的激光束导入经纬仪的望远镜筒内，使其沿视准轴方向射出，以此为准进行定线、定位和测设角度、坡度，以及大型构件装配和划线、放样等。

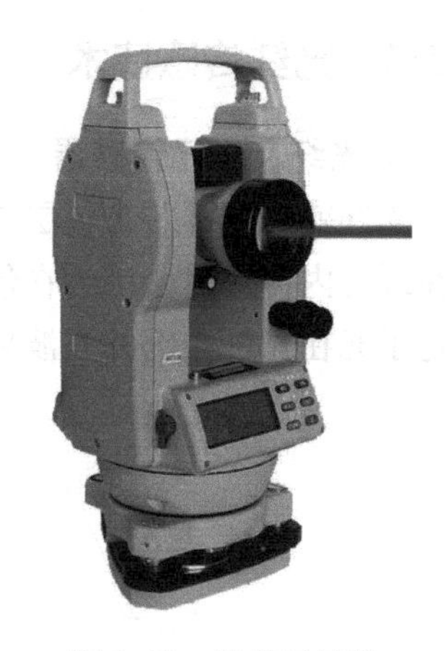

图 3.32 激光经纬仪

（3）电影经纬仪 电影经纬仪是指跟踪测量飞行器飞行轨迹的光学测量仪器。它是电影摄影机与经纬仪相结合的仪器，能测量目标的方位角和俯仰角，主要用于飞机、火箭和航天器轨迹测量和起飞、着陆与飞行实况记录。

电影经纬仪采用地平式跟踪架，它由基座、跟踪驱动部和照准部组成。照准部是一个绕竖直轴水平旋转光学成像观测系统照准架。照准架上装有目标摄影系统（光学系统和摄影机）和瞄准望远镜，可绕水平轴俯仰转动。在水平轴和竖直轴上分别装有度盘和轴角编码器，它们是测角的基准，指示光轴的空间指向。摄影机由时间统一系统控制工作，将目标影像、十字丝、俯仰和方位编码器的角度值、时间和其他附加信息记录在光电图像传感器上。十字丝代表光轴位置，目标偏离光轴的位置为跟踪误差。将编码器的角度值加上跟踪误差，便得到目标相对于经纬仪的方位角和俯仰角。为了确定目标的空间位置，需要使用两台或多台仪器交会测量。新型的电影经纬仪都配有激光测距系统，可同时测量目标的角度、距离，可以单台定位。电影经纬仪大都在陆地固定站上使用，安装在塔台上的圆顶保护罩内，但也可以车载、船载或机载方式机动使用。图 3.33 所示为我国大型电影经纬仪。

图 3.33 电影经纬仪

3.3.3 光纤传感技术

1. 光纤及光纤传感器

光纤就是由纤芯与包层构成的一种线状光学波导，纤芯折射率高，包层折射率低，这样光在纤芯内传播时会因为在包层处产生全反射而限制在纤芯内不断向前传播。因此光纤结构决定了光在光纤内部的光波导型传播效应（见图3.34）。

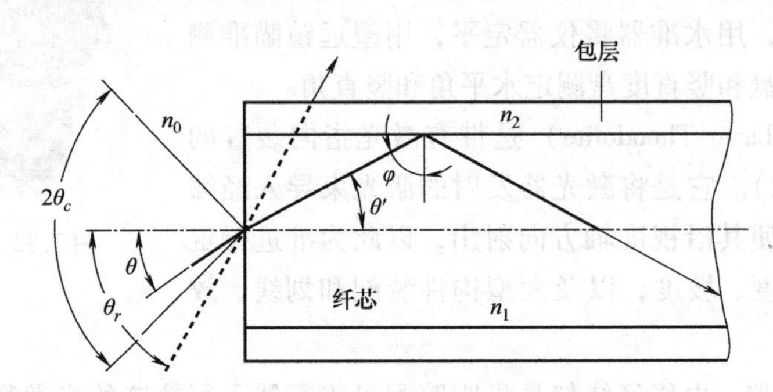

图3.34 光在光纤中的几何传播模型

光纤因为内部的光波导传输特性，本身就是一个很好的传感器，所谓光纤自身的传感器，就是光纤自身直接接收外界的变化与扰动。外界的被测量物理量能够引起光纤的长度、折射率、直径等的变化，从而使得光纤内传输的光在振幅、相位、频率、偏振等方面发生变化。测量臂光纤传输的光与参考臂的参考光互相干涉，使输出的光的相位（或振幅）发生变化，根据该变化就可检测出被测量的变化。光纤中传输光波的相位受外界影响的灵敏度很高，利用干涉技术能够检测出10^{-4}弧度的微小相位变化所对应的物理量。利用光纤的可绕性和低损耗，能够将很长的光纤盘成直径很小的光纤圈，以增加利用长度，获得更高的灵敏度。当然光纤本身的传感也有很强的弱点，就是其对传播光的影响是多参数耦合的，如温度变化与应力变化都对光的光程产生影响，所以这又是光纤传感需要处理的问题之一。

光纤的细小与灵敏使得光纤传感器在朝着灵敏、精确、适应性强、小巧和智能化的方向发展。在这一过程中，光纤传感器这个传感器家族的新成员倍受青睐。光纤传感器具有很多优异的性能，比如具有抗电磁和原子辐射干扰的性能，径细、质软、重量轻的机械性能；绝缘、无感应的电气性能；耐水、耐高温、耐腐蚀的化学性能等。它能够在人达不到的地方（如高温区）或者对人有害的地区（如核辐射区）起到人的耳目的作用，而且还能超越人的生理界限，接收人的感官所感受不到的外界信息。图3.35所示为一些典型的光纤传感器。

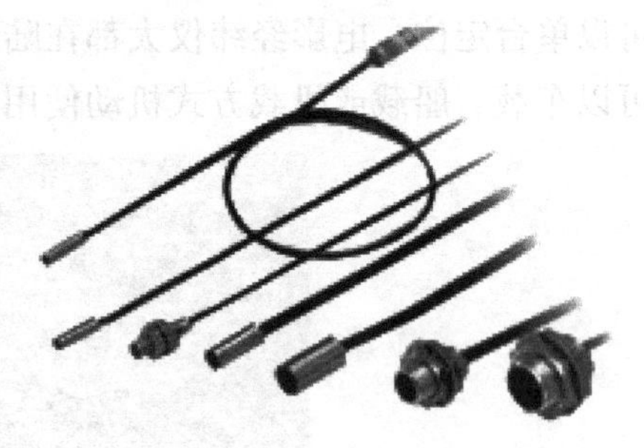

图3.35 光纤传感器

2. 光纤传感器的基本工作原理

光纤传感器的基本工作原理如图3.36所示，它是将来自光源的光经过光纤送入被测对象，使被测对象作用于光纤敏感元件，进而对经过光纤敏感元件的传播光相互作用用后，导致光的光学性质（如光的强度、波长、频率、相位、偏振态等）发生变化，成为被测量对象调制的信号光，通过对光的传输特性变化的测量完成对被测对象的测量。

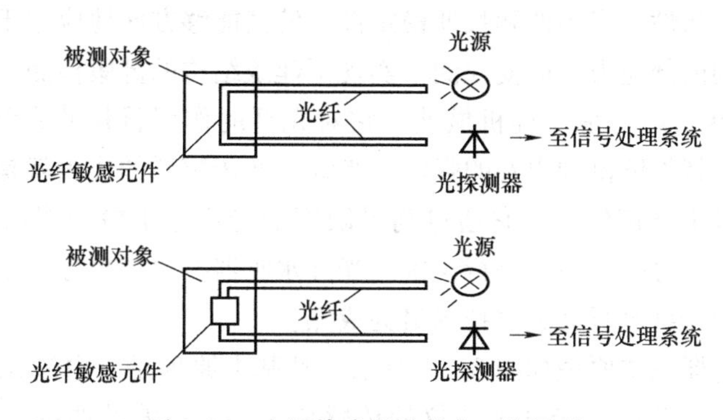

图 3.36　光纤传感器的基本工作原理

3. 光纤传感器的分类

（1）根据原理进行分类　光纤传感器从原理上可以分成两大类。

1）物性型光纤传感器：物性型光纤传感器是利用光纤对环境变化的敏感性，将输入物理量变换为调制的光信号。其工作原理是基于光纤的光调制效应，即光纤在外界环境因素如温度、压力、电场、磁场等改变时，其传光特性（如相位与光强）会发生变化的现象。因此，如果能测出通过光纤的光相位和光强变化，就可以知道被测物理量的变化。这类传感器又被称为敏感元件型或功能型光纤传感器。

一般这类光纤传感器都采用这样的光学检测系统，即采用激光光源先将激光光束扩束成平面波，后经分光器分为两路，一路为基准光路，另一路为测量光路耦合入测试功能光纤。最后两者出射光路复合干涉，以此检测干涉信号。当外界参数（温度、压力、振动等）引起测试功能光纤的光纤长度的变化和相位的光相位变化，会产生不同数量的干涉条纹，对它的横向移动进行计数，就可测量温度或压力等。

2）结构型光纤传感器：它在光纤端面或中间加装其他敏感元件感受被测量的变化。结构型光纤传感器是由光检测元件（敏感元件）与光纤传输回路及测量电路所组成的测量系统，其中光纤仅作为光的传播媒质，所以又被称为传光型或非功能型光纤传感器。

（2）根据光受被测对象的调制形式进行分类　根据光受被测对象的调制形式，可以将光纤传感器分为强度调制型、偏振态制型、相位制型、频率制型。

（3）根据光是否发生干涉进行分类　根据光是否发生干涉，可将光纤传感器分为干涉型和非干涉型。

（4）根据是否能够连续地监测被测量进行分类　根据是否能够随距离的增加连续地监测被测量，可将光纤传感器分为分布式和点分式等。

（5）根据测量范围进行分类　光纤传感器根据其测量范围还可分为点式光纤传感器、积分式光纤传感器、分布式光纤传感器三种。其中，分布式光纤传感器被用来检测大型结构的应变分布，可以快速无损测量结构的位移、内部或表面应力等重要参数。用于土木工程中的光纤传感器类型主要有马赫-曾德尔（Mach-Zender，M-Z）干涉型光纤传感器、法布里-珀罗（Fabry-Perot，F-P）腔光纤传感器、光纤布拉格光栅传感器等。

4. 光纤传感器在实际中的应用

光纤传感器的轻巧性、耐用性和长期稳定性，使其能够方便地应用于建筑钢结构和混凝土等各种建筑材料的内部应力、应变检测，实现了建筑结构的健康检测。

（1）光纤水听器　声音是一种机械波，它对光纤的作用就是使光纤受力并产生弯曲，通过弯曲程度的大小就能够得到声音的强弱。光纤声音传感器的代表就是光纤水听器，光纤水听器主要用来测量水下声信号，它通过高灵敏度的光纤相干检测将水声信号转换为光信号，并通过光纤传至信号处理系统进行识别。光纤水听器按原理可分为干涉型、强度型、光栅型等，其中干涉型光纤水听器关键技术最为成熟。

干涉型光纤水听器基本原理如图 3.37 所示。其基本原理是：由激光器发出的激光经光纤耦合器分为两路，一路构成光纤干涉仪的传感臂，接受声波的调制；另一路则构成参考臂，不接受声波的调制，或者接受声波调制与传感臂的调制相反。接受声波调制的光信号经后端反射膜反射后返回光纤耦合器，发生干涉，干涉的光信号经光电探测器转换为电信号，由信号处理就可以获取声波的信息。

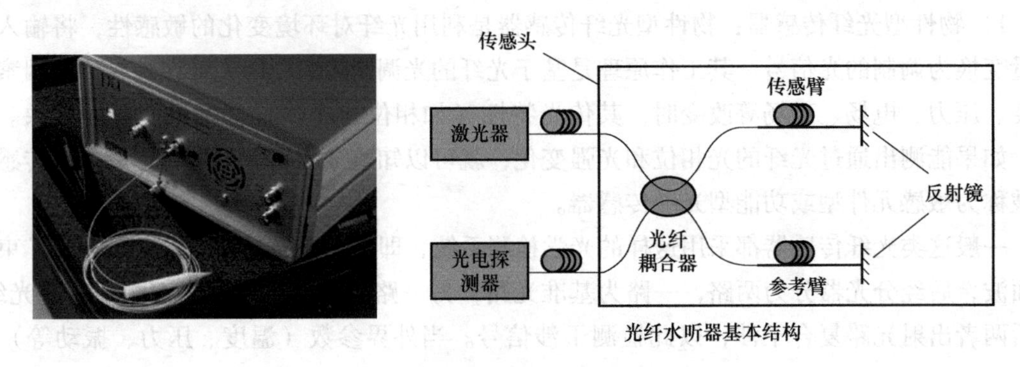

图 3.37　干涉型光纤水听器

光纤光栅水听器是另外一种光纤水听器。利用其在阵列分布式传感器方面的优势使得光纤光栅水听器的发展成为一个重要方向。研究的关键技术涉及光源、光纤器件、探头技术、抗偏振衰落技术、抗相位衰落技术、信号处理技术、多路复用技术以及工程技术等。

与传统水听器相比，光纤水听器具有诸多优势：一是灵敏度高，频响特性好，由于其自噪声很低，因此可检测到的最小信号比传统压电水听器要高 2~3 个数量级；二是动态范围大，其动态范围在 120~140dB，比压电水听器的 80~90dB 要广，这使得光纤水听器既可以探测弱信号，也可以探测强信号；三是抗电磁干扰与信号串扰能力强，因其信号传感与传输均以光为载体，几百兆赫以下的电磁干扰影响非常小，各通道信号串扰也很小；四是采用频分、波分及时分等技术进行多路复用，光纤传输损耗小，适于远距离传输与组阵及制造大规模水声探测阵列；五是信号传感与传输一体化，光纤水密性要求低，且耐高温、抗腐蚀，系统可靠性高。因此光纤水听器正获得众多应用，并在不断推广之中。

（2）光纤陀螺　光纤陀螺也是光纤自身传感器的一种，与激光陀螺相比，光纤陀螺灵敏度高、体积小、成本低，可以用于飞机、舰船、导弹等的高性能惯性导航系统。

光纤陀螺利用了光学干涉原理，如图3.38所示，即光纤环中顺时针与逆时针传播的光束在陀螺有转动时光程会有偏差，这个偏差就表现出陀螺转动的量，这就是萨格纳克（Sagnac）效应。按原理可将光纤陀螺分为干涉型、谐振型和布里渊型，它们是三代光纤陀螺的代表：第一代是干涉型光纤陀螺，它产生于21世纪初期，该技术已经成熟，适合进行批量生产和商品化；第二代是谐振型光纤陀螺，正向实用化发展；第三代是布里渊型光纤陀螺，还处于理论研究阶段。光纤陀螺结构根据所采用的光学元件有三种实现方法：小型分立元件系统、全光纤系统和集成光学元件系统。目前分立光学元件技术光学陀螺虽精度高，但体积大，使用不便，已经开始逐步退出应用；全光纤系统用在闭环高精度、低成本的光纤陀螺中；集成光学元件由于其工艺简单、总体重复性好、成本低，所以在高精度光纤陀螺中很受欢迎。光纤陀螺与多轴组合如图3.39所示。

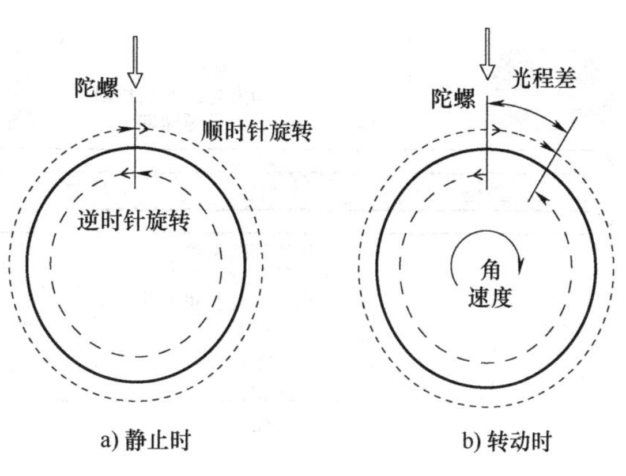

图3.38　光纤陀螺传感的原理

图3.39　光纤陀螺与多轴组合

（3）光纤布拉格光栅传感器　光纤布拉格光栅（Fiber Bragg Grating，FBG）传感器是一种使用频率最高、范围最广的光纤传感器，光纤布拉格光栅是通过全息干涉法或者相位掩膜法将一小段光敏感的光纤暴露在一个光强周期分布的紫外光波下面。这样，光纤的光折射率就会根据其被照射的光波强度而永久改变。这种方法造成的光折射率的周期性变化就叫作光纤布拉格光栅，简称“光纤光栅”。光纤光栅可以根据周期结构的不同，构造出光纤光波反射器或光波光谱滤波器，图3.40就给出一个滤波器的光纤光栅器件。比如对于光谱滤波器，当一束广谱的光束被传播到光纤光栅时，光折射率被改变以后的每一小段光纤就只会反射一种特定波长的光波，这个波长被称为布拉格波长，这种特性就使光纤光栅只反射一种特定波长的光波，而其他波长的光波都会被传播。

由于光纤本身也是物性的函数，随温度、变形等变化，这种变化会转换到光纤光栅周期结构中的变化，这样光纤光栅传感器能根据环境温度以及应变的变化来非常灵敏地改变其反射的光波的波长，构成光纤光栅传感器。

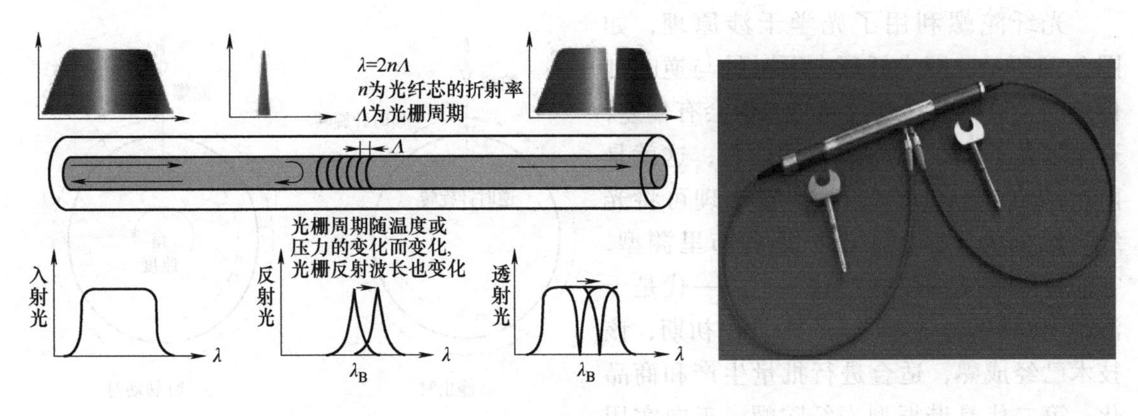

图 3.40　光纤光栅传感器

光纤布拉格光栅为主的光纤光栅传感器可以避免传统的光纤光强型传感器的光源不稳定的影响以及光纤损耗和探测器容易老化等缺点；也可以避免干涉型传感器由于要求两路干涉光的等光强、需要固定参考点等所致的应用不便；此外光纤光栅传感器的传感信号为波长调制且复用能力强。因此在建筑健康检测、冲击检测、形状控制和振动阻尼检测等应用中，光纤光栅传感器是最理想的灵敏元件。光纤光栅传感器在地球动力学、航天器、电力工业和化学传感中有广泛的应用。

在石油测井技术中，可以利用光纤传感器实现井下石油流量、温度、压力和含水率等物理量的测量。较成熟的应用是采用非本征光纤 F-P 腔传感器测量井下的压力和温度。非本征光纤 F-P 腔传感器利用光的多光束干涉原理，当被测的温度或者压力发生变化时，干涉条纹改变，光纤 F-P 腔的腔长也随之发生变化，通过计算腔长的变化实现温度和压力的测量。

（4）非功能型光纤传感器　非功能型光纤传感器是利用其他敏感元件感受被测量的变化，光纤仅作为信息的传输介质，常采用单模光纤。其结构大致如下：传感器位于光纤端部，光纤只是光的传输线，将被测量的物理量变换成为光的振幅、相位或者振幅的变化。在这种传感器系统中，传统的传感器和光纤相结合。光纤的导入使得实现探针化的遥测提供了可能性。这种光纤传输的传感器适用范围广、使用简便，但精度比典型的光纤传感器稍低，可用于电气隔离，有利于数据传输，特别是光纤传输的信号不受电磁干扰的影响。其在变频电压传感器、变频电流传感器、变频功率传感器（一种电压、电流组合式传感器）这一类传感器中等到广泛应用。非功能型光纤传感器（见图 3.41）在复杂电磁环境下的电量测量中有其独到的优势。

图 3.41　非功能型光纤传感器

光纤传感器是最近 20 年活跃的新技术，可以用来测量多种物理量，比如声场、电场、压力、温度、角速度、加速度等，还可以完成现有测量技术难以完成的测量任务。在狭小的空间里，在强电磁干扰和高电压的环境里，光纤传感器都显示出了独特的能力。光纤传感器具有以下特点：①灵敏度较高；②几何形状具有多方面的适应性，可以制成任意形状的光纤传感器；③可以制造传感各种不同物理信息（声、磁、温度、旋转等）的器件；④可以用于高压、电气噪声、高温、腐蚀或其他的恶劣环境；⑤具有与光纤遥测技术的内在相容性。

光纤传感器的优点是与传统的各类传感器相比，光纤传感器以光作为敏感信息的载体、以光纤作为传递敏感信息的媒质，具有光纤及光学测量的特点，有一系列独特的优点，比如电绝缘性能好、抗电磁干扰能力强、非侵入性、高灵敏度、容易实现对被测信号的远距离监控、耐腐蚀、防爆、光路有可挠曲性以及便于与计算机连接等。最后，光纤传感还有一个很大的特点，是方便组网，构建成光纤传感器网。

光纤传感器在传感器家族中是后起之秀，它凭借着光纤的优异性能而得到广泛的应用，它能够在人达不到的地方（如高温区）或者对人有害的地区（如核辐射区），并且在各种不同的测量中发挥着自己独到的作用，成为传感器家族中不可缺少的一员。

总之，作为一种光电传感器，光纤传感器已经在各行各业产生重要应用，最主要的五大方向运用为：

1）石油和天然气——油藏监测井下的 P/T 传感、地震阵列、能源工业、发电厂、锅炉及蒸汽涡轮机、电力电缆、涡轮机运输、炼油厂。

2）航空航天——喷气发动机、火箭推进系统、机身。

3）民用基础建设——桥梁、大坝、道路、隧道、滑坡。

4）交通运输——铁路监控、运动中的重量、运输安全。

5）生物医学——医用温度压力、颅内压测量、微创手术、一次性探头。

同时，光纤具备宽带、大容量、远距离传输和可实现多参数、分布式、低能耗传感的显著优点。光纤传感可以不断汲取光纤通信的新技术、新器件，各种光纤传感器有望在物联网中得到广泛应用。

3.3.4　化学与材料特性的光电传感

化学传感主要是指大量的化学分析仪器都是基于光电效应来进行传感的，主要的分析仪器有光谱仪、傅里叶红外光谱仪、拉曼光谱仪、X 射线衍射仪等。

1. 光谱仪

物质是由分子组成的，每种物质有自己特定的分子结构，因此也对应着特定的能级与能谱结构，分子间的能量跃迁都是在分子结构的能级或能谱之间进行的，因此对应一定的光谱的特性。光谱仪是用来分析光的光谱信息的，因此可以从光谱特性来反演物质的结构与组分。

光谱仪（Spectroscope）是将成分复杂的光分解为光谱线的科学仪器，由棱镜或衍射光栅等构成，利用光谱仪可测量样品透射、反射的光谱。阳光中的七色光是肉眼能分的部分（可见光），但若通过光谱仪将阳光分解，按波长排列，可见光只占光谱中很小的范围，其余都是肉眼无法分辨的光谱，如红外线、微波、紫外线、X 射线等。通过光谱仪对光信息的抓取，以照相底片显影或计算机自动显示数值仪器显示和分析，从而测知物品中含有何种元素。这种技术被广泛地应用于空气污染、水污染、食品卫生、金属工业等的检测中。

光谱仪一般由入射狭缝、光学校正、色散元件、出射狭缝、探测器等几部分构成，最常见的光谱仪结构如图 3.42 所示。

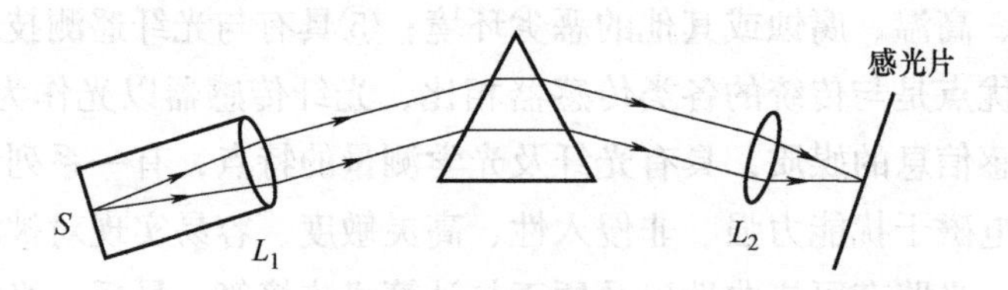

图 3.42　光谱仪结构图

因此，光谱仪就是将复色光分离成离散光谱的光学仪器。光谱仪有多种类型，除在可见光波段使用的光谱仪外，还有红外光谱仪和紫外光谱仪。按色散元件的不同，可将光谱仪分为棱镜光谱仪、光栅光谱仪和干涉光谱仪等。按探测方法划分，有直接用眼观察的分光镜、用感光片记录的摄谱仪、用光电或热电元件探测光谱的分光光度计以及采用多通道探测的光学多通道光谱分析仪等。人们将仅具有入射狭缝、色散元件以及出射狭缝的系统称为单色仪，它是光谱仪的一个核心模块，常与其他分析仪器配合使用，构建光谱分析系统。

图 3.42 所示是三棱镜光谱仪的基本结构。狭缝 S 与棱镜的主截面垂直，放置在透镜 L 的物方焦面内，感光片放置在透镜 L 的像方焦面内。用光源照明狭缝 S，S 的像成在感光片上成为光谱线，由于棱镜的色散作用，不同波长的谱线彼此分开，就得到入射光的光谱。棱镜光谱仪能观察的光谱范围决定于棱镜等光学元件对光谱的吸收。普通光学玻璃只适用于可见光波段，用石英可扩展到紫外区，在红外区一般使用氯化钠、溴化钾和氟化钙等晶体。目前，更为普遍使用的是光栅色散元件光谱仪（见图 3.43），尤其是基于反射式光栅的光谱仪最为普及，这样光谱范围取决于光栅条纹的设计，可以具有较宽的光谱范围。表征光谱仪基本特性的参量有光谱范围、色散率、带宽和分辨本领等。

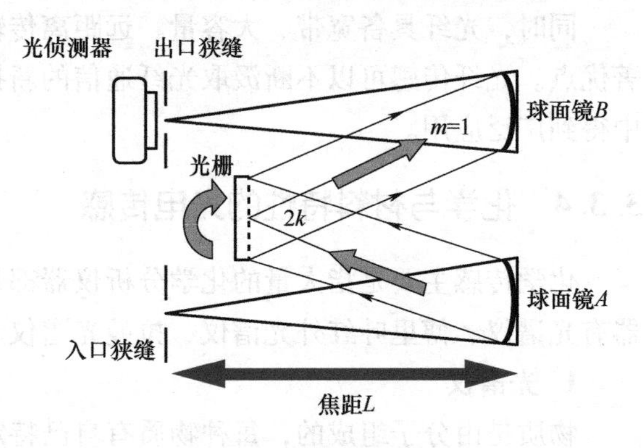

图 3.43　典型光栅光谱仪

光学多道分析仪（Optical Multi-channel Analyzer，OMA）是采用光电阵列探测器（CCD）和计算机控制的新型光谱分析仪器，它集信息采集、处理于一体，OMA 分析光谱，测量准确迅速、方便、灵敏度高、响应时间快、光谱分辨率高，已被广泛应用于几乎所有的光谱测量、分析及研究工作中，特别适合于对微弱信号和瞬变信号的检测。

2. 傅里叶红外光谱仪

傅里叶变换红外光谱仪（Fourier Transform Infrared Spectrometer，FTIR Spectrometer）简称傅里叶红外光谱仪，它是根据光的相干性原理来实现的，是一种干涉型光谱仪。它主要由产生红外光的光源（硅碳棒、高压汞灯）、干涉系统、光电检测器和计算机处理系统组成。一般傅里叶红外光谱仪使用了迈克尔逊（Michelson）干涉系统，因此实验测量的原始光谱图是光源的干涉图，然后通过计算机对干涉图进行快速傅里叶变换计算，从而得到以波长或波数为函数的光谱图，故被称为傅里叶变换红外光谱，仪器被称为傅里叶变换红外光谱仪。基于干涉系统的光谱仪主要目的是为了增强光谱信号的探测率，因为红外信号特别是远红外信号一般信噪比都比较差，传统的色散型光谱仪无法获得好的信噪比，采用傅里叶变换干涉光谱系统则无须光谱分光，因此探测信号大大加强，可以获得大的信噪比。

图3.44中给出傅里叶红外光谱仪的工作原理：光源发出的光被分束器（类似半透半反镜）分为两束，一束经透射到达动镜，另一束经反射到达定镜；两束光分别经定镜和动镜反射再回到分束器，动镜以一恒定速度做直线运动，因而经分束器分束后的两束光形成光程差，产生干涉；干涉光在分束器会合后通过样品池，通过样品后含有样品信息的干涉光到达检测器，然后通过傅里叶变换对信号进行处理，最终得到透过率或吸光度随波数或波长的红外吸收光谱图。

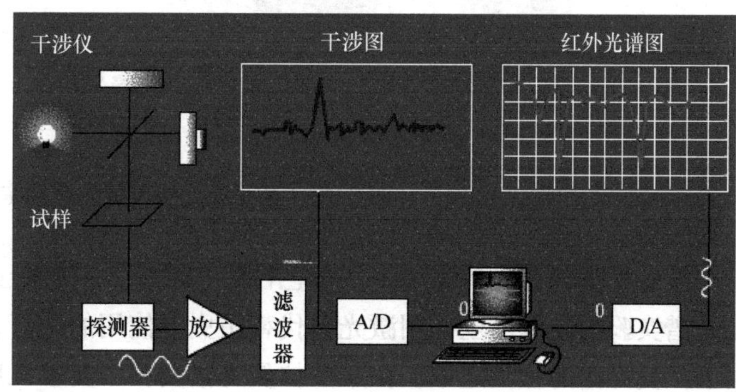

图3.44　傅里叶红外光谱仪

傅里叶红外光谱仪一般可以探测的光谱范围为4000~400cm^{-1}或7800~350cm^{-1}（中红外）/125000~300cm^{-1}（近、中红外），最高分辨率为2.0cm^{-1}/1.0cm^{-1}/0.5cm^{-1}。

3. 拉曼光谱仪

1928年印度科学家拉曼（C. V. Raman）在实验发现，当光穿过透明介质时，被介质分子散射的光发生频率变化，这一现象被称为拉曼散射。在透明介质的散射光谱中，频率与入射光频率ν_0相同的成分被称为瑞利散射；频率对称分布在ν_0两侧的谱线或谱带$\nu_0\pm\nu_1$即为拉曼光谱，其中频率较小的成分$\nu_0-\nu_1$又被称为斯托克斯线，频率较大的成分$\nu_0+\nu_1$又被称为反斯托克斯线。靠近瑞利散射线两侧的谱线被称为小拉曼光谱；远离瑞利散射线两侧出现的谱线被称为大拉曼光谱。瑞利散射线的强度只有入射光强度的10^{-3}，拉曼光谱强度大约只有瑞利散射线的10^{-3}。拉曼光谱斯托克斯线与分子的转动能级有关，拉曼光谱反斯托克斯线与分子振动-转动能级有关，因此拉曼光谱反映出分子的振动能谱，是分析分子组分的主要特征参数，但是由于拉曼信号十分微弱，如果激发的光不是很强，人们则无法观测到拉曼效应。

拉曼光谱的理论解释是：入射光子与分子发生非弹性散射，分子吸收频率为ν_0的光子，

发射 $\nu_0-\nu_1$ 的光子（即吸收的能量大于释放的能量），同时分子从低能态跃迁到高能态（斯托克斯线）；分子吸收频率为 ν_0 的光子，发射 $\nu_0+\nu_1$ 的光子（即释放的能量大于吸收的能量），同时分子从高能态跃迁到低能态（反斯托克斯线）。分子能级的跃迁仅涉及转动能级，发射的是小拉曼光谱；涉及振动-转动能级，发射的是大拉曼光谱。与分子红外光谱不同，极性分子和非极性分子都能产生拉曼光谱。

激光器的问世提供了优质高强度单色光，有力推动了拉曼散射的研究及其应用。拉曼光谱的应用范围遍及化学、物理学、生物学和医学等各个领域，对于纯定性分析、高度定量分析和测定分子结构都有很大价值。基于激光的拉曼光谱仪主要结构如图 3.45 所示。

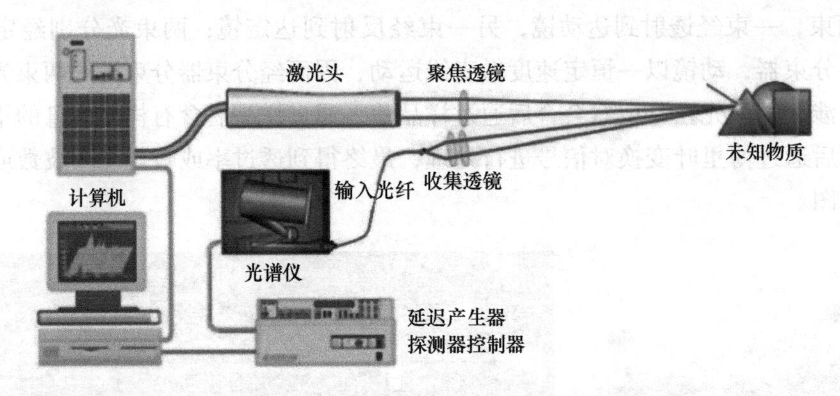

图 3.45　基于激光的拉曼光谱仪主要结构

拉曼光谱仪的光源需要提供单色性好、功率大并且最好能多波长工作的入射光。目前拉曼光谱实验的光源已全部用激光器代替历史上使用的汞灯，特别是脉冲激光器已经被普遍应用于拉曼光谱的检测之中。在某些拉曼光谱实验中要求入射光的强度稳定，这就要求激光器的输出功率稳定。

拉曼散射信号的接收类型分为单通道接收和多通道接收两种：光电倍增管接收就是单通道接收；EMCCD 阵列探测器接收就是多通道拉曼光谱仪。图 3.46 所示为激光的拉曼光谱仪产品。

图 3.46　激光的拉曼光谱仪

拉曼光谱用于测试分析的优点是不需要对样品进行前处理，也没有样品的制备过程，避免了一些测试误差，并且在分析过程中具有操作简便、测定时间短、组分灵敏度高等优点。

随着拉曼光谱分析的重要性被认识，特别是其在化学组分析上的作用，不同的应用发展出不同的拉曼光谱分析技术，如为提高测试灵敏度而提出的采用傅里叶变换技术的FT-拉曼光谱分析技术以及为增强拉曼信号提出的共振拉曼光谱分析技术与表面增强拉曼效应分析技术等。

4. X射线衍射仪

X射线是指波长在0.06~20nm区域的很短波长的电磁波，它能穿透一定厚度的物质，并能使荧光物质发光、照相机乳胶感光、气体电离等。一般人们用高能电子束轰击金属靶产生X射线，它具有靶中元素相对应的特定波长，因此被称为特征X射线，如铜靶对应的X射线波长为0.154056nm。

X射线的波长和晶体内部原子面之间的间距相近，晶体可以作为X射线的空间衍射光栅，即一束X射线照射到物体上时，受到物体中原子的散射，每个原子都产生散射波，这些波互相干涉，结果就产生衍射。衍射波叠加的结果使射线的强度在某些方向上加强，在其他方向上减弱，分析衍射结果便可获得晶体结构。1912年，德国物理学家劳厄（M. V. Laue）发现了X射线照射晶体时的衍射图样。1913年，英国物理学家布拉格父子（W. H. Bragg和W. L. Bragg）在劳厄发现的基础上，不仅成功地测定了氯化钠、氯化钾等晶体结构，还提出了作为晶体衍射测量基础的著名公式——布拉格方程，即$2d\sin\theta=n\lambda$。

对于晶体材料，当待测晶体与入射束呈不同角度时，那些满足布拉格衍射的晶面就会被检测出来，体现在XRD图谱上就是具有不同的衍射强度的衍射峰（见图3.47）。对于非晶体材料，由于其结构不存在晶体结构中原子排列的长程有序，只是在几个原子范围内存在着短程有序，故非晶体材料的XRD图谱为一些漫散射馒头峰。

X射线衍射仪能利用衍射原理精确测定物质的晶体结构、织构及应力，精确地进行物相分析、定性分析、定量分析，被广泛应用于冶金、石油、化工、科研、航空航天、教学、材料生产等领域。

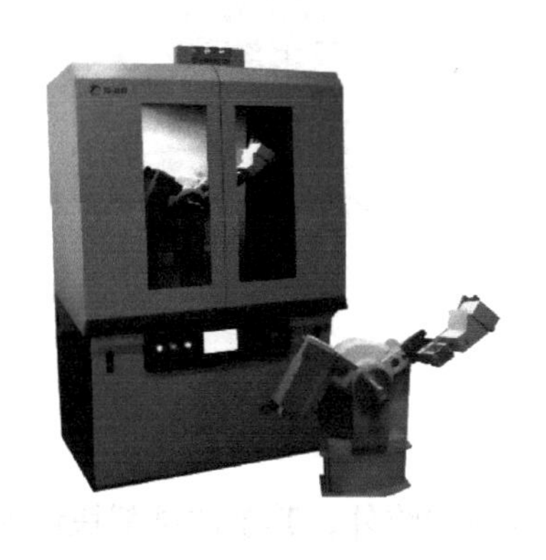

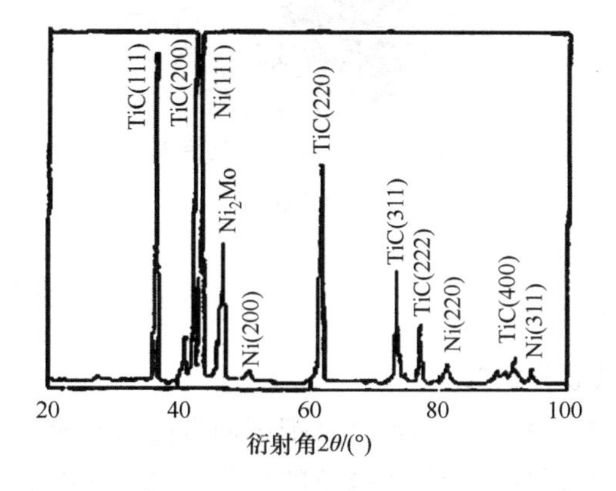

图3.47 X射线衍射仪和合金衍射谱

3.3.5 医学测试分析类光电传感

医学传感与检测中最大量的就是临床检测仪器，主要包括血液分析检验仪器、光谱分析检验仪器、目视检验仪器、细胞及分子生物学检验仪器以及其他一些临床检验仪器。下面介绍几种常见的医学传感与检测仪器。

1. 血液分析仪

血液分析仪是医院临床检验应用非常广泛的仪器之一，血液检验是指血常规检查，最早是手工操作、显微镜下计数的，包括红细胞、血红蛋白、白细胞计数及其分类、血小板计数等十个项目。其检测原理主要是依据对血液中血细胞的计数方式来实现的。

为了加快探测速度与精度，血细胞分析技术从二维空间探测转向三维空间探测，现代血细胞分析仪采用了先进的激光鞘流散射测试技术。激光鞘流散射测试技术为了避免计数中血细胞从小孔边缘处流过及湍流、涡流的影响，而发明了鞘流技术。其原理如图 3.48 所示，用一毛细管对准小孔管，细胞混悬液从毛细管喷出，同时与四周流出的鞘液一起流过敏感区，保证细胞混悬液在中间形成单个排列的细胞流，四周被鞘液围绕。鞘流技术可应用于两种细胞计数原理：一种为电阻抗原理，鞘流通过小孔的敏感区进行细胞计数；另一种为激光计数原理，细胞液流室较长，与激光垂直相交，激光光束对流经的每一个细胞照射后产生光散射，利用此原理进行细胞计数。

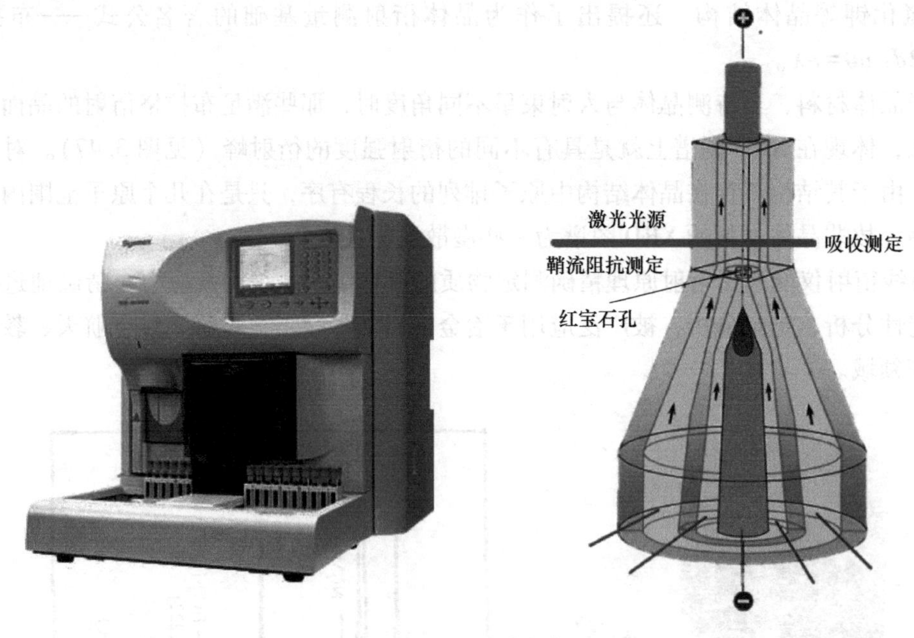

图 3.48 血液分析仪

2. 尿液分析仪

尿液分析仪的分析原理是把试剂带侵入尿液后，除空白快外，其余的试剂块都因和尿液发生了化学反应而产生了颜色的变化。试剂块的颜色深浅与光的吸收和反射程度有关，颜色越深，相应某种成分浓度越高，吸收光量值越大，反射光亮值越小，反射率也越小；反之，反射率越大。即颜色的深浅与光的反射率成比例关系，而颜色的深浅又与尿液中各种成分的浓度成比例关系。所以只要测得光的反射率即可以求得尿液中各种成分的浓度。

3. 流式细胞仪

流式细胞术（Flow CytoMetry，FCM）的工作原理是在细胞分子水平上通过单克隆抗体对单个细胞或其他生物粒子进行多参数、快速的定量分析。它可以高速分析上万个细胞，并能同时从一个细胞中测得多个参数，具有速度快、精度高、准确性好等优点，是当代最先进的细胞定量分析技术之一（见图 3.49）。目前，临床中运用流式细胞仪进行外周血白细胞、骨髓细胞以及肿瘤细胞等的检测是临床检测的重要组成部分。流式细胞术是单克隆抗体及免疫细胞化学技术、激光和电子计算机科学等高度发展及综合利用的高技术产物。流式细胞仪由三部分构成：①液流系统，包括流动室和液流驱动系统；②光学系统，包括激发光源和光束收集系统；③电子系统，包括光电转换器和数据处理系统。

图 3.49　流式细胞仪系统

流式细胞仪的工作原理是使悬浮在液体中分散的经荧光标记的细胞或微粒逐个通过样品池，同时由荧光探测器捕获荧光信号并转换成分别代表前向散射角、侧向散射角和不同荧光强度的电脉冲信号，经计算机处理形成相应的点图、直方图和三维结构图像进行分析。其系统原理图如图 3.50 所示。

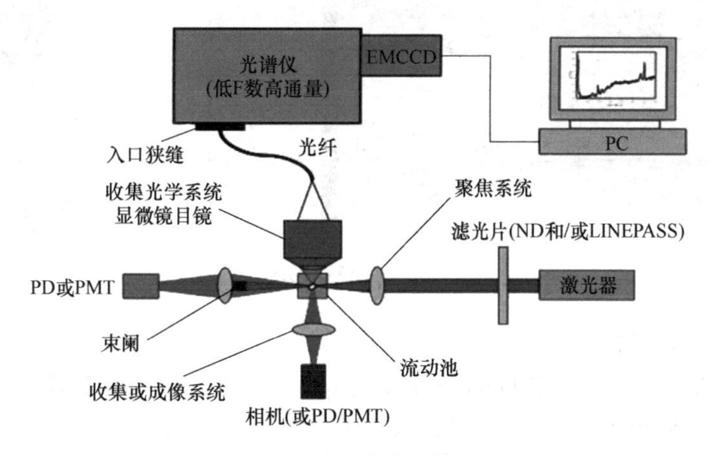

图 3.50　流式细胞仪系统原理图

3.3.6 医用诊疗类光电仪器

医用诊疗领域有大量的光电仪器，它们在人体器官检测、手术器具、疾病诊疗等方面都发挥了重要作用。眼科医学是传统光学技术应用比较多的领域，目前随着微创手术等先进技术的发展，内窥型光学技术发展与应用非常迅猛。

1. 眼底照相机

眼底照相机（见图 3.51）是测量和记录眼底视网膜状况的仪器，可以用不同颜色或波长的照明光源，具有与人眼结构相配的放大成像功能的光学成像系统。在光学系统方面，一般采用照明与成像共路的系统或照明与成像分立两路的系统，后者具有更好的成像效果。

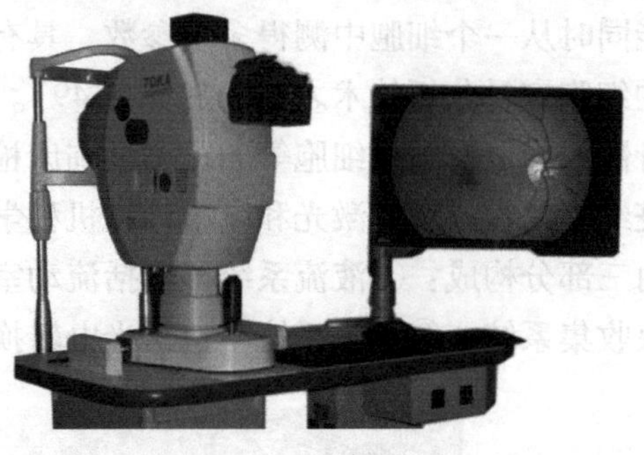

图 3.51 眼底照相机

2. 角膜地形图仪

人眼角膜地形图（corneal topography）仪就是测量人眼角膜表面形貌的光学仪器，为角膜形貌分析奠定基础。它的全称是计算机辅助的角膜地形分析系统（computer-assisted corneal topographic analysis system），是通过计算机图像处理系统将角膜形态进行数码化分析，并将所获得的信息以不同特征的彩色图来表现，因其貌似地理学中地形表面高低起伏的状态，故被称为角膜地形图。它能够精确测量分析全角膜前表面任意点的曲率以及检测角膜屈光力，是研究角膜前表面形态的一种系统而全面的定量分析手段。角膜地形图仪（见图 3.52）由三部分组成：Placido 氏盘投射系统、实时图像监测系统、计算机图像处理系统。

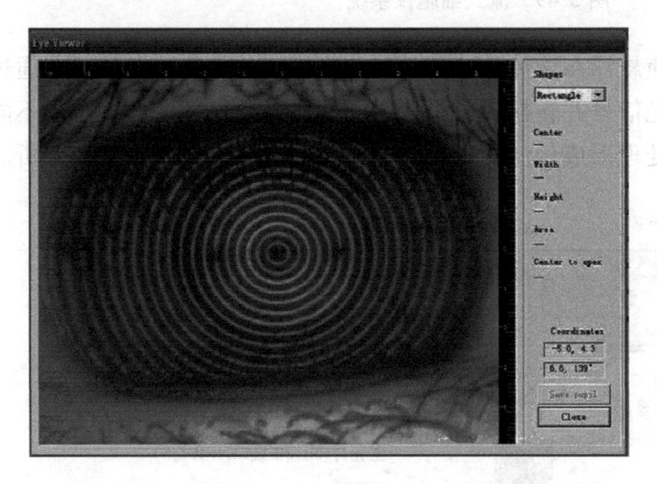

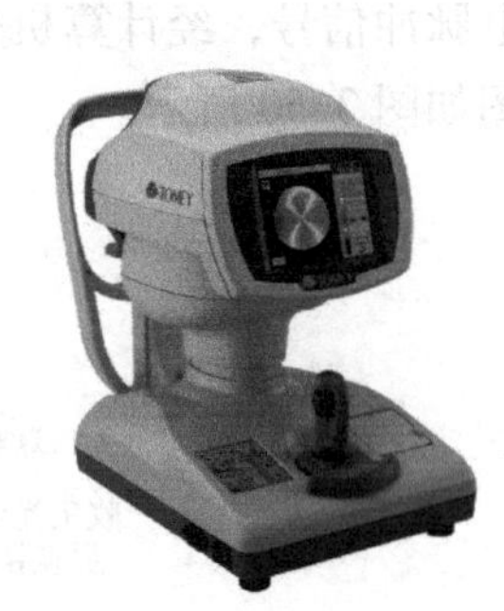

图 3.52 角膜地形图仪

3. 眼底 OCT 检测仪

光学相干层析术（Optical Coherence Tomography，OCT）是一种利用光学相干干涉特性进行光学无创断层成像的光学扫描成像技术。眼底 OCT 检测仪（见图 3.53）能够显示眼底组织的断层图像，使人们能够从全新的角度去重新认识和发现眼底疾病，特别有助于黄斑疾病的诊断。OCT图像能清晰显示病变所在的部位和层次。

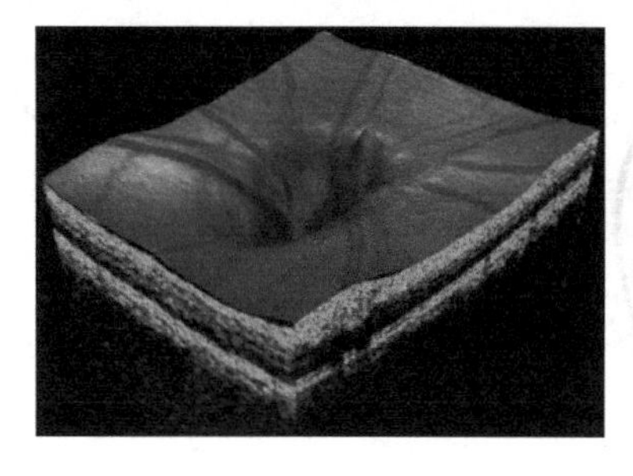
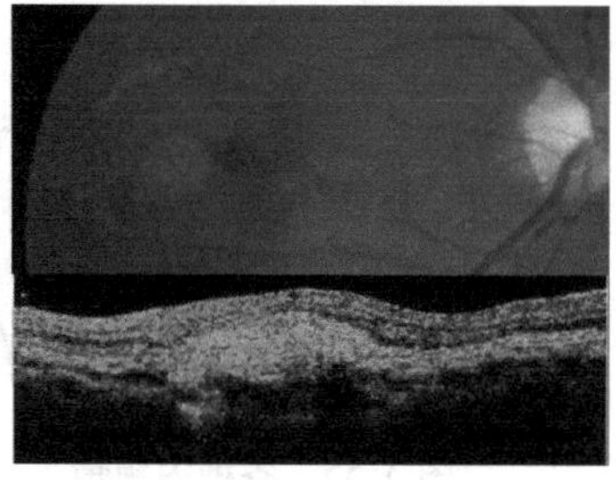

图3.53 眼底OCT检测仪

眼底OCT检测仪具有以下优点：分辨率高，轴向分辨率达10μm，优于B型超声检查（30~40μm）；对组织（如对黄斑裂孔或黄斑水肿）进行测量可达微米级水平；采用近红外线作为探测光波，可穿过轻度混浊的屈光间质；检查为非接触性，无创伤和闪光感，易被患者所接受；最有特色的就是能清楚地呈现所检查部位的断面图像。

4. 手术显微镜

外科手术显微镜是进行精细外科手术的基础器具（见图3.54），眼科手术大多是精细的显微手术，眼科手术显微镜是目前世界上最先进的手术显微镜。有了手术显微镜的帮助，耳科、鼻科、喉科、眼外科、脑外科、神经外科等医生可以得心应手地处理各种复杂精细的显微操作，使手术更精细、更安全。

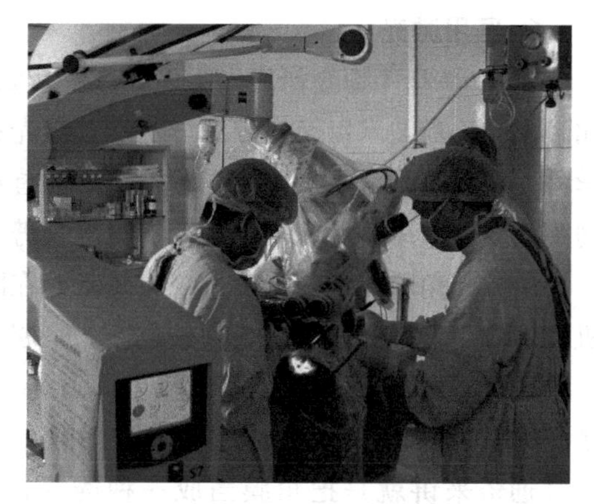

图3.54 手术显微镜

手术显微镜由两架小物镜型的单人双目手术显微镜组成，可达到两人能同时观察一个目标的目的。其具有体积小、重量轻、固定平稳、移动方便等优点，可随医务人员需要向各方向移动、调节、固定。一般手术显微镜采用高分辨率、高清晰度光学系统和显像系统，可对病灶组织放大6~400倍进行观察，可用于对微小部位的微创手术操作进行导航。

5. 内窥镜

内窥镜是一种常用的医疗器械，由可弯曲部分、光源及一组镜头组成，如图3.55所示。它经人体的天然孔道或者是经手术做的小切口进入人体内。内窥镜的本身作用是可以进入病人体内进行观察，医生可使用内窥镜进行诊断、检测、处理各种医学问题。随着技术的发展，内窥镜不仅是观测的工具，也成为治疗与手术的工具，当前内窥镜是微创手术的主要器械。

内窥镜的基本工作原理是利用光的全反射原理将光束控制在一个很细的光导管类，进行图像传输。医用内窥镜有着很长的历史，世界上第一个内窥镜是由法国医生德索米奥于1853年创制的。

现在内窥镜已经是一种常用的医疗器械。内窥镜一般由头端、弯曲部、插入部、操作

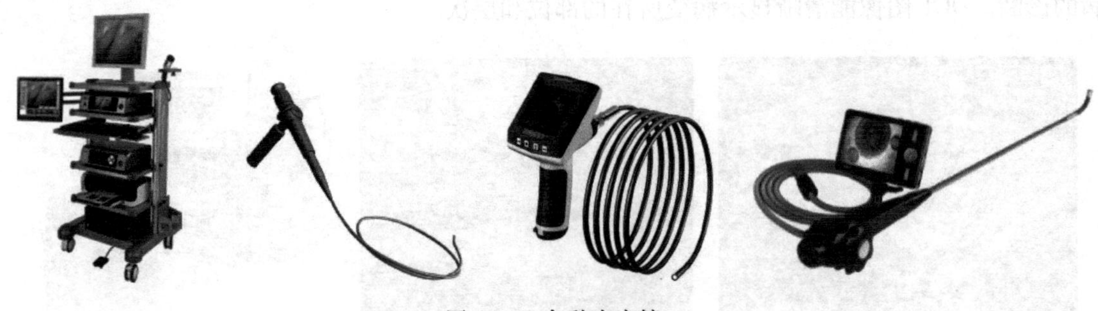

图 3.55　各种内窥镜

部、导光部组成。使用时先将内窥镜导光部接到配套的冷光源上，然后将插入部导入预检查的器官，控制操作部可直接窥视有关部位的病变。另外，内窥镜依据应用的场合与疾病器官的不同可分成各种各样的内窥镜，以适应不同的手术与医学应用。特别是近年来内窥技术的提升，为微创手术的发展提供了坚实的技术保障，这极大减轻了病患的痛苦，缩短了病患的治愈时间，提高了病患的生活水平。

6. 医用激光

自从 1960 年梅曼研究出第一台红宝石激光器后，人们就不断尝试将激光用于医学诊疗，如眼视光治疗技术以及口腔医学治疗。激光在医学中应用最早的是眼科，也是应用最成熟的学科，在某些眼科疾病中激光治疗被列为首选，如眼底病中的视网膜裂孔、中心性浆液性视网膜病变、糖尿病性视网膜病变、视网膜劈裂症、视网膜血管瘤、原发性青光眼等。

由激光角膜成形术治疗近视眼是激光在眼科治疗中的高精尖技术，这种治疗方法是计算机技术应用于屈光医学的一项新创新，是屈光性角膜领域中的一次革命。

准分子激光原地角膜消除术（Laser-assisted in Situ Keratomileusis，LASIK）是用准分子激光通过对角膜瓣下基质层进行屈光性切削，以降低瞳孔区的角膜曲率，达到矫正近视的目的（通俗来讲就是把角膜当成一种透明材料，通过切削做成一副镜片）。该技术可矫正200~2000度的近视。准分子激光是一种人眼看不见的紫外光，其波长仅 193nm，不会穿入眼内，属冷激光，无热效应，能以“照射”方式对人眼角膜组织进行精确气化，达到“切削”和“雕琢”角膜的目的而不损伤周围组织和其他器官，最适合角膜屈光手术。LASIK手术中用一种特殊的极其精密的微型角膜板层切割系统（简称角膜刀）将角膜表层组织制作成一个带蒂的圆形角膜瓣，翻转角膜瓣后，在计算机控制下用准分子激光对瓣下的角膜基质层拟去除的部分组织予以精确气化，然后于瓣下冲洗并将角膜瓣复位，以此改变角膜前表面的形态，调整角膜的屈光力，达到矫正近视、远视或散光的目的。具体如图 3.56 所示。

激光在其他器官的诊疗应用也发展迅猛，如经尿道前列腺激光切除凝固术、激光心肌血运重建术、激光碎石术等。

激光可通过各种内窥镜进行手术（见图 3.57），例如，钬激光通过关节镜进行半月板切除术；通过腹腔镜进行胆囊切除术；通过胃镜、支气管镜对消化道的疾患如出血、息肉、良恶性肿瘤等，呼吸道内的瘢痕狭窄、炎性肉芽及息肉、良恶性肿瘤等进行激光治疗；通过肠镜同样可以治疗直肠、乙状结肠和结肠的出血、息肉、良恶性肿瘤。此外，激光咽成形术也成为治疗阻塞性睡眠呼吸暂停综合征的常规手段。

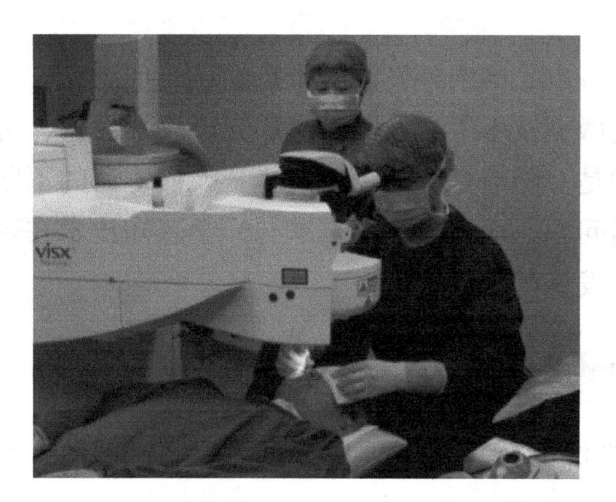

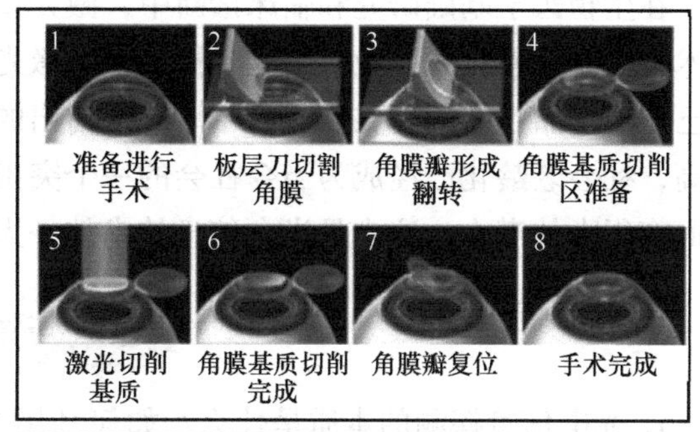

图 3.56　医用激光仪器

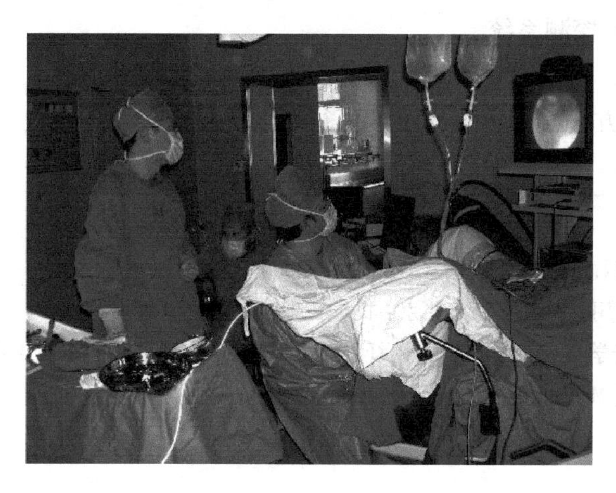

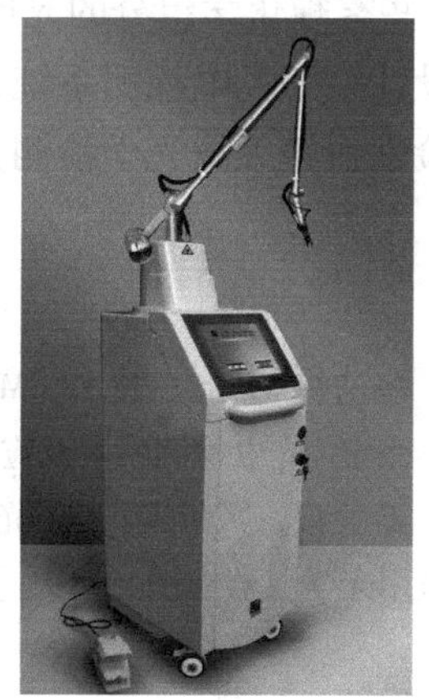

图 3.57　内窥镜进行手术

在各种激光治疗仪器中，激光束的传输很关键，激光的传输工具如转动式导光关节臂和光导纤维得以迅速发展。1971 年西德 Nath 制成可传输高能氩（Ar+）激光的单根石英光纤后，1973 年第一台具有光纤传输的激光内镜问世，现已发展到做成各种形状的光纤头（球状、粒状等）。这些为激光进入内腔打开了道路。

光动力治疗即光敏药物配合激光照射的治疗成为激光医学治疗中的一个重要技术，它可以实现靶向治疗的特点。几十年来，随着激光光动力治疗药物的发展，激光光源也由单一的 He-Ne 激光器发展到染料激光器、金蒸汽激光器、氪（Kr+）激光器直到现在的固体激光器与半导体激光器，特别是当前的光纤激光器。光动力学治疗的范围从恶性肿瘤（如皮肤癌、肺癌、消化道肿瘤、膀胱癌等）也扩展到治疗良性病变（如鲜红斑痣、年龄相关性黄斑性变性，等）。

激光美容也是一种常见的利用激光进行人体皮肤护理的方法。以往激光美容仅限于皮肤色素痣、血管性病变等，现已发展到美容激光医学，依据“选择性光热作用”理论，即根据不同组织的生物学特性，选择合适的波长、能量、脉冲持续时间，以保证对病变组织进行有效治疗的同时，尽量避免对周围的正常组织造成损伤，做到能选择性对病变进行破坏而不损伤正常组织，达到治疗目的。

在生物医学基础研究和临床诊断中，激光设备也是国内外发展的重点领域，如激光荧光技术，激光喇曼技术，激光细胞分析技术，激光微创技术等，及其相应的光电仪器设备，有的已形成产品，有的还在发展之中。必须指出的是，随着社会的不断进步，人们寿命的不断提高，社会老龄化已经成为当今社会的一个突出问题，而光学检测技术与光学感知技术在这方面有很大的潜力，这也是光电信息技术的一大发展的方向。

思考与讨论题

1. 光电信息探测的本质是什么？如何利用光波的特点实现对自然界的探测？如何加载信息？如何增强探测灵敏度？

2. 试设计一个光电系统，实现对雾霾天气 PM2.5、PM100 的探测。并提出一个能够同时分辨出这些雾霾化学组分的光电探测系统。

3. 试设计一个光电探测系统，实现通过小型无人机对作物生长状况的探测。

4. 请检索血糖无损光学检测方法，探求该方法的可行性与优缺点。

参考文献

[1] 孙建民，杨清梅. 传感器技术 [M]. 北京：清华大学出版社，2005.
[2] 徐熙平，张宁. 光电检测技术及应用 [M]. 2 版. 北京：机械工业出版社，2016.
[3] 方祖捷，秦关根，瞿荣辉，等. 光学与光子学丛书：光纤传感器基础 [M]. 北京：科学出版社，2014.
[4] 冯奇. 医用光学仪器应用与维护 [M]. 北京：人民卫生出版社，2011.

第4章　光通信技术

光通信是指以光作为信息载体而实现的通信方式。光纤通信系统采用的信息载体是光——所有可用载体中具有最高频率的载体，而根据香农定理，通信系统的运载信息能力与其带宽成正比，而带宽与载体的频率成正比，因此光纤通信系统具有最高的运载信息能力。一个同轴电缆能够支持13000个信道，微波链路最多可以支持20000个信道，卫星链路可以支持100000个信道，而一根光纤通信链路则能够同时支持300000个双向语音信道，因此光纤通信技术是现代通信的关键技术。

各种形式的光通信已有几千年的历史，人类很早就认识到用光可以传递信息。3000多年前，我国就有了用光传递远距离信息的设施——烽火台。后来又陆续出现了用灯光闪烁、旗语等传递信息的方法，这些都是用可见光进行的原始的光通信方式，不能称为完全意义上的光通信。

1880年，亚历山大·格雷厄姆·贝尔（Alexander Graham Bell）和他的助手发明了一种利用光波作为载波传输话音信息的“光电话”，在相距约213米远的两个建筑物间建造了世界上第一座无线电话通信设备，它证明了利用光波作为载波传递信息的可能性，这是光通信历史上的第一步，是现代光通信的雏形。但由于当时没有可靠的、高强度的光源，且没有稳定的、低损耗的传输介质，所以光通信一直未能发展到实用阶段。

如图4.1所示，贝尔用弧光灯或者太阳光作为光源，光束通过透镜聚焦在话筒的振动片上。当人对着话筒讲话时，振动片随着话音振动而使反射光的强弱随着话音的强弱做相应的变化，从而使话音信息承载在光波上，这个过程叫作调制。在接收端，装有一个抛物面接收镜，它把经过大气传送过来的载有话音信息的光波反射到硅光电池上，硅光电池将光能转换成电流，这个过程叫作解调。电流送到受话器，就可以听到从发送端送过来的声音了。

图4.1　贝尔光电话

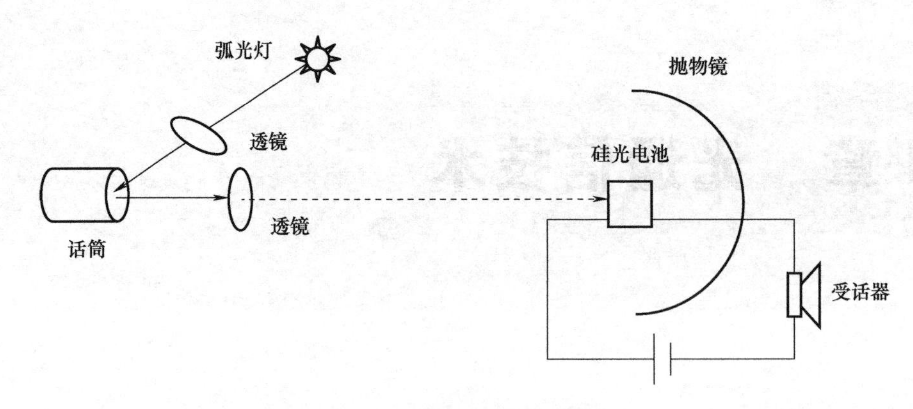

图 4.1 贝尔光电话（续）

直到 20 世纪 70 年代，低损耗光纤和室温下连续工作的双异质结半导体激光器的研制成功，揭开了光通信发展的新篇章，促进了光通信的实用化。光通信按传输介质不同可分为自由空间光通信和光纤通信。

4.1 自由空间光通信

4.1.1 自由空间光通信概述

自由空间光通信（Free-Space Optical Communication，FSO）是一种通过激光作为载波在自由空间（空气、外空间、真空或类似的空间）中实现点对点、点对多点或者多点对多点的语音、数据、图像信息双向传送的一种通信技术。自由空间光通信是光通信和无线通信结合的产物，因此又称无线光通信（Optical Wireless Communication，OWC）。

自由空间光通信技术在 20 世纪 80 年代就开始被应用于军方，随着大功率半导体激光器技术、掺饵光纤放大器、自适应变焦技术、光学天线等技术的不断发展，自由空间光通信在传输距离、可靠性、传输容量等方面有了较大改善，适用面也越来越宽。自由空间光通信具有以下优点：

1）频带宽、速率高：理论上，自由空间光通信的传输带宽与光纤通信的传输带宽相同，带宽可达到 100Mbit/s~2.5Gbit/s 甚至更高。

2）频谱资源丰富：自由空间光通信多采用红外光传输方式，无须申请频率执照和缴纳频率占用费，工作在不需管制的光谱范围，也不会和微波等无线通信系统产生相互干扰，且升级容易、接口开放。

3）适用多种通信协议：自由空间光通信作为一种物理层的传输设备，可以用在同步数字体系（SDH）、异步传输模式（ATM）、以太网等常见的通信网络中，并可支持 2.5Gbit/s 的传输速率，适用于传输数据、声音和图像等信息。

4）部署链路快捷：自由空间光通信设备可以直接架设在楼顶，甚至可在水域上部署，能完成地对空、空对空等多种光纤通信无法完成的通信任务，其施工周期较短，可以在数小时内建立起通信链路，而建设成本只有光纤通信的五分之一左右。另外其装拆方便，可更换地方再用，因此可在野外的临时工作场所或地震等突发事件的现场作为一种临时的通信连接。

5）传输保密性好：自由空间光通信安全性高，具有很好的方向性和非常窄的波束，因此对其窃听和人为干扰较困难。

6）组网灵活、网络扩展性好：自由空间光通信可以构建点地点、点对多点、环状、星状、网状等多种结构或者这些结构的组合形态，当添加节点时，无须改变原有网络结构，只需改变节点数量和配置，网络的扩展非常容易。

自由空间光通信从传输距离来看，可以分为大气光通信、卫星间光通信、星地光通信。

4.1.2 自由空间光通信的关键技术

典型的自由空间光通信系统原理框图如图4.2所示，整个系统主要由光发射机、发射光学系统、接收光学系统、光接收机等组成。其中光发射机主要由激光器、调制器、驱动器等几部分组成，可实现电信号调制；光接收机主要由光探测器、放大电路、还原电路组成，可实现信号解调。

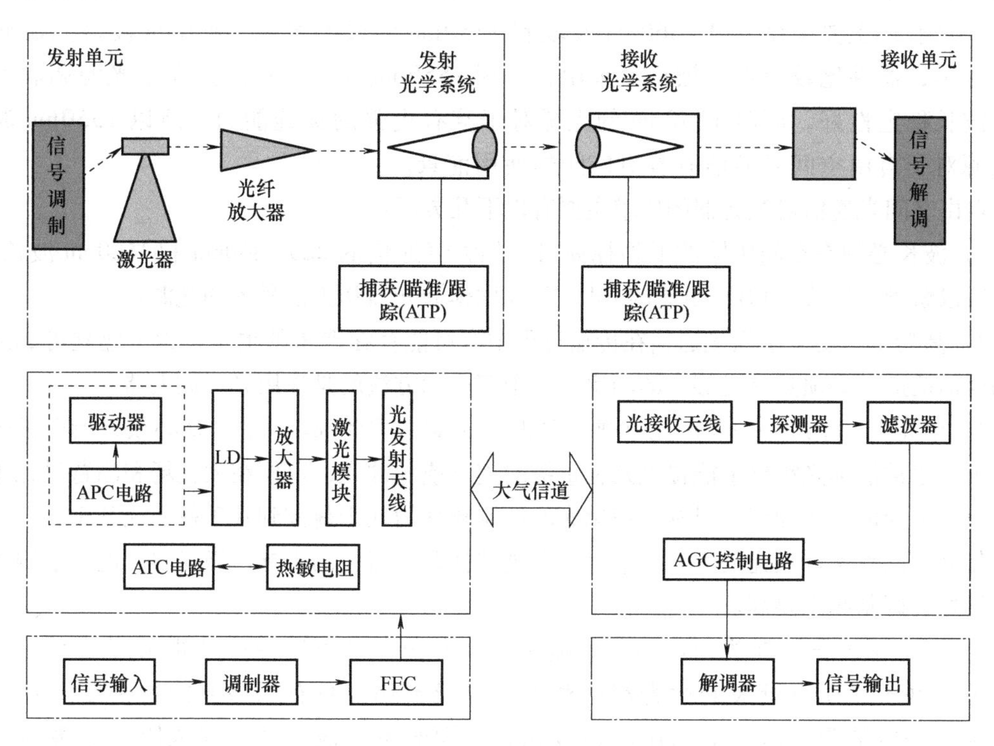

图4.2 自由空间光通信系统原理框图

自由空间光通信涉及的关键技术包括高功率激光光源技术、大气信道、高灵敏度信号检测和处理技术以及高精度捕获、跟踪和瞄准技术。

1. 高功率激光光源技术

在自由空间光通信系统中，信道中背景光的干扰很强，所以必须采用大功率、低损耗光源，同时调制速率要尽可能高，信号的调制过程中还需要采用纠错技术，尽可能减少误码和突发误码。激光器的选择直接影响通信质量及通信距离，对系统整体性能的影响很大，因此如何选择光源非常重要。自由空间光通信光源的选择主要考虑光源的波长和光源的类型。

自由空间光通信的信道是大气，大气对于激光传输会产生非常大的影响，因此需要选择受大气影响比较小的波段。首先需要考虑的是大气的透过率，通常将电磁波辐射在大气传输中透过率较高的波段称为“大气窗口”，在“大气窗口”的波段中，大气对激光束的吸收较弱，透过率较高，因此空间光通信的波长应选择在这些窗口内。除了大气的吸收，还需要考虑背景光作为噪声对于自由空间光通信的影响。背景噪声的来源包括太阳光及城市照明光的散射和直射，这些光线照射到自由空间光通信设备的接收器上时会形成背景噪声，从而对系统造成影响形成误码。在可见光的波长范围内（400~750nm）太阳光的辐射强度比较大，因此自由空间光通信的波段选择应该避开这一波段范围；在红外波段，太阳辐射强度随着波长的增加逐渐减小，到800nm左右的辐射强度减小到最大值的1/2，1500~1600nm波段的辐射强度减小到最大值的1/10。因此，为减小背景光的噪声，通常会选用红外波段的光源作为自由空间光通信的工作波长。目前，主要采用800~860nm波段和1550nm波段的光源：800nm波段光源研究时间较早，器件比较成熟，被广泛采用；采用1550nm光源的优点则在于光源调制速率高、波长稳定性好，同时1550nm的光源对于雾有更强的穿透能力，所以1550nm波段的光源对于自由空间光通信有着更广阔的使用前景。

自由空间光通信对激光器的要求主要有以下几方面：

1）波长必须在空间传输的低损耗窗口，如大气通信的820~860nm和1600nm波长区。大多数以激光二极管（LD）泵浦的Nd：YAG固体激光器作为信号光的光源。

2）高功率。由于空间光通信在传输过程中有可能存在严重的损耗，为了建立可靠的低误码通信信道，必须具有足够大的功率。一个解决的方法就是采用光纤放大器。

3）窄光束。系统一般要求光束视场角为10μrad，因此高功率的LD必须以衍射极限光束输出。通常信标光源要求能提供几瓦量级的连续或脉冲光，以便在大视场和高背景光干扰下快速、精确地捕获和跟踪目标。信标光的调制频率为几十赫兹到几千赫兹或几千赫兹到几十千赫兹，以克服背景光的干扰。信号光源则选择几十毫瓦的半导体激光器，但要求输出光束质量好，调制频率要高。

4）对人眼安全。激光对眼睛有所损伤，其损伤程度可以使眼睛视力降低，甚至完全失明。并不是所有量级的激光都会对人眼造成损伤，只有当激光能量密度或者功率密度超过一定的阈值时才会对眼睛造成伤害，同时不同波长的光对人眼的危害程度也不一样。实验表明，波长在1400nm以上的激光对人眼的伤害阈值要比1400nm以下的激光大50倍以上，因此从对人眼安全的角度出发，1550nm作为自由空间光通信的波长也更为合适。

2. 大气信道

在自由空间光通信中，大气中的气体分子、水雾、雪、气溶胶等粒子，其几何尺寸与所采用的半导体激光的波长相近甚至更小，这些粒子会引起光的吸收、散射、折射等，特别是在强急流的情况下，还可能发生波前畸变、强度抖动、多径衰减、云层遮断等，光信号将受到严重干扰甚至脱靶，如图4.3所示。

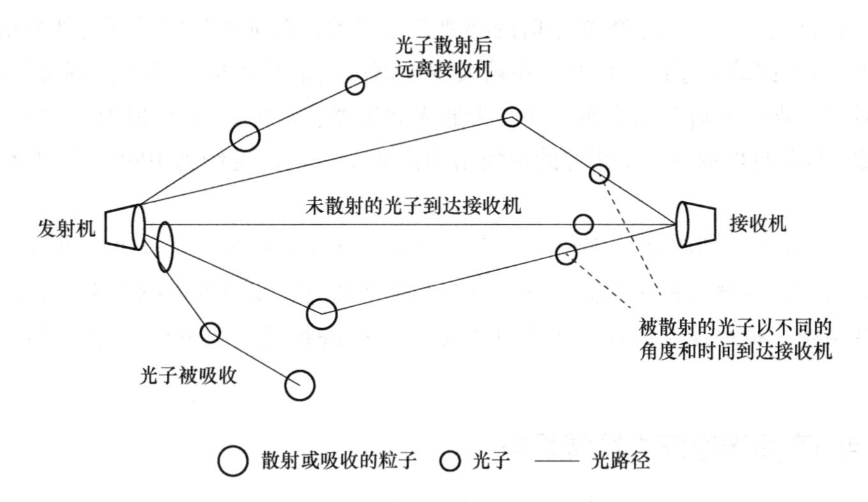

图4.3　大道信道中粒子引起的散射

晴天对传输质量的影响最小，而雨、雪和雾对传输质量的影响则较大。据测试，自由空间光通信受天气影响的衰减经验值分别为：晴天是5~15dB/km、雨是20~50dB/km、雪是50~150dB/km、雾是50~300dB/km。为解决这个难题，一般会采用更高功率的激光二极管、更先进的光学器件和多光束来解决。针对设备可靠性的解决方案，采用不需许可证的微波作为备份节点，特别是在网状结构的重要地点，因为微波对雾的抗扰能力强，不过实际中只有很少的时间需要倒换到微波上。

3. 高灵敏度信号检测和处理技术

在自由空间光通信系统中，激光束的强度与距离的二次方成反比，所以光接收机接收到的信号十分微弱，在高背景噪声场（如太阳光、月光、星光等）的干扰下，会导致接收端信噪比小于1，即信号被淹没在噪声中。为快速、精确地捕获目标和接收信号，需采取表4.1的提高接收灵敏度和信噪比的措施。

表4.1　提高接收灵敏度和信噪比的相关措施

措　施	对器件的要求	相关技术
提高接收灵敏度	灵敏度达到皮瓦到纳瓦量级；量子效率高、相应速度快、噪声小	Q-APD、CCD接收器、REC探测器以及光电滤波技术
提高信噪比	可抑制背景杂散光的干扰	采用原子共振滤波器、吸收滤波片、干涉滤波片等

4. 高精度捕获、跟踪和瞄准技术

自由空间光通信的捕获、跟踪和瞄准技术（Acquisition/Tracking/Pointing，ATP）主要解决收发双方光束彼此对准的问题，并且在整个通信过程中保持稳定，即在数据传输前发射器发送的光束对准接收机所在的方向，先探测对方发出的信标，依据接收的信标进行捕获和跟踪，然后回传信标给对方，系统便逐渐实现瞄准，最终双方建立光传输信道，实现双向通信。

ATP 是保证实现空间远距离光通信的必要核心技术，系统通常由以下两部分组成：

1）捕获（粗跟踪）系统。该系统在较大视场范围内捕获目标，捕获范围可达±1°~±20°或更大。通常采纳 CCD 阵列来实现，并与带通光滤波器、信号实时处理的伺服履行机构共同完成粗跟踪，即目标的捕获。粗跟踪的视场角为几 mrad，灵敏度约为 10pW，跟踪精度为几十 mrad。

2）跟踪和瞄准（精跟踪）系统。该系统是在完成目标捕获后，对目标进行瞄准和实时跟踪。通常采纳四象限红外探测器（QD）或 Q-APD 高灵敏度位置传感器来实现，并配以相应伺服把持系统。精跟踪要求视场角为几百 μrad，跟踪精度为几 μrad，跟踪灵敏度大约为几 nW。

4.1.3 自由空间光通信的发展趋势

自由空间光通信与微波技术相比，它具有调制速率高、频带宽、不占用频谱资源等特点；与有线和光纤通信相比，它具有机动灵活、对市政建设影响较小、运行成本低、易于推广等优点。自由空间光通信可以在一定程度上弥补微波和光纤的不足：它的容量与光纤相近，但价格却低得多；它可以直接架设在屋顶，由空中传送；既不需申请频率执照，也没有铺设管道挖掘道路的问题；使用点对点的系统，在确定发收两点之间视线不受阻挡的通道之后，一般可在数小时之内安装完毕并投入运行。未来，自由空间光通信的发展趋势有以下几方面：

1. 发射、接收的瞄准的研究

在大风中或因地震引起大楼的摆动，发射机发送的光信号对不准接收机，因此产生的误差较大，甚至无法实现通信。目前的研究方向在于提高激光的瞄准，如何利用非机械装置来实现精确的对准和快速瞄准；在接收机方面，由于散射光线也带有信息，接收散射光线越多，接收的信号能量越大，但同时接收的噪声也越大，所以如何在提高接收机接收信号总功率的同时又不降低信噪比成为研究目标。

2. 减小大气对通信的影响

在不同的环境中不同波长的光线会有不同的传播特性，这些不同的特性导致了在不同环境下，不同波长的光线会有不同的吸收窗口、不同的散射函数以及不同的折射率，因此需要寻求一种最优波长，在通信链路中找出波长与性能的最优组合。

3. 提高传输速率

FSO 相对于其他接入设备最大的优势之一就是带宽。现在 FSO 产品的速率从 2Mbit/s 开始形成多个系列，比较典型的有 10Mbit/s、100Mbit/s、155Mbit/s、622Mbit/s。有的公司采用波分复用技术，其产品速率可以达到 2. 5Gbit/s、10Gbit/s。

图 4. 4 是光纤输出、光纤输入的自由空间光通信系统的结构示意图，激光器输出的高斯光束耦合至光纤再经准直后出射，传输一定距离后，光束通过合适的聚焦光学系统聚焦在光纤纤芯上，沿着光纤传输后经 PD 接收还原信号。通过在发射端和接收端都采用光纤连接的

方式，只需要在楼顶放置光学天线系统，而将其他的控制系统通过光纤放置于室内就可以实现点到点的连接，整个系统结构简单、易于安装。

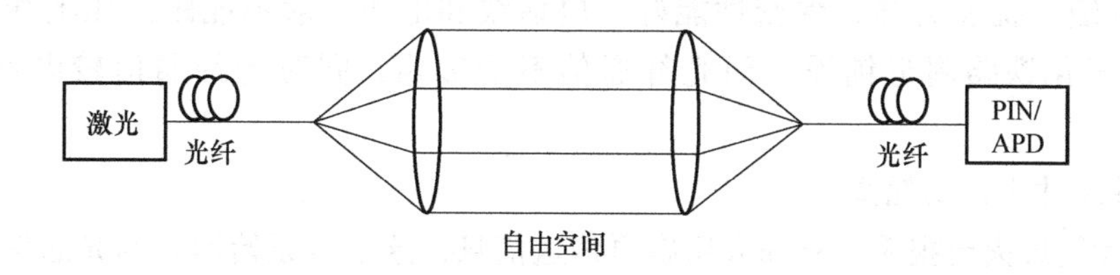

图4.4 光纤输出、光纤输入的自由空间光通信系统的结构示意图

这种新型的FSO系统具有以下优点：

1）减少了不必要的E/O转换，一条链路现在只需要两个OE接口即可，大大降低了成本。

2）光学系统较为简单，光纤出射的光束一般为圆高斯光，不需要整形，简化了光学系统，减小了体积，易于安装。

3）易于升级及维护，当用户的带宽增加时，只需要对放置在室内的系统进行升级即可，免去了复杂繁琐的对准过程。

4）基于光纤耦合的空间光通信系统能够很好地与现有的光纤通信网络结合，可以利用现有的比较成熟的光纤通信系统中的器件如发射接收模块、EDFA和WDM中所用到的复用器和解复用器。

5）可以与光码分多址（Optical Code-Division Multiple Access，OCDMA）复用技术相结合，构成自由空间OCDMA系统，进一步扩大系统的带宽。

对于一个基于光纤耦合技术的FSO系统而言，以下两个因素必不可少：

1）体积小、重量轻的光学天线系统一个最佳的光学天线的设计首先必须使尽可能多的光耦合进单模光纤，获得最大的耦合效率；其次要能通过粗跟踪系统测出入射光的角度；另外，必须满足尽可能高的通信速率和稳定性。

2）性能良好的跟踪系统要使光学接收天线接收到的光能够有效地耦合进纤芯和数值孔径都极小的单模光纤，因此必须为系统加上双向的跟踪系统。

4.2 光纤光通信

4.2.1 光纤光通信概述

光纤光通信是以光作为信息载体，以光纤作为传输介质的光信息传输技术。光纤通信的优点包括以下几方面：

1）光纤的容量大。光纤通信是以光纤为传输介质、光波为载波的通信系统，其载波-光波具有很高的频率（约300THz），因此光纤具有很大的通信容量。

2）传输损耗低、中继距离长，目前的光纤损耗已降低至0.2dB/km以下，比其他通信线路的损耗都低很多，因此由其组成的光纤通信系统的中继距离较其他介质构成的系统长得多。

3）抗电磁干扰能力强，保密性能好。电话线和电缆一般不能跟高压电线平行架设，也不能在电气化铁路附近铺设，而光纤通信不受影响，同时光纤通信较电通信方式保密性好。

4）器件尺寸小，功耗低。

我国古代用烽火台报警，欧洲人用旗语传送信息，这是最原始形式的光通信。1880 年，美国人贝尔发明了用光波作为载波传送语音的光电话，这是现代光通信的雏形。1960 年，美国人梅曼发明了第一台红宝石激光器，给光通信带来了新的希望，使沉睡了 80 年的光通信技术进入了一个崭新的阶段，但由于没有找到一种稳定可靠的低损耗传输介质，对光通信的研究曾一度进入了低潮。

1966 年，英籍华裔学者高锟（C. K. Kao）和霍克哈姆（C. A. Hockham）发表了关于传输介质新概念的论文《光频介质纤维表面波导》（*Dielectric-Fiber Suface Waveguide for Optical Frequency*），指出了利用光纤（Optical Fiber）进行信息传输的可能性和技术途径，指明通过“原材料的提纯制造出适合于长距离通信使用的低损耗光纤”这一发展方向，这奠定了现代光通信——光纤通信的基础。高锟因其在有关光在纤维中的传输以用于光学通信方面取得的突破性成就，获得 2009 年诺贝尔物理学奖（见图 4.5）。

图 4.5　2009 年诺贝尔物理学奖获得者高锟教授

1970 年，美国康宁（Corning）公司根据高锟教授的预测，研制成功损耗 20dB/km 的石英光纤，把光纤通信的研究开发推向一个新阶段。与此同时，美国贝尔实验室、日本电器公司（NEC）和苏联先后成功研制在室温下连续振荡的镓铝砷（GaAlAs）双异质结半导体激光器。光纤和半导体激光器的相继问世，拉开了光纤通信的帷幕，所以人们把 1970 年称为光纤通信的元年。

1976 年，美国在亚特兰大进行了世界上第一个实用光纤通信系统的现场试验，系统采用镓铝砷（GaAlAs）激光器作为光源、多模光纤作为传输介质，速率为 44.736Mbit/s、传输距离约 10km，这一试验使光纤通信向实用化迈出了第一步。1980 年，美国标准化 FT-3 光纤通信系统投入商业应用。1989 年，第一条横跨太平洋的 TPC-3/HAW-4 海底光缆通信系统建成。从此，海底光缆通信系统的建设全面展开，促进了全球通信网的发展（见图 4.6）。

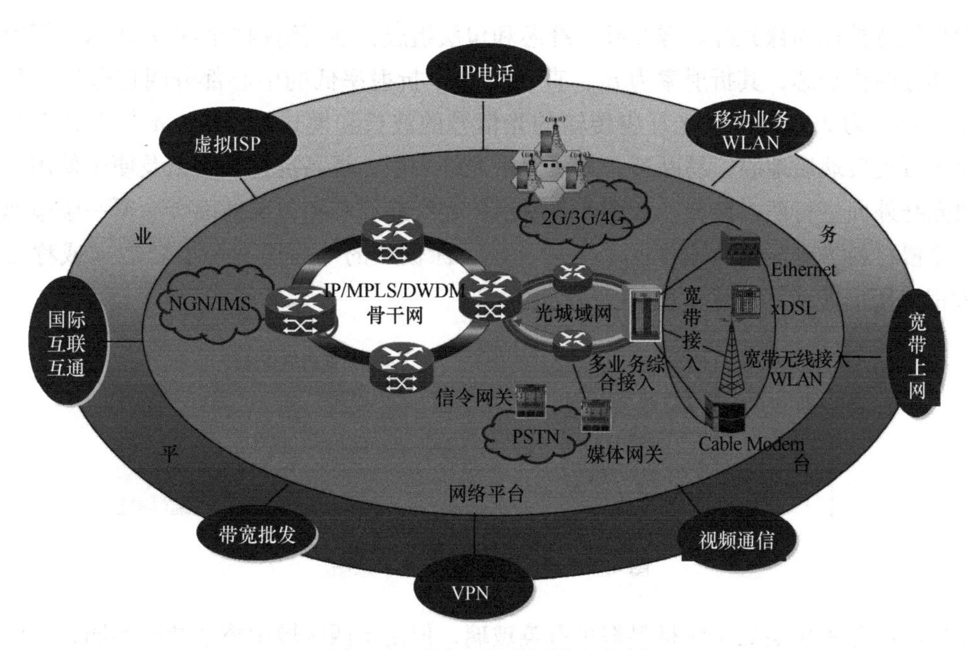

图4.6　现代光通信网络架构图

4.2.2　光纤光通信的关键技术

光纤通信的基本原理是在发射端首先要把传送的信息（如语音）变成电信号，然后调制到激光器发出的激光束上，使光的强度随电信号的幅度变化而变化，并通过光纤传输出去。在接收端，检测器收到光信号后把它变换成电信号，经解调后恢复原信息。

如图4.7所示，典型的光纤通信系统由数据源、光发射机、光学信道和光接收机组成。其中数据源包括所有的信号源，它们是语音、图像、数据等业务经过信源编码所得到的信号；光发射机和调制器则负责将信号转变成适合于在光纤上传输的光信号，先后用过的光通信窗口有850nm、1310nm和1550nm；光学信道则包括最基本的光纤，还有中继放大器EDFA等；而光接收机则接收光信号并从中提取信息，然后转变成电信号，最后得到对应的语音、图像、数据等信息。

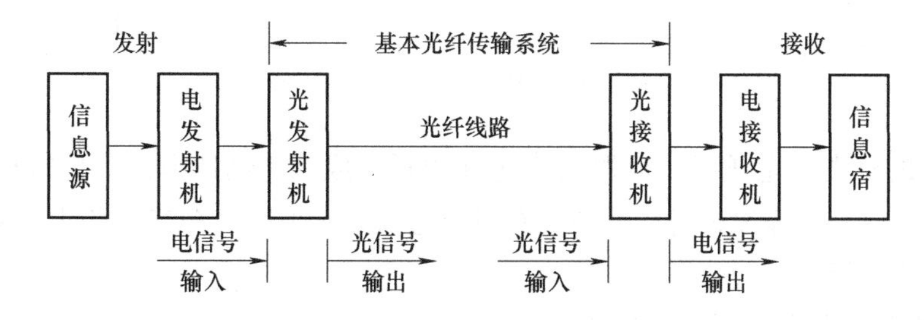

图4.7　典型光纤通信系统示意图

1. 传输媒质——光纤

目前，通信用的光纤是由石英玻璃（SiO_2）制成的横截面很小的双层同心圆柱体，未经涂覆和套塑时被称为裸光纤。裸光纤由纤芯和包层组成，剖面结构如图 4.8 所示。折射率高的中心部分叫作纤芯，其折射率为 n_1，直径为 $2a$；折射率低的中心部分叫作包层，其折射率为 n_2，直径为 $2b$。根据在光纤中传输的光信号的波长和模式的不同，a 与 b 具有不同的值。由于石英玻璃质地脆、易断裂，为了保护光纤表面、提高抗拉强度以及便于使用，一般需在裸光纤外面进行两次涂覆。如图 4.8 所示，光纤在纤芯和包层外面会涂覆一层很薄的涂覆层，涂覆材料为硅酮树脂或聚氨基甲酸乙酯，涂覆层的外面还有一层套塑（或称二次涂覆）大都采用尼龙或聚乙烯塑料。

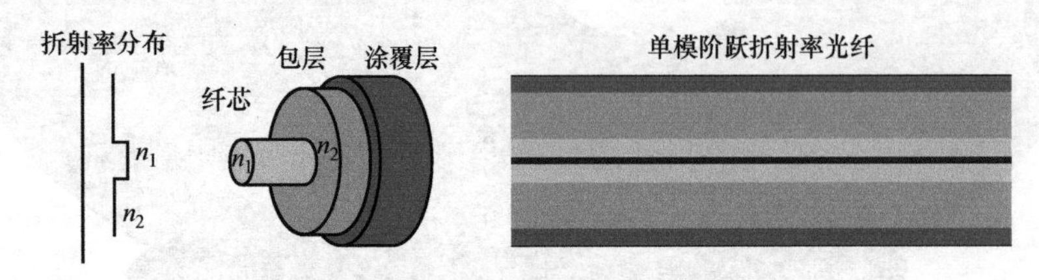

图 4.8　裸光纤剖面结构示意图

光纤的纤芯和包层的主体材料都是石英玻璃，但由于两区域中掺杂情况不同，因而折射率也不同。光纤包层的折射率是 1.45~1.46，纤芯的折射率一般是 1.463~1.467，可以看出纤芯的折射率比包层的折射率稍微大一些，这就满足了全内反射的条件。当纤芯内的光线入射到纤芯与包层的交界面时，只要其入射角大于全内反射临界角，就会在纤芯内发生全反射，光就会全部由交界面偏向中心。当碰到对面交界面时又全反射回来，光纤中的光就是这样在芯层和包层交界面上不断地来回全反射并传向远方，而不会从包层中泄漏出去（见图 4.9）。

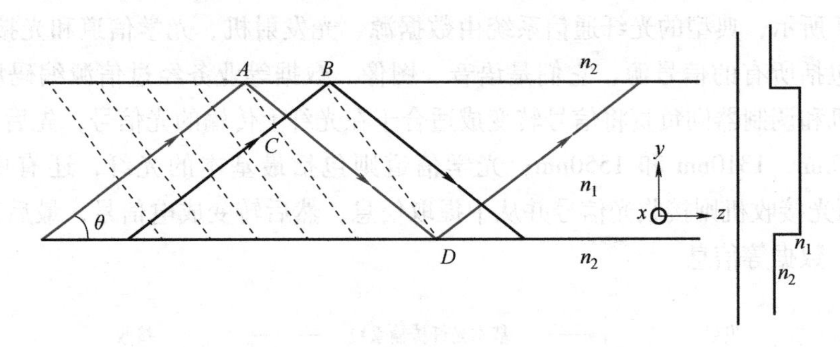

图 4.9　光在光纤中发生全内反射的传播示意图

（1）光纤的分类　光纤可以根据构成光纤的材料成分、制造方法、传输模数、横截面上的折射率分布以及工作波长进行分类。对目前通信中所采用的石英系光纤，常从折射率分布或者传输模式数量来进行分类。

1）按照折射率分布不同进行分类。

① 均匀光纤：光纤纤芯的折射率 n_1 和包层的折射率 n_2 都为常数，且 $n_1>n_2$，在纤芯和包层的交界处折射率呈阶梯形变化，这种光纤被称为均匀光纤。

② 非均匀光纤：光纤纤芯的折射率 n_1 随着半径的增加而按一定规律减小，到纤芯与包

层交界处减小至为包层的折射率 n_2，这种光纤被称为非均匀光纤。

2）按照传输模式数量进行分类。所谓模式，实质上是电磁场的一种分布形式。模式不同，其电磁场的分布形式也不同。根据光纤中传输模式数量，可分为单模光纤和多模光纤。

① 单模光纤（Single-Mode Fiber，SMF）：单模光纤的纤芯直径很小，为 4~10μm，理论上只传输一种模式。由于单模光纤只传输主模，从而完全避免了模式色散，使得这种光纤的传输频带很宽、传输容量很大，因此适用于大容量、长距离的光纤通信。

② 多模光纤（Multi-Mode Fiber，MMF）：在一定的工作波长下，当有多个模式在光纤中传输时，则将这种光纤称为多模光纤。多模光纤的纤芯直径一般为 50~75μm，包层直径为 100~200μm。这种光纤的传输性能较差，带宽比较窄，传输容量也比较小。

由于单模光纤具有带宽大、易于升级扩容和成本低的优点，国际上已一致认为同步光缆数字传输系统只使用单模光纤作为传输媒质。在三个光传输窗口中，850nm 窗口只用于多模传输，1310nm 和 1550nm 两个窗口用于单模传输。如图 4. 10 所示。

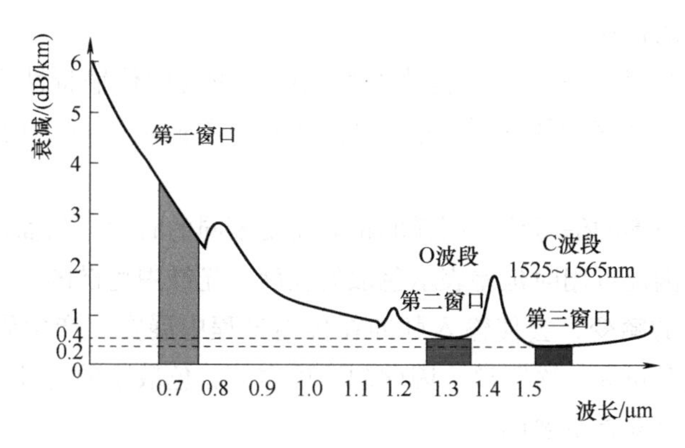

图 4. 10　光纤的损耗特性曲线

光信号在光纤中的传输距离要受到以下两个因素的双重影响：

① 色散：色散会使在光纤中传输的数字脉冲展宽，引起码间干扰从而降低信号质量；当码间干扰使传输性能劣化到一定程度时，传输系统将不能工作。

② 损耗：损耗使在光纤中传输的光信号强度随着传输距离的增加而逐渐下降，当光功率下降到一定程度时，传输系统也无法正常工作。

光纤通信中，由于光纤中的信号是由不同的频率成分和不同的模式成分来携带的，这些不同的频率成分和不同的模式成分的传输速率不同，从而引起色散。色散是影响光纤带宽，限制光纤传输容量的参数。色散的程度可以采用色散补偿光纤来降低。色散分为：模间色散（单模光纤无模间色散）和波长色散（材料色散、波导色散、折射剖面色散）。

（2）光纤的损耗特性　由于损耗的存在，在光纤中传输的光信号不管是模拟信号还是脉冲信号，其幅度都要减小。衰减是光纤的一个重要的传输参数，它表明了光纤对光能的传输损耗、光纤每单位长度的损耗，直接关系到光纤通信系统传输距离的长短，对光纤质量的评定和光纤通信系统的中继距离的确定都起着十分重要的作用。

形成光纤损耗的原因很多，既有来自光纤本身的损耗，也有光纤与光源的耦合损耗以及光纤之间的连接损耗。光纤本身损耗的原因主要有吸收损耗和散射损耗两类。

1）吸收损耗是光波通过光纤的材料时，有一部分光能变成热能，从而造成光功率的损失。造成吸收损耗的原因很多，主要有本征吸收和杂质吸收。

① 本征吸收是指光纤基本材料固有的吸收。本征吸收是不可避免的，所以本征吸收基本上确定了任何特定材料的吸收下限。对于石英光纤，本征吸收有两个吸收带：一个是紫外吸收带，另一个是红外吸收带。

② 光纤中的杂质吸收有铁、铬、铜等过渡金属离子和氢氧根离子吸收。目前过渡金属离子含量可以降低到 0.4ppb 以下，1ppb 表示质量的十亿分之一，吸收峰损耗也可降低到 1dB/km 以下。由氢氧根离子产生的吸收峰出现在 950mm、1240mm 和 1390mm 波和附近，其中以 1390mm 的吸收峰影响最为严重。一般氢氧根离子的含量可降低到 l0.5dB/km 以下。目前采用特殊的生产工艺几乎可以完全消除光纤内部的氢氧根离子，从而可以制成一个无水峰光纤，也称全波光纤。

2）散射损耗是由于光纤的材料、形状、折射率分布等的缺陷或不均匀，使光纤中传导的光发生散射而产生的损耗。

（3）光纤的色散特性　光纤色散是光纤通信的最重要的传输特性之一。色散是在光纤中由于不同成分的光信号有不同的传输速率，因而由不同的时间延时而产生的一种物理效应。

在光纤中，不同速率的信号传过同样的距离需要不同的时间，从而产生时延差。时延差越大，色散越严重，因此可用时延差表示色散的程度。光纤中色散的存在，将直接导致光信号在光纤传输过程中的畸变，会使输入脉冲在传输过程中展宽，产生码间干扰，增加误码率，从而限制了通信容量和传输距离。因此制造优质的、色散小的光纤，对于提高通信系统容量和增加传输距离是非常重要的。

从光纤色散产生的机理来看，它包括模式色散、材料色散和波导色散三种。

1）模式色散：在多模光纤中由于各传输模式的传输路径不同，各模式到达出射端的时间不同，从而引起光脉冲展宽，由此产生的色散称为模式色散。

2）材料色散：光纤材料石英玻璃的折射率对不同的传输光波长有不同的值，包含有许多波长的太阳光通过棱镜以后可分成七种不同颜色就是一个证明。由于上述原因，材料折射率随光波长而变化从而引起脉冲展宽的现象称为材料色散。

3）波导色散：由于光纤的纤芯与包层的折射率差别很小，因而在界面产生全反射现象时，有一部分光进入包层之内。出现在包层内的这部分光大小与光波长有关，这就相当于光传输路径长度随光波波长的不同而异。具有一定波谱线宽的光源所发出的光脉冲射入到光纤后，由于不同波长的光其传输路程不完全相同，所以到达光纤出射端的时间也不相同，从而使脉冲展宽。具体来说入射光的波长越长，进入到包层的光强比例就越大，传输路径距离越长。由上述原因所形成的脉冲展宽现象叫作波导色散。

材料色散和波导色散都与光波长有关，所以又被统称为波长色散。模式色散仅在多模光纤中存在，在单模光纤中不产生模式色散而只有材料色散和波导色散。通常各种色散的大小顺序是模式色散>材料色散>波导色散，因此多模光纤的传输带宽几乎仅由模式色散所制约。在单模光纤中由于没有模式色散，所以它具有非常宽的带宽。色散的单位是指单位光源光谱宽度、单位光纤长度所对应的光脉冲的展宽。

为了延长系统的传输距离，人们从减小色散和损耗两方面入手。1310nm光传输窗口被称为零色散窗口，光信号在此窗口的传输色散最小；1550nm窗口被称为最小损耗窗口，光信号在此窗口的传输衰减最小。

ITU-T规定了三种常用的光纤规范：

■ G.652：G.652光纤又称标准光纤，其零色散波长在1310nm，在波长为1550nm处衰减最小，所以G.652光纤可以工作于1310nm和1550nm两个窗口。

■ G.653：G.653光纤又称色散位移单模光纤，它通过改变光纤内部的折射率分布将零色散点从1310nm处位移至1550nm处，成功实现了在1550nm处的低衰减和零色散。这种光纤工作于1550nm窗口。

■ G.654：G.654光纤又称1550nm波长最低衰减光纤，优点是在1550nm处的最低衰减为0.15dB/km，工作于1550nm窗口。这种光纤制造困难，价格昂贵，被应用于需要很长再生段传输距离的海底光纤通信。

2. 光发射机

光发射机的任务是将携带信息的电信号转变为光信号。它由光源、驱动器、调制器以及一些辅助控制电路组成。其功能是将来自于电端机的电信号对光源发出的光波进行调制，成为载信号光波，然后再将已调制的光信号耦合到光纤中传输，光发射机的内部组成如图4.11所示。

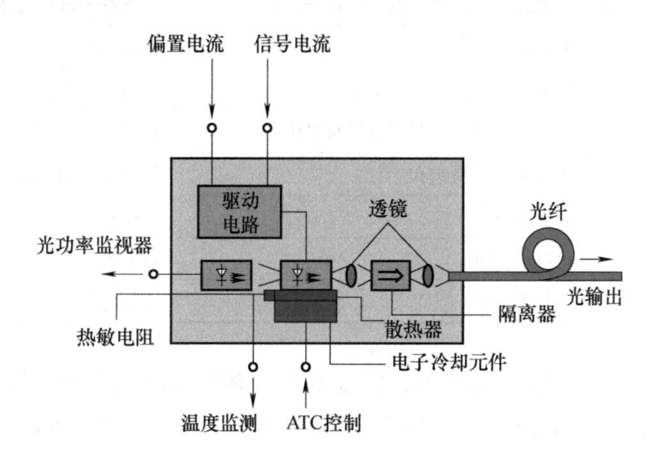

图4.11　光发射机的内部组成示意图

在数字通信中，输入电路将输入的PCM脉冲信号变换成NRZ/RZ码后，通过驱动电路调制光源（直接调制），或送到光调制器调制光源输出的连续光波（外调制）。对直接调制，驱动电路需给光源加一直流偏置；而外调制方式中光源的驱动为恒定电流，以保证光源输出连续光波。自动偏置和自动温度控制电路是为了稳定输出平均光功率和工作温度，此外，光发射机中还有报警电路，用以检测和报警光源的工作状态。

光源是光发射机乃至光纤通信系统的核心器件，它的性能直接关系到光纤通信系统的性能和质量，作为光通信用的光源应该满足以下条件：

1）发光面积与光纤纤芯尺寸相匹配，光源和光纤之间应有较高的耦合效率。

2）光源的波长应该对应于光纤的工作窗口。

3）可靠性高，工作寿命长，匹配性好。

4）温度特性好，当温度变化时，输出光功率、工作波长的变化保持在允许范围内。

5）易于调制，响应速度快，利于高速率、大容量数字信号的传输。

考虑到以上条件，半导体激光器是光通信的理想光源，可以满足以上基本要求。最常用的半导体发光器件是发光二极管（LED）和激光二极管（LD）：前者可用于短距离、低容量或模拟系统，其成本低、可靠性高；后者适用于长距离、高速率的系统。LED 的辐射光谱比 LD 宽很多，在长波长谱宽可达 100nm，在短波长也有数十纳米，由于光谱宽，光纤材料色散会引起较大的光脉冲展宽，限制了传输速率和距离。在选用时应根据需要综合考虑来决定，因此它们都有自己的优缺点和特性，表 4.2 就两者的性能进行了系统的比较。

表 4.2　发光二极管与激光二极管的性能比较

性　　能	发光二极管	激光二极管
输出光功率	输出光功率较小，一般仅 1 毫瓦至 2 毫瓦	输出光功率较大，几毫瓦至几十毫瓦
带宽	带宽小，调制速率低，几十兆赫兹至 200 兆赫兹	带宽大，调制速率高，几百兆赫兹至几十吉赫兹
光束方向性	光束方向性差，发散度大	光束方向性强，发散度小
与光纤的耦合效率	与光纤的耦合效率低，仅百分之几	与光纤的耦合效率高，可高达 80%以上
光谱宽度	光谱较宽	光谱较窄
制造工艺难度	制造工艺难度小，成本低	制造工艺难度大，成本高
温度特性	可在较宽的温度范围内正常工作	在要求光功率较稳定时，需要 APC 和 ATC
输出功率与电流的关系	在大电流下易饱和	输出特性曲线的线性度较好
有无模式噪声	无模式噪声	有模式噪声
可靠性	可靠性较好	可靠性一般
工作寿命	工作寿命长	工作寿命短

在长距离、大容量光纤通信系统中，需要窄线宽并且在高速调制下仍能够单纵模工作的半导体激光器。目前，应用最广泛、最为成功的是分布反馈（Distributed Feedback，DFB）激光器。这种激光器利用光栅的波长选择特性选择特定的模式传输，同时抑制其他纵模，形成单模工作。图 4.12a 为 DFB 激光器结构示意图，该结构没有集总反射的谐振腔反射镜，而是将布拉格光栅集成到激光器内部的有源层中（也就是增益介质中），在谐振腔内即形成选模结构，可以实现完全单模工作；图 4.12b 所示为 DFB 激光器的典型输出光谱特性，可以看出 DFB 激光器最大特点是具有非常好的单色性（即光谱纯度），其线宽普遍可以做到 1MHz 以内，同时还具有非常高的边模抑制比（SMSR），通常可以达到 40~50dB 以上。

从本质上讲，光载波调制和无线电波载波调制一样，也具有调幅、调强、调频、调相、调偏等多种调制方式。为了方便解调，在光频段多采用强度调制。从调制方式上讲，分为直接调制和间接调制。

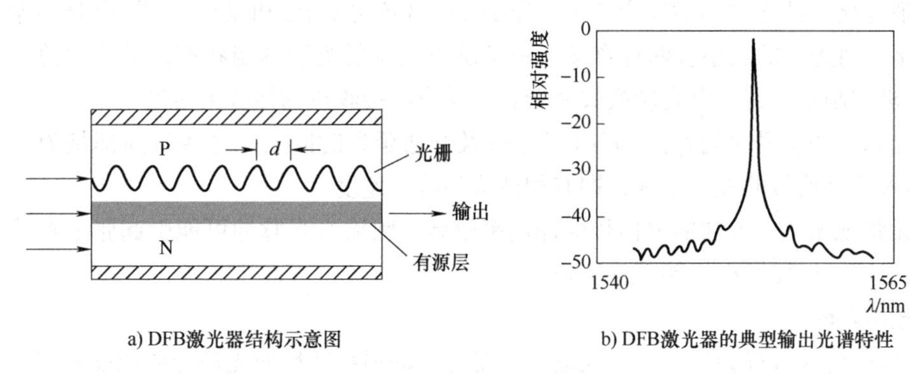

a) DFB激光器结构示意图　　b) DFB激光器的典型输出光谱特性

图 4.12　DFB 激光器

1）直接调制：将电信号直接作为光源器件的偏置电流，使光源发出的光功率随着信号而变化。直接调制的优点是简单、成本低、容易实现，缺点是调制速率受载流子寿命及高速率下的性能退化的限制。直接调制方法仅适用于半导体光源（LED 和 LD），这种方法是把要传送的信息转变为电流信号注入 LED 或 LD，从而获得相应的光信号，所以采用电源调制方法。直接调制后的光波电场振幅的二次方与调制信号成一定比例关系，是一种光强度调制的方法。

2）间接调制：光源输出的连续光载波通过光调制器，调制器基于电光、磁光、声光等效应对光信号实现调制。间接调制最常用的是外调制的方法，即在激光形成以后加载调制信号。其具体方法是在激光器谐振腔外的光路上放置调制器，在调制器上加调制电压，使调制器的某些物理特性发生相应的变化，当激光通过它时得到调制。间接调制的优点是可以获得优良的调制性能，适合高速率光通信系；缺点是这种调制方式需要额外的调制器件，结构较复杂。

表 4.3 给出了直接调制与间接调制的比较。

表 4.3　直接调制与间接调制的比较

调 制 方 式	调 制 方 法	所利用的物理效应
直接调制	直接改变注入电流来实现光强度调制	半导体激光器的输出光功率（阈值以上部分）与注入电流成正比
间接调制	电光调制	普克尔效应
	磁光调制	法拉第电磁场偏转效应
	声光调制	拉曼布拉格衍射效应
	其他	自由载流子吸收，共振吸收等

光发射机的主要技术指标有以下几方面：

1）光发射机的平均输出光功率。光发射机的输出光功率，实际上是指从其尾纤出射端测得的光功率。平均输出光功率可以衡量光发射机的输出能力，发射机输出光功率的大小直接影响系统的中继距离，是进行光纤通信系统设计时不可缺少的一个原始数据。输出光功率的稳定性要求是指当环境温度变化时或在器件老化过程中，输出光功率要保持恒定，比如稳定度为 5%~10%。

2）消光比。消光比是指发全“0”码时的输出光功率 P_0 和发全“1”码时的输出光功率 P_1 之比。消光比的大小有两种意义：一是反映光发射机的调制状态，消光比值太大，表明光发射机调制不完善，电光转换效率低；二是影响接收机的接收灵敏度。

3）光脉冲的上升时间 t_r、下降时间 t_f 以及开通延迟时间 t_d。这些时间都是为了使光脉冲成为输入数字信号的准确重现，即有相适应的响应速度。

4）无张弛振荡。若加的电信号脉冲速率较高，则输出光脉冲可能引起张弛振荡，这时必须加以阻尼，以使发射机能正常工作。

3. 光中继器

光信号在传输过程会出现两个问题：一是光纤的损耗特性使光信号的幅度衰减，限制了光信号的传输距离；二是光纤的色散特性使光信号波形失真，造成码间干扰，使误码率增加。以上两点不但限制了光信号的传输距离，也限制了光纤的传输容量。为增加光纤的通信距离和通信容量，必须设置光中继器。

光中继器的功能是补偿光能量损耗，恢复信号脉冲形状有：补偿衰减的光信号；对畸变失真的信号波形进行整形。光中继器主要有两种：一种是传统的光中继器（即光电中继），另一种是全光中继器。

传统的光中继器采用光—电—光转换形式的中继器，如图 4.13 所示。

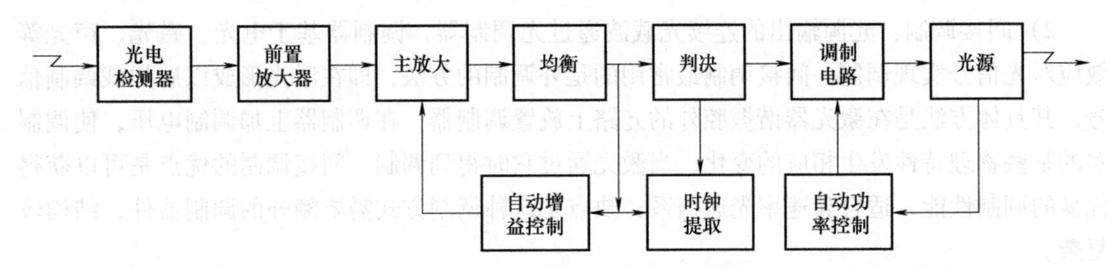

图 4.13　传统光中继器的结构示意图

目前全光放大器主要是掺铒光纤放大器。掺铒光纤放大器（EDFA）是一个直接对光波实现放大的有源器件，其工作原理如图 4.14 所示。用掺铒光纤放大器作中继器的优点是设备简单，没有光—电—光的转换过程，工作频带宽；缺点是光放大器做中继器时，对波形的整形不起作用。

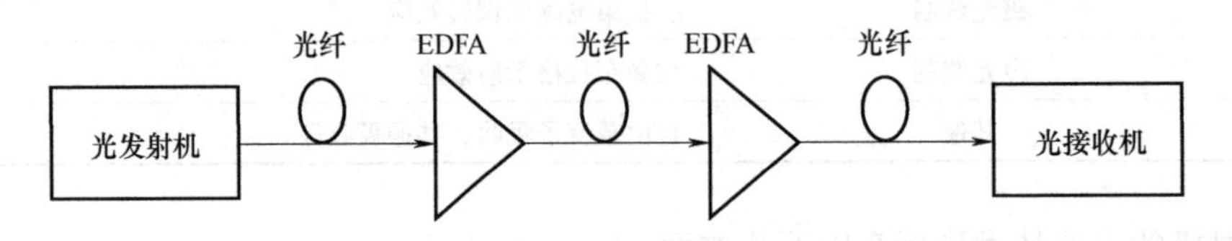

图 4.14　掺铒光纤放大器用作光中继器的原理框图

EDFA 采用掺铒离子单模光纤为增益介质，在泵浦光作用下产生粒子数反转，在信号光诱导下实现受激辐射放大。信号光与波长较其为短的光波（泵浦光）同沿光纤传输，泵浦光的能量被光纤中的稀土元素离子吸收而使其跃迁至更高能级，并可通过能级间的受激发射转移为信号光的能量。信号光沿光纤长度得到放大，泵浦光沿光纤长度不断衰减。掺铒光纤放大器由掺铒光纤（Erbium Doped Fiber，EDF）、泵浦激光器、波分复用（Wavelength Division Multiplexing，WDM）耦合器、光隔离器以及光滤波器组成，具体原理框图如图4.15所示。

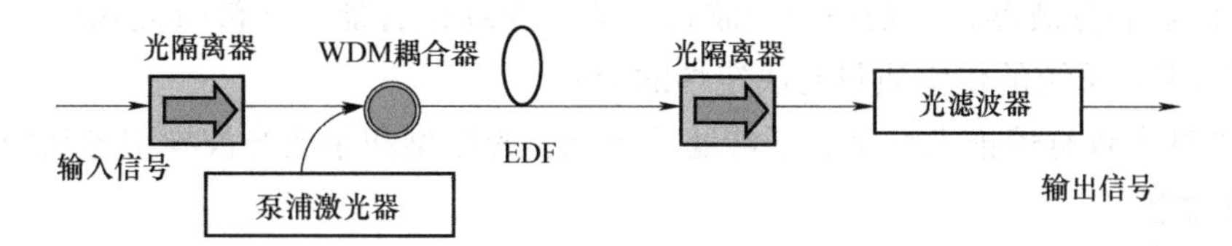

图4.15　EDFA各部分组成框图

对掺铒光纤放大器的各个组成部分简要介绍如下：

1）掺铒光纤：当一定的泵浦光注入掺铒光纤中时，$Er3+$从低能级被激发到高能级上，由于在高能级上的寿命很短，很快以非辐射跃迁形式到较低能级上，并在该能级和低能级间形成粒子数反转分布。

2）泵浦激光器：为信号放大提供足够的能量，使物质达到粒子数反转。

3）波分复用耦合器：将信号光和泵浦光合路进入掺铒光纤中。

4）光隔离器：使光传输具有单向性，放大器不受发射光影响，保证稳定工作。

5）光滤波器：滤除残余的泵浦光。

4. 波分复用

所谓波分复用，就是用一根光纤同时传输几种不同波长的光波，以达到扩大通信容量的目的。在系统的发送端，由各个分系统分别发出不同波长的光波，并由合波器合成一束光波进入光纤进行传输，而在接收端用光波分离开，分别输入到各个系统的光接收机。

图4.16所示典型的波分复用工作原理图。在这里数个甚至数十个光发射机发出的光信号经一星型耦合器耦合在一起，送入一根光纤中传输。在接收端则经波分复用器将不同的光信号分开，送到相应的光接收机中去。在中间采用EDFA，由于EDFA的频段极宽，可覆盖全部信道的光信号，一个中继点只用一个EDFA即可。这极大地扩展了信道容量，降低了成本，也便于维护，因而是极具吸引力的新型光纤通信器件。

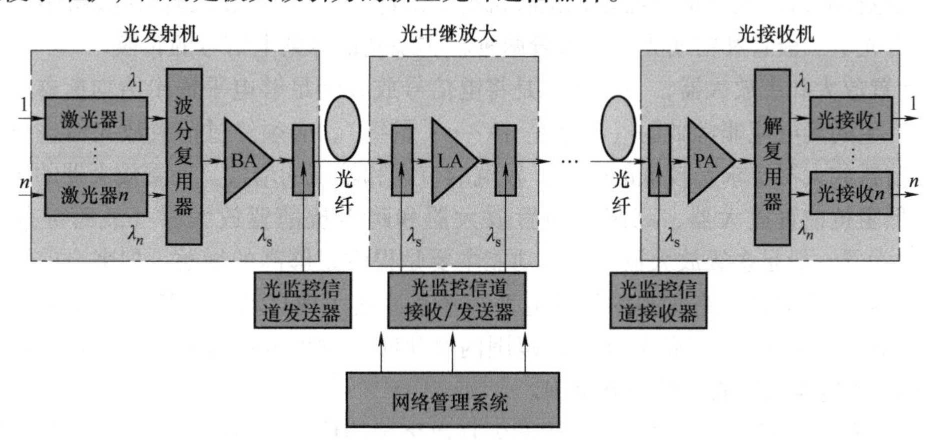

图4.16　典型的波分复用工作原理图

光波分复用/解复用（WDM/DWDM）器是波分复用系统的关键器件，其功能是将多个波长不同的光信号复合后送入同一根光纤中传送（波分复用器）或将在一根光纤中传送的多个不同波长的光信号分解后送入不同的接收机（解复用器）。波分复用器和解复用器也分别被称为合波器和分波器，均是一种与波长有关的光纤耦合器。光波分复用/解复用器性能的优劣对于 WDM 系统的传输质量有决定性的影响。

WDM 器件大致有熔锥光纤型、干涉滤波器型、光栅型和集成光波导型等几种类型。

5. 光接收机

在光纤通信系统中，光接收机的任务是尽可能地消除附加噪声及失真恢复出光纤传输后由光载波所携带的信息，因此光接收机的输出特性综合反映了整个光纤通信系统的性能。

光纤通信系统有模拟和数字两大类，和光发射机一样，光接收机也有数字接收机和模拟接收机两种形式，如图 4.17 所示。它们均由反向偏压下的光电检测器、低噪声前置放大器及其他信号处理电路组成，是一种直接检测方式。与模拟接收机相比，数字接收机更复杂，在主放大器后还有均衡滤波、定时提取与判决再生、峰值检波与 AGC 放大电路。但因它们在高电平下工作，并不影响对光接收机基本性能的分析。

光发射机发射的光信号经传输后，不仅幅度衰减了，而且脉冲波形也展宽了，光接收机的作用就是检测经过传输的微弱光信号，并放大、整形、再生成原传输信号。

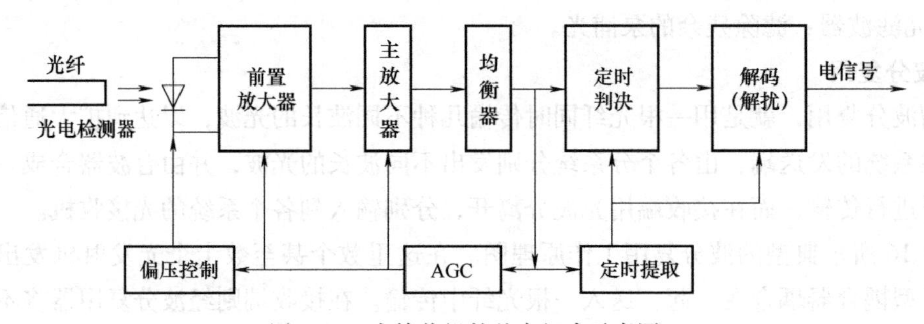

图 4.17　光接收机的基本组成示意图

对光接收机的各个基本组成部分简要介绍如下：

1）光电检测器。光电检测器是光接收机的关键部件，目前光纤通信接收机中的光电检测器主要有光电二极管和雪崩光电二极管两种，实现光信号到电信号的转换。

2）前置放大和主放大器，主要功能是将电信号放大到足够电平输出给均衡器。由于光电检测器产生的光电流非常微弱（通常是 nA ~ μA 量级），必须经过前置放大器进行低噪声放大。对前置放大器要求是较低的噪声、较宽的带宽和较高的增益。前置放大器的类型目前有三种：低阻抗前置放大器、高阻抗前置放大器和跨阻抗前置放大器（或跨导前置放大器）。主放大器一般是多级放大器，它的功能主要是提供足够高的增益，把来自前置放大器的输出信号放大到判决电路所需的信号电平，并通过它实现自动增益控制（Automatic Gain Control，AGC），以使输入光信号在一定范围内变化时，输出电信号应保持恒定输出。主放大器和 AGC 决定着光接收机的动态范围。

3）均衡器。均衡器是对放大器输出的失真数字脉冲信号进行整形，使之成为最利于判决、码间干扰最小的升余弦波形，排除码间噪声以利判决。均衡器的作用是对已畸变（失真）和有码间干扰的电信号进行均衡补偿，减小误码率。均衡器的输出信号通常分为两路：一路经峰值检波电路变换成与输入信号的峰值成比例的直流信号，送入自动增益控制电路，用以控制主放大器的增益；另一路送入判决再生电路，将均衡器输出的升余弦信号恢复为“0”或“1”的数字信号。

4）定时判决。把经均衡后的波形判决再生为原来的波形，用来恢复采样所需的时钟。

5）定时提取。从接收信号中提取时钟信号，定时提取电路用来恢复采样所需的时钟。衡量接收机性能的主要指标是接收灵敏度。在接收机的理论中，中心问题是如何降低输入端的噪声，提高接收灵敏度。光接收机灵敏度主要取决于光电检测器的响应度以及检测器和放大器的噪声。

6）解码与解扰。发射编码和扰码的逆过程。

7）AGC。光纤传输系统及光检测器特性随时间和工作条件变化引起输出变化时，AGC电路控制放大器增益，使输出维持不变。AGC就是用反馈环路来控制主放大器的增益，其作用是增加了光接收机的动态范围，使光接收机的输出保持恒定。

8）偏压控制。APD偏压达5~200V，需要变压器将低压变成高压。光电二极管需偏压10~20V，可不需偏压控制电路。

光电检测器是光接收机中的关键器件，其作用是把光信号变换为电信号，它和接收机中的前置放大器合称为光接收机前端。前端性能是决定光接收机的主要因素，对其要求有以下几点：

1）其响应波长要和光纤的低损耗窗口匹配。

2）在系统的工作波长上要有足够高的响应度和线性度，即对一定的入射光功率，光电检测器能尽可能线性输出大的光电流。

3）有足够快的响应速度和足够宽的工作带宽。

4）产生的附加噪声尽可能低，能够接收极微弱的光信号。

5）工作性能稳定，可靠性高，寿命长。

6）功耗和体积小，使用简便。

目前，在光纤通信系统中广泛使用的光电检测器是光电二极管（PIN）和雪崩光电二极管（APD）。PIN管比较简单，只需10~20V的偏压即可工作，且不需偏压控制，但它没有增益，因此使用PIN管的接收机的灵敏度不如APD；APD具有10~200倍的内部电流增益，可提高光接收机的灵敏度，但使用APD比较复杂，需要几十到200V的偏压，并且温度变化较严重地影响APD的增益特性，所以通常需对APD的偏压进行控制以保持其增益不变，或采用温度补偿措施以保持其增益不变。对光检测器的基本要求是高的转换效率、低的附加噪声和快速的响应。

衡量光接收机性能的主要指标是接收灵敏度。数字光接收机的接收灵敏度是指在保证一定误码率的前提下需要的最低接收光功率，光接收机的接收灵敏度高不仅说明质量好，而且也说明中继通信距离长。影响光接收机灵敏度的主要因素是噪声。光纤通信系统的噪声主要有下面三种：

1）光电检测器噪声。它包括光散粒噪声、暗电流噪声和倍增噪声（PIN 管中没有倍增噪声）。

2）电子放大器噪声。

3）光源谱线的随机性与单模光纤色散互相作用形成的模分配噪声。

光接收机的另一重要指标是其动态范围。光接收机的动态范围是指在保证系统一定误码率的前提下，光接收机能够接收最小光功率 P_{min} 和最大光功率 P_{max} 的能力。之所以要求光接收机有一个动态范围，是因为光接收机的输入光信号不是固定不变的，为了保证系统能够正常工作，光接收机必须具备适应输入信号在一定范围内变化的能力。好的光接收机应有较宽的动态范围。

4.3 光互连

4.3.1 光互连概述

宽带互联网一方面依赖于宽带高速骨干网，另一方面则依赖于大容量的数据中心，而数据中心中所需要的是短距离的、大容量的密集数据交换和传输。利用铜线的传统的电互连已经难以满足数据中心中高速大容量数据传输和交换的需求。那么在大容量的数据中心，如何来满足这样高速的短距离密集数据交换和传输呢？随着大数据时代的来临和应用场景的不断开发，光互连将成为超宽带互连的主要形式。

从技术发展大背景来看，从通信到互连的世界正在形成一个“光化”的潮流：由长距离骨干网到接入网、光纤到户，再到局域网和机架间的连接，这已经是光的世界；而从机器间、电路板间、再到集成电路芯片间，也逐渐由电连接变为光互连。高性能、高能效的众核处理器将是实现 E 级计算机的关键，是必须突破的核心技术。目前业界已将关注点从多核转向众核甚至千核，随着片上核数的进一步增多，如何将数量众多的核进行高效互连以满足高性能计算的需求成为目前亟须解决的问题，核间互连架构问题成为众核处理器设计的关键。电互连具有一些限制其性能进一步发展的严重缺点，如带宽限制、时钟歪斜、线间串扰、寄生效应、易受电磁场干扰。相比于传统的电互连方式，光互连具有以下优点：如极高的空间和时间带宽积、信道间无干扰、互连数大、互连密度高、无接触互连、不受电磁场干扰等，此外光互连还能有效利用封装的三位空间有效解决电子芯片端口不足的问题。图 4.18给出了典型的光互连架构图。

Light Peak 高速光纤互连技术（见图 4.19）是 Intel 公司开发的一个新颖的总线连接技术，它目前可以提供 10Gbit/s 的传输速率和长达 100m 的传输距离（和通常的千兆以太网铜缆一致，而速率可提高到 10 倍），而这仅仅需要一根非常细小的光纤线缆，非常适合连接外部设备或者内部存储设备。Light Peak 拥有非常先进的特性，它支持多种协议、支持全双工传输、支持服务质量和传输质量控制技术，还能支持热插拔，这种采用光纤互联的技术的传输率可以达到 10Gbit/s，是 USB3.0 标准速率的 2 倍，为超高速移动设备传输提供了更广阔的空间。

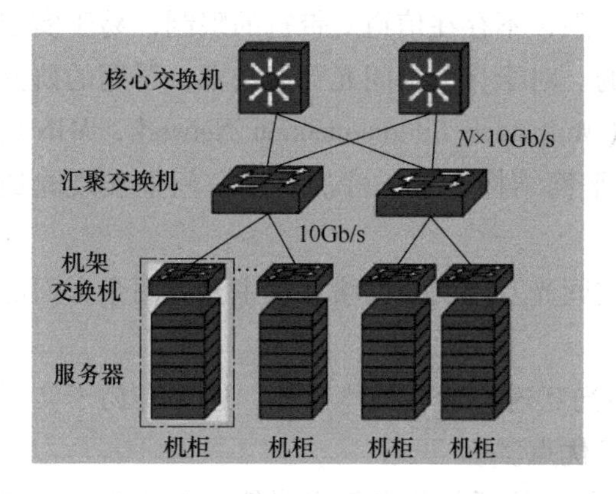

图 4.18 典型的光互连架构图

图 4.19 Light Peak 高速光纤互连技术

4.3.2 光互连分类

从结构来看，光互连可以分为芯片内的互连、芯片之间的互连、电路板之间的互连和通信设备之间的互连。从互连所采用的信道来看，光互连可以分为自由空间光互连、光纤光互连以及波导光互连。下面对采用信道来分类的光互连进行简要介绍。

1. 自由空间光互连

自由空间光互连是指光信号从发射器射出后在自由空间中传播，经一些光学元器件如透镜、反射镜等改变光路和控制光束后，最终到达接收器的互连方式。自由空间光互连利用光学元器件在电子处理器件阵列之间对光束进行会聚、分束、定位、聚集等，有效利用平面电子电路周围的空间形成大量的并行、高密度、高带宽的互连。

自由空间光互连的优点是可以利用三维空间，构成各种拓扑结构的互连网络，并且从理论上说不受 I/O 引脚限制，可以充分发挥光的宽频带和光波独立传播无干扰的特性，使得数据传输速率、互连数和互连密度上都可大大提高。自由空间光互连中微透镜是一个核心技术，通过调节甚至可以动态改变芯片之间的连接结构。不足之处是这种光互连对光开关的性能要求很高。通过在自由空间中传播的光束进行数据传输，适用于芯片之间或电路板之间这个层次上的连接，可以使互连密度接近光的衍射极限，不存在信道对带宽的限制，易于实现重构互连。该项技术是光互连技术中最具吸引力的。对于自由空间光互连技术，早期的研究主要集中在如何利用技术构成多级互连网络（Multistage Interconnection Network，MIN）、Crossbar 和 Mesh 等互连网络以及如何在传统二维平面结构电子插件的三维空间上实现光通信，而目前的研究已经深入到 VLSI 器件的内部。

目前发展最快的多级光互连交换系统是自由空间光互连交换网络。这主要有两个方面的原因：

1）自由空间光互连交换网络除了具有一般的光互连所共有的优点外，还具有易于实现三维网络、互连数大、互连密度高、无接触互连等优点。

2）由于实现自由空间光互连交换网络系统所需要的开关节点阵列器件和二元微光学器件的发展很快，均已接近实用化。

2. 光纤光互连

光纤光互连是光信号在光纤中传输，光纤的一端准确地固定在光信号源上，另一端准确地固定在光探测器上，从而实现了信号源与目标的光互连（见图 4.20）。光纤光互连适用于电路板之间或计算机之间这个层次上的连接，借助于光通信中的有关先进技术，已进行了多种互连方案的实验工作。光纤光互连具有频带宽、无电磁干扰、可高密度并行连接、多信号和多扇出、传输速度快、不需接地等优点。光纤的波分光交换技术在大规模并行处理系统的互连网络中有自动寻径功能，具有诱人的前景。美国光纤通道协会（Fiber Channel Association，FCA）针对当前光互连技术和光通信技术的发展，制定了一系列的光纤通信标准，对光纤在光纤通信和计算机互连中的使用制定了全面的规范。这些标准的制定全面推进了光纤光互连技术在计算机中的使用。

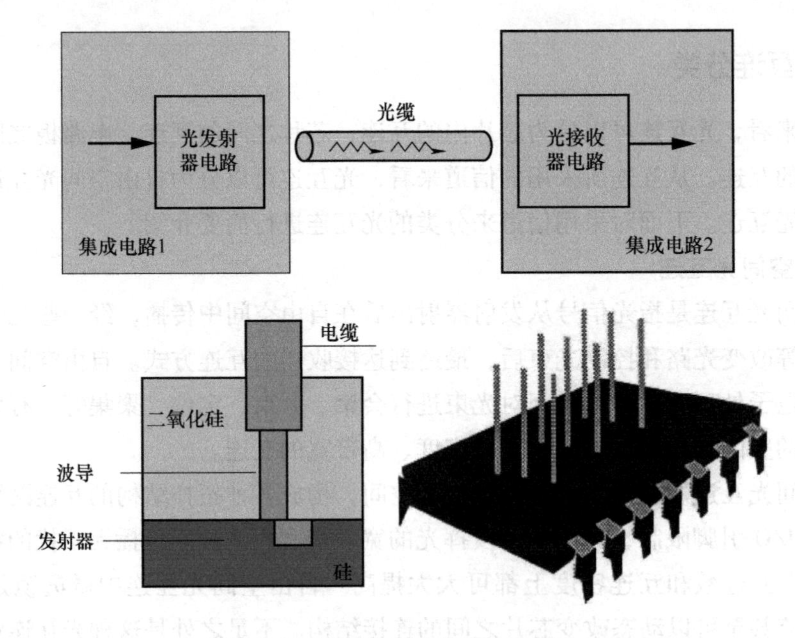

图 4.20　光纤光互连结构示意图

3. 波导光互连

波导光互连是光信号在波导中传输，光波导的一端与光信号源相连，另一端与光控制器相连，波导紧贴在集成线路表面，通过沿光波导传播的光束进行数据传输，不需要额外的三维空间（见图4.21）。该技术的研究进展十分迅速，已经进入市场，部分商用计算机已采用了简单的波导光互连技术，如CrayT90已采用集成光波导H树进行时钟信号分布。波导光互连可以提供高密度互连通道，适用于芯片内或芯片之间这个层次上的互连，采用集成光源和探测器，由集成光路来完成连接，目前这种片上光互连还不是很成熟。

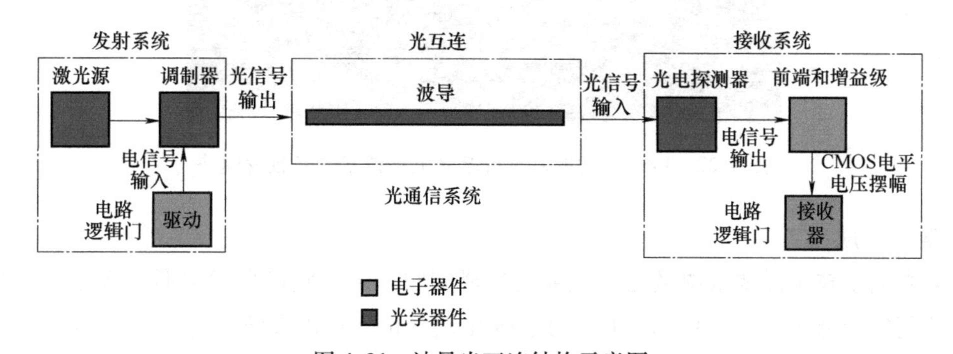

图4.21 波导光互连结构示意图

4.3.3 光互连的关键技术

1. 硅基光电子技术

硅基光电子技术是探讨光电子器件与硅基集成电路技术兼容的技术和手法，集成在同一硅衬底上的一门学科。硅基光电子技术最终会走向光电集成电路（Opto-Electric Integrated Circuits，OEIC），使得目前分离光电转换（光模块）变成光电集成中的局部光电转换，更进一步推动系统的集成化。硅基光电子技术可以实现很多功能，但目前比较耀眼的还是硅调制器。从产业界来说，一种新技术进入市场的门槛必须是性能及成本都具有竞争力，这对于需要巨大前期投入的硅基光电子技术来说的确是很大的挑战。数据中心光模块市场由于大量需求集中在2km以内，加之低成本、高速率、高密度等的强烈要求，比较适合硅光的大量应用。

微软、亚马逊和Facebook等互联网巨头一直在大力推动硅基光电子技术的发展，就是因为其数据中心每时每刻都在处理海量数据，但其数据中心的性能被传统铜绞线数据传输带宽所限制。因此，这些互联网巨头希望硅基光电子技术能解决数据传输带宽问题，从而提升数据中心的效率。短期内，硅基光电子芯片将被部署在高速信号传输系统中，替换现有的铜绞线。例如，Intel发布了传输速率可达100Gbit/s的光通信芯片，它支持波分复用技术，可使不同的芯片在同一条光缆中同时工作而互不影响，如图4.22所示。此类设备适用于数据中心与超级计算机，解决基于铜线的传统互连性能不足问题。IBM、ST与NEC等主要芯片厂商也正在积极开发硅光子器件，国内也有不少公司在做硅基光通信芯片，比如华为（之前收购了欧洲IMEC的硅基光电子芯片初创公司Caliopa）以及专注于CMOS光电子芯片的初创公司PhotonIC。

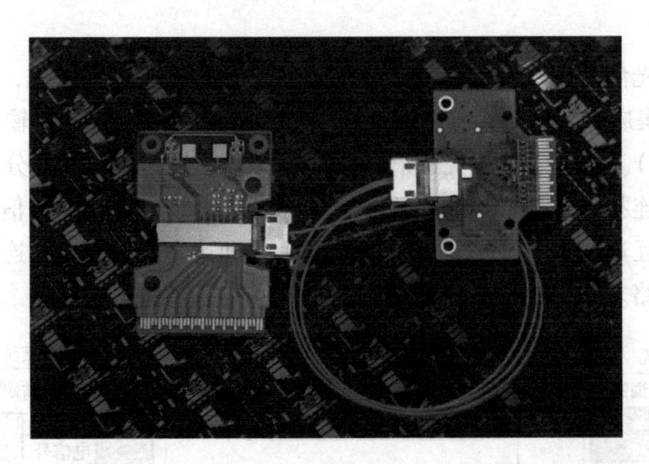

图 4.22　Intel 开发的基于硅基光电子技术的光收发模块

2. 混合集成

目前光电子技术需要解决的难点主要是集成问题。由于硅材料无法形成激光，主流光电子光源使用的制造工艺是砷化镓（GaAs）、砷化铟（InAs）以及镓铟砷（InGaAs）等，而这些材料如何与 CMOS 等传统硅工艺集成在一起是目前最紧要的课题。光源输出的光需要耦合到硅基波导中，这一过程对操作精度要求很高。而且硅光技术需要集成的光模块至少包括激光器、调制器、波导、耦合器和光电二极管五大部分，集成时任何一部分出现问题都会导致整体报废。除此之外，还需要处理波导边墙光滑度问题以及波导和光器件的工艺偏差。最后，还需要改善光源的可靠性问题，目前的光源失效时间是 2100h，而大规模商用需要做到 4000h 以上。一旦集成问题被解决，硅光电子技术的商用化将会前进一大步。

在多通道、高速率、低功耗需求的驱动下，相同容积的光模块需要具备更大的数据传输量，光子集成技术渐渐地成为现实。光子集成技术的意义较广，比如基于硅基的集成（平面光波导混合集成、硅光等）、基于磷化铟的集成等。混合集成技术通常是指将不同材料集成在一起，也有将部分自由空间光学和部分集成光学的构造叫作混合集成。典型的混合集成是将有源光器件（激光器、探测器等）集成到具有光路连接或者其他一些无源功能（分合波器等）的基板上（平面光波导、硅光等）。混合集成技术可以将光组件做得很紧凑，顺应光模块小型化趋势，方便使用成熟自动化 IC 封装工艺，有利于大量生产，是近期数据中心用光模块行之有效技术的方法。

Intel 与加州大学圣芭芭拉分校（UCSB）的研究人员没有将磷化铟作为独立的激光器，而是将它与硅芯片相结合，如图 4.23 所示。这样在连续电压信号的驱动下，磷化铟就产生相应的红外激光信号，通过这样的方式就能够将二进制数据加载到红外激光上，这相当于让硅芯片具备直接输出光信号的能力。与之对应，系统内有一套光传输总线，硅光芯片（比如处理器）输出的光信号经过波导放大后，再通过光总线传送给位于目标端的硅光芯片（比如另一个处理器），同样，光信号会再度进入目标芯片的波导被放大，然后被还原为二进制电信号参与运算，其运算输出结果则会被再度转成光信号、经波导放大后传回。混合硅激光芯片的设计方案非常巧妙，其关键点在于如何将磷化铟材料与半导体硅晶圆有机地结合起来。Intel 与 UCSB 的科学家们在此表现出他们的天才设计：用超低温的氧等离子体（带电荷的氧气）在这两种材料表面都形成一层仅有 25 个原子厚度的薄氧化膜，然后将两者面对面叠放且同时加热加压，这样磷化铟材料的薄氧化膜与硅晶圆的薄氧化膜就像玻璃黏合剂一样熔合，从而将两种材料熔合为一个整体；之后的工序按照传统的半导体制造工艺进行，即设计好波导和电压控制器的集成电路图被印刷到硅晶圆上，这样就可以制造出硅光混合型芯片。

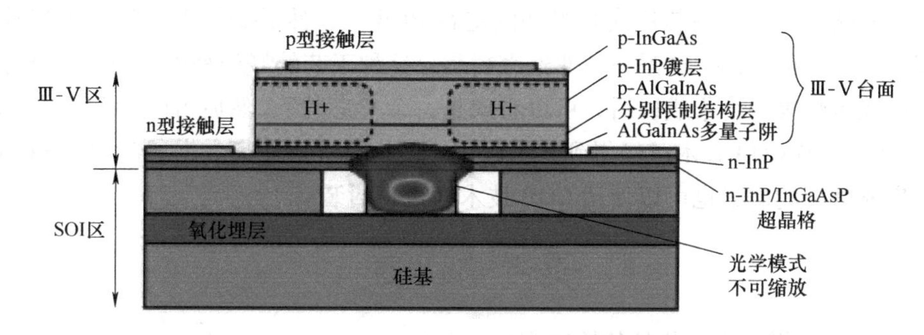

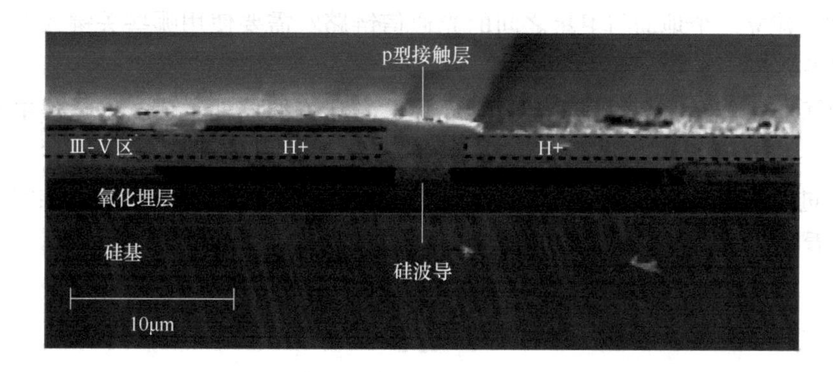

图 4.23　Intel 与 UCSB 合作开发的基于 Ⅲ-Ⅴ/Si 混合集成的激光器

3. 耦合与封装

（1）倒装焊芯片（Flip-Chip）技术　倒装焊是从 IC 封装产业而来的一种高密度芯片互连技术。在光模块速率突飞猛进的今天，短缩芯片之间的互连是一个有效的选项。通过金-金焊或者共晶焊将光芯片直接倒装焊到基板上，比金线键合的高频效果要好得多（距离短、电阻小等）。另外对于激光器来说，由于有源区靠近焊点，激光器产生的热比较容易从焊点传到基板上，提高了激光器在高温时的效率。倒装焊已成为 IC 封装产业的成熟技术，已经有很多种用于 IC 封装的商用自动倒装焊机。光组件因为需要光路耦合，因此对精度要求很高。这几年光组件加工用高精度倒装焊机十分抢眼，许多情况下已经实现无源对光，极大地提高了生产力。因为倒装焊机具有高精度、高效率、高品质等特点，倒装焊技术已经成为数据中心光模块业界的一种重要工艺。

（2）板载光学（On Board Optics，OBO）　如果说 OEIC 是终极的光电集成方案，板载光学则是介于 OEIC 和光模块之间的一项技术。板载光学将光电转换功能从面板搬到主板处理器或者关联电芯片之旁。因为节省空间而提高了密度，也减少了高频信号的走线距离，从而降低功耗。板载光学最开始主要是集中在采用 VCSEL 阵列的短距离多模光纤中，然而最近也有采用硅光技术在单模光纤里的方案。除了单纯光电转换功能的构成以外，也有将光电转换功能和关联电芯片封装在一起的形式。板载光学虽具有高密度的优点，但制造、安装、维护成本还较高，目前多应用在超算领域。相信随着技术的发展及市场的需要，板载光学也会逐渐进入数据中心光互连领域中来。

（3）板上芯片（Chip On Board，COB）技术　COB 也是从 IC 封装产业而来的工艺，其原理是通过胶贴片工艺先将芯片或光组件固定在 PCB 上，然后金线键合进行电气连接，最后顶部滴灌胶封。很显然，这是一种非气密封装。这种工艺的好处是可以使用自动化，比如光组件通过倒装焊等混合集成以后，可以看成是一个“芯片”，然后再应用 COB 技术将其固定在 PCB 上。目前 COB 技术已经得到大量应用，特别是在短距离数据通信使用 VCSEL 阵列的情况。集成度高的硅光也可以使用 COB 技术来进行封装。

思考与讨论题

1. 如何进一步提高光通信的传输速率?

2. 如何建立一个地面与卫星之间的光通信链路? 需要使用哪些关键元器件? 需要考虑哪些关键指标?

3. 是否有可能在一个材料平台上实现片上光互连的器件集成? 你觉得单片集成的难点在哪里?

4. 为进一步提高光器件集成度且实现光电集成，可能需要拓展到三维空间，你对三维集成怎么看?

参考文献

[1] MYNBAEV D K，SCHEINE L L. 光纤通信技术（英文影印版）[M]. 北京：科学出版社，2002.

[2] AGRAWAL G P. Fiber-Optic Communications Systems [M]. 4th ed. New York：John Wiley & Sons，2011.

[3] KEISER G. 光纤通信 [M]. 5 版. 蒲涛，徐俊华，苏洋，译. 北京：电子工业出版社，2016.

[4] 张以谟. 光互连网络技术 [M]. 北京：电子工业出版社，2006.

[5] 沈建华，陈健，李履信. 光纤通信系统 [M]. 3 版. 北京：机械工业出版社，2014.

[6] 匡国华. 漫谈光通信 [M]. 上海：上海科学技术出版社，2018.

第5章　光电信息的成像与获取

光电信息技术最重要的一个领域就是信息的成像与获取技术，它是对人们双目观察能力的提升，使人们可以看到和感知到更多靠人类双眼所无法观看到或无法看清的景物。人类获得信息的70%是依靠视觉即成像机制来获取的，所以成像技术在信息技术之中具有极为重要的地位。

5.1　光学成像原理

光学系统一个最基本的功能就是成像，人类的视觉系统有很大的局限，自然界中有很多事物靠人类的裸眼视觉是难以观察到的。因此光学成像就是人们获得信息、拓展光电信息感知能力的主要渠道。

光学成像理论在14世纪开始就已经逐步形成，那时人们已经知道如何利用光学透镜进行成像。18世纪以后，相机技术基本成熟，由此人们已经可以获得高品质的光学成像系统。

经典的成像系统获得的图像主要是提供给人类观察的，因此从原理上讲，光学成像就是利用光学透镜将需要成像的景物光场投影到一个光电传感器的二维平面。因此要了解成像原理，首先需要认识自然景物的光是如何分布的、人眼观看的视觉机理等。

5.1.1　人眼视觉机制

人眼是人的视觉器官，眼睛的基本结构如图5.1所示。人眼近似为一个球体，可以看成由两大部分构成，前面部分主要由角膜、前房、虹膜、后房以及晶状体等组成，后面的部分主要是玻璃体与其后的视网膜等组成。两个部分由角膜与巩膜相联结而构成整个眼球。角膜有较大的弧度，角膜段的半径通常是8mm。巩膜构成其余的六分之五，典型的半径大约是12mm，实际上角膜就是一个凹透镜。晶状体从中心到边缘是一种渐变折射率体，有多层结构，晶状体在眼睛肌肉的作用下可以产生变形，也就是起到一种具有调节功能透镜的作用。虹膜（其颜色即为眼睛的颜色）和它中心透光孔（黑色孔）即为瞳孔。眼底（相对于瞳孔的区域）由视网膜覆盖，进入眼睛的光线为视神经纤维传感。前一部分主要起到光学透镜的作用，后一部分主要起到光学传感的作用。

眼睛通过视网膜的杆状细胞和锥状细胞感知入射的光线，这两种视觉细胞拥有包括色彩和深度意识的光感和视觉。杆状细胞主要是负责暗视觉，不参与颜色的区分；锥状细胞是视

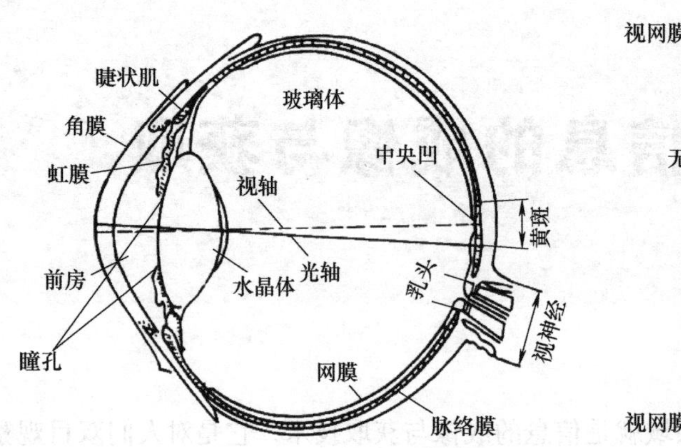

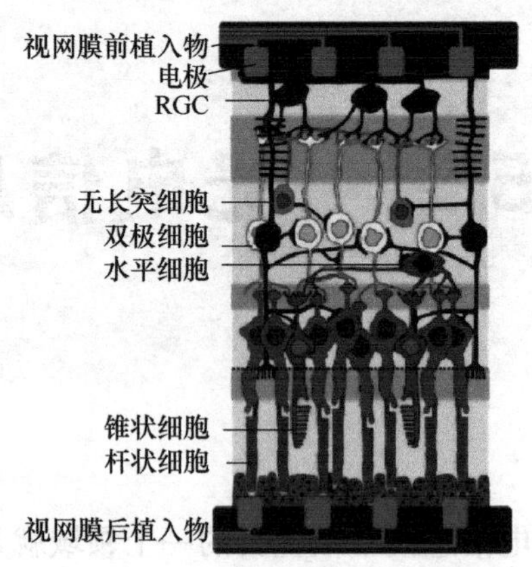

图 5.1　人眼的结构与视觉细胞

网膜上主导明视觉活动的感光细胞，主要负责光亮条件下的视觉活动，既可辨别光的强弱，又可辨别颜色，具有较高的视觉敏感性，能辨别细节。视网膜中的视觉细胞有 1.1 亿~1.2 亿个，其中锥状细胞约 700 万个，主要集中在正对瞳孔的视网膜中央区域内即中央凹区，也称为黄斑区。视杆状细胞含有视紫红质的感光物质，视紫红质在弱光作用下分解为视黄醛和视蛋白，并使视杆状细胞去极化，产生神经冲动，从而把信息传向大脑，产生暗视觉。视锥状细胞中的感光物质叫视紫蓝质，能感受强光，有三类视锥状细胞分别含有感红色素、感绿色素和感蓝色素，它们分别对红、绿、蓝色光最为敏感，红、绿、蓝也因此构成视觉的三基色。

人眼的视觉有一定的空间分辨能力，在良好的对比度和照明情况下，人眼能分辨的最小视角约为 1 弧分，眼球不动时能看到的范围称为视野，如果注视点为中心，其范围的视点上方约 65°，下方约 75°，左右约 104°。但是这个范围并不是所有景物都能同时看得很清楚，高视力区仅仅在注视点附近 5°~10° 范围，随着离视点中心的距离增大，视觉分辨率急剧下降。

人眼神经节细胞的轴突集合成视神经，入颅腔后延续为视交叉。在视交叉处，来自两眼的视神经纤维每侧有一半交叉至对侧，余者不交叉，如图 5.2 所示。其结构是，凡来自两鼻侧视网膜的纤维（即接受颞侧光刺激的部分）均交叉至对侧，并上行至对侧外侧膝状体。而来自两颞侧视网膜的纤维（即接受鼻侧光刺激的部分），则不交叉并上行至同侧外侧膝状体。由外侧膝状体起始为第三级神经元，其细胞的轴突组成视放射，最后到达枕叶的距状裂两侧的纹区。人眼视觉中的视交叉是人眼具有体视视觉能力的基本因素。

视觉的时间特性是视觉对时间响应特性呈现一定的带通特性。在 5~40Hz 的光亮变化频率下，视觉能够较好地感知到亮度的变化；过低或过高的变化频率，尤其是高于 50Hz 变化的频率，视觉响应感知急剧下降。所以当灯光的变化快于 50Hz 时，人眼很难感觉出灯是在闪烁的。

人眼在受到光刺激后，当刺激消失后仍有残余的光感觉的现象称为人眼的余像。余像时间的长短与光刺激的强度相关，在人眼正常感应强度下，余像的时间一般为 30ms。人眼的视觉余像是电影、电视等动态显示依据的基本视觉机理。

人眼是彩色的感受体，视网膜中的锥状细胞具有红、绿、蓝三原色的感应器，因此能够

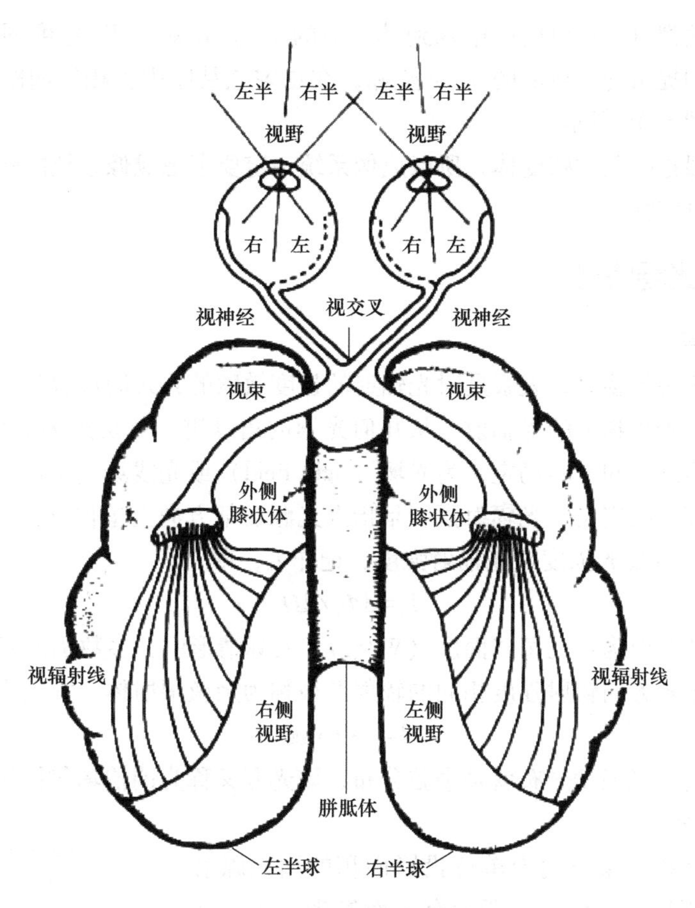

图5.2 人眼视觉神经回路

感应不同颜色的光，视网膜对光谱的敏感范围是380~720nm，这个区域被称为可见光的光谱区域，一般光学成像系统是针对400~700nm进行设计的。人眼的色彩感知参数一般采用国际照明委员会（CIE）于1964年颁布的颜色系统的色域坐标来表示。将人眼视觉的红绿蓝三刺激值转换为x、y坐标，构建出CIE色度图，如图5.3a所示。

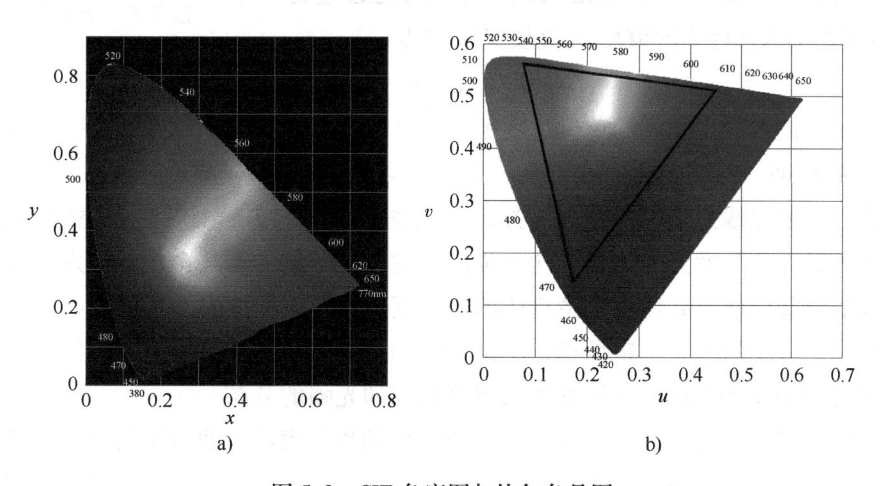

图5.3 CIE色度图与均匀色品图

任意一种颜色都可以在色度图中找到其相应的 x、y 坐标。CIE 色度图不是等色差的坐标表征，因此人们提出均匀色品的 u、v 坐标，在均匀色品图中，相等间距对应的颜色差是基本相同的，如图 5.3b 所示。

正是因为人眼是颜色的感受体，所以成像系统一定要考虑成像系统的颜色还原性，必须保持成像颜色的真实性。

5.1.2 景物的光场特性

1. 光辐射强度

人们在观看客观景物时，人眼是对光辐射的强度敏感的，人们观看到真实景物发出或者漫射周边光源照射到景物上的光辐射，从几何光学的角度讲，就是光辐射强度的某种分布，为此将光的辐射强度空间分布场定义为光场（light field）或光线场（light rays field）。

按照光辐射度学的定义，光辐射强度是指点光源在某方向上单位立体角 $\mathrm{d}\Omega$ 内传送的光辐射通量 $\mathrm{d}\Phi_e$ 时，其发光强度或光辐射强度，记作 I_e，即

$$I_e=\mathrm{d}\Phi_e/\mathrm{d}\Omega \tag{5.1}$$

光辐射强度的单位为：瓦每球面度（W/Sr）。实际情形中，多数辐射光源的辐射强度随方向而变化。对于各方向辐射强度相同的辐射源被称为余弦辐射体，其发光强度遵循

$$I=I*\cos\alpha \tag{5.2}$$

这样的光源具备的发光强度分布就是余弦分布，该光源又称为朗伯辐射体光源。

2. 光辐射亮度

光辐射亮度是指在某方向上单位投影面积的面光源沿该方向的光辐射强度。如图 5.4 所示有一面发光光源，其上小面元的面积为 $\mathrm{d}s$，某一方向与面元法线的夹角为 θ，面元沿该方向的投影面积为 $\mathrm{d}s'$，即 $\mathrm{d}s'=\mathrm{d}s\cdot\cos\theta$，面元沿该方向的光辐射强度为 $\mathrm{d}I$，则光源在该方向上的光亮度为 $L=\mathrm{d}I/(\cos\theta\cdot\mathrm{d}s)$。

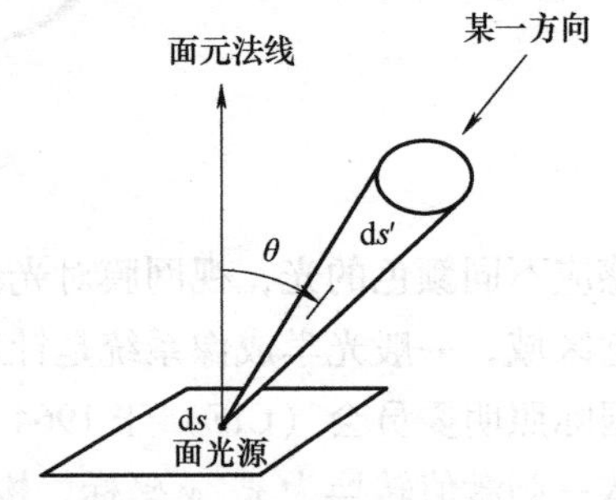

图 5.4　光辐射亮度

若面元沿这个方向上立体角元 $\mathrm{d}\Omega$ 内发出的光通量为 Φ，因此光辐射强度 $\mathrm{d}I=\mathrm{d}\Phi/\mathrm{d}\Omega$，光亮度又可写为

$$L=\mathrm{d}\Phi/(\mathrm{d}\Omega\cdot\mathrm{d}s\cdot\cos\theta) \tag{5.3}$$

在国际单位制中，光亮度的单位是坎德拉每平方米（$\mathrm{cd/m^2}$），又称尼特（nit）。

3. 光场的模型

几何光学中的光线是指以一个传播方向的光波的光强，实际上就是光辐射亮度的概念。光辐射亮度 L 是一个与发光方向相关的光强度，它表征了物体上某个单元的发光特性，这个就是光线场的定义。所以光场就是指物体的光亮度的分布或物体光线场的分布。对于客观景物而言是有一定大小的即有一定面积，不论是主动发光的景物还是反射或漫射周边光源光照的景物，都可以用发光亮度来表征景物散射到周围的光强的分布。

一个物体发出的光场可以在空间上用一个五维函数来表示，即对于任意一条光线，可以用五个坐标来明确表示这条光线的几何特性，其中（V_x，V_y，V_z）为光线发出的位置维度，

(θ, φ) 为光线的传播方向，即

$$L=P(V_x,V_y,V_z,\theta,\varphi) \tag{5.4}$$

实际上作为一个真实的物体还有色彩信息，也就是该物体发出的光具有特定的光谱分布，因此还必须加入光谱维；同时考虑到物体是运动或变化的，它是时间的函数，必须加入时间的维度。所以完整表示一个物体的光场，必须是一个七维变量的函数形式，即

$$P_7=P(V_x,V_y,V_z,\theta,\varphi,w,t) \tag{5.5}$$

其中包括三个空间位置维、两个方向维、一个颜色维和一个时间维。这也就是物体显示的全光场，即一个多彩运动的真实景象是一个七维光场。

此外，也可以从光波的电磁场描述中加以说明。物体发出的各个方向的光可以用各个方向传播的平面波来表示。某个位置平面波的电磁场可以表示为

$$\mathrm{E}(\boldsymbol{r},t)=\mathrm{E}(\boldsymbol{r})\exp[-\mathrm{i}(wt-\boldsymbol{k}\cdot\boldsymbol{r})] \tag{5.6}$$

其中 $\boldsymbol{r}$ 是位置矢量，以 (x, y, z) 为坐标；$\boldsymbol{k}$ 是平面波的波矢量，表征波的传播方向，其特征可以用两个角度分量 (θ, φ) 来描述。因此从电磁场理论看，光场的空间分布也是一个可以用五维空间参数来描述的量，再加上颜色与时间两维，也是完整的七维参数。从这个意义上说，七维光场的描述方式是全面描述实际景物光学特性的描述方式，可以适用于不同的显示技术包括全息三维显示技术。图 5.5 就是物体的七维光场空间分布示意图。

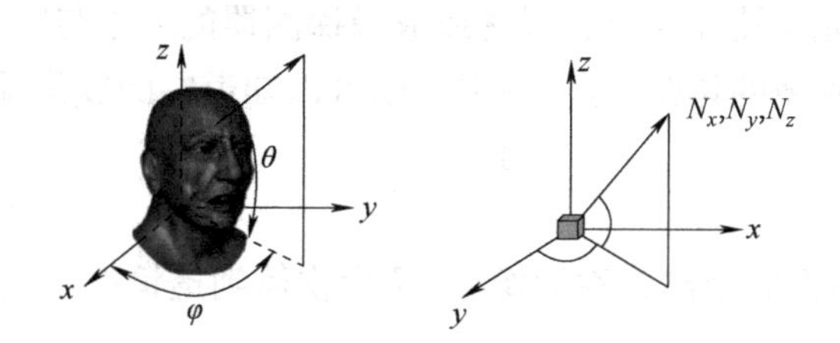

图 5.5　物体的七维光场空间分布示意图

七维光场真实描述了一个现实中客观景物的空间形态、颜色及其运动或变化，是最贴切人眼观看效果的真实物体表象。因为前面已经提及人类用于观看的眼睛仅仅对光强敏感，而不是对光的相位敏感。但是否所有的场合都需七维光场来描述客观物体？答案是否定的。在实际用光场来描述物体时，可以根据观看者的位置特点，对光场的描述进行各种简化。光场描述法提出之后，人们就不断提出各种方案对七维光场的表述进行压缩与修正。光场的表述方式随着观看者的位置空间范围大小的不同而不同，有各种变化。

在忽略传播损耗的同时考虑实际光学成像系统的排布，比如将实际有一定大小的景物放置在两个无限大的平面中，可以发现景物任意位置发出的任意方向的光线都可以用包夹该景物两个平面上的两个点即四个坐标来表示，如图 5.6 所示。也就是说可以用四维光场来描述物体的空间五维光场信息，这四维光场就是光线的两个空间位置维和光线的两个角度维，这四个参数能很好地描述所有景物的空间信息，当然要完整描述景物还必须加上光谱与时间维度。所以，一般

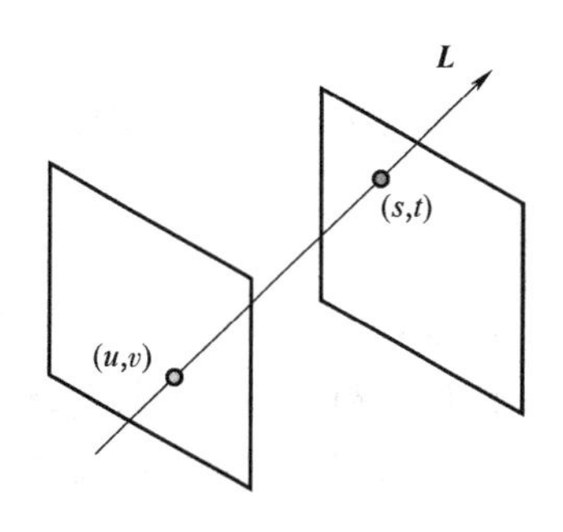

图 5.6　四维光场参数表示

人们用空间的四个维度的参数来表示光场的空间特性。

实际上对应各种不同的应用场合如成像拍摄、图像显示等，都是五维空间光场在不同应用参数空间中的映射，可以根据各自应用的参数空间的维数选用不同维数的光场进行研究。比如对于经典的光学成像，就是将一个五维空间光场投影到二维平面的过程（当然如果有彩色记录，可以说是两个空间维加一个彩色维），所以将真实景物映射到二维空间面（即二维光场）实际上就是对应现在的经典成像与各种平面显示。但是应该看到，客观景物是四维空间光场加光谱维与时间维，因此理论上只要光学成像系统设计得较为合理或完备，就可以获得超过二维平面的信息。这就是最近计算成像发展很快的原因所在，如何从传统的二维图像形成过程中挖掘出其原始的内容丰富的四维光场信息是关键。

因此四维光场被广泛应用于计算摄影技术之中，成为后来计算成像的主流光线场计算基础。

5.1.3 光线成像的基本定律

传统的成像也可以称为是光线的成像。几何光学的基本理论构成了成像的基本理论，几何光学的基本原理主要有光的反射定律、光的折射定律以及光传播过程的费马定律。在光学成像系统中，人们常用光学透镜进行成像。对一个成像系统而言，最基本的参数就是光学成像系统的焦距、系统的光学孔径大小、视场或成像探测器的大小与特性等。

当在空气中的一个物镜的焦距（f）一定，则可以知道它的成像基本规律，即

$$\frac{1}{l'}-\frac{1}{l}=\frac{1}{f} \tag{5.7}$$

式中，l'为像面到透镜主面的距离，称为像距；l为物体到透镜的距离；f为透镜焦距。透镜几何光路图如图 5.7 所示。

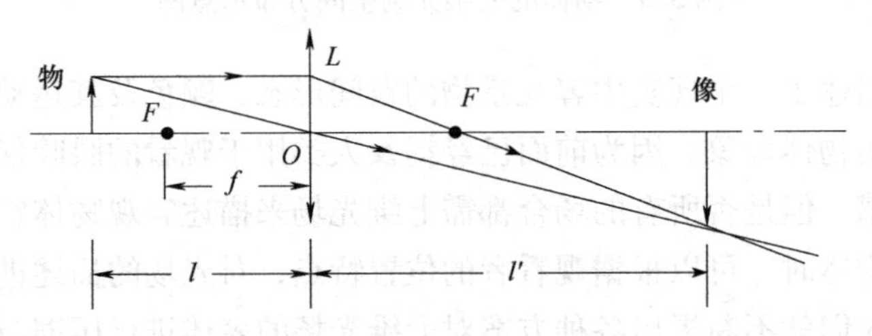

图 5.7 透镜几何光路图

O—光心 F—焦点 f—焦距 l—物距 l'—像距

而像与物的大小之比称为像的放大倍数β，即

$$\beta=\frac{l'}{l}=\frac{f}{l-f} \tag{5.8}$$

可以看出焦距越长，同样距离的物体能够获得的像越大，当然物体景物必须距离物镜焦距与两倍焦距之间。如果物体位于物镜的两倍焦距之外，物体成缩小倒置实像，这就对应相机成像的情形；如果物体位于一倍焦距与两倍焦距之间时，景物成倒置放大的实像，这就对应显微成像的场合；如果物体位于焦距之内，则成正置放大的虚像；如果物体在无限远，则

在像方焦面上成缩小的倒置的实像，这就对应望远镜成像的情形。

当成像系统的光学孔径确定之后，就知道了该系统的数值孔径 NA 的大小，光学物镜的数值孔径的定义为：物镜前透镜与被检物体之间介质的折射率（n）和孔径角（u）半数的正弦之乘积，用公式 $NA=n\sin(u/2)$ 表示。孔径角是物镜光轴上的物体点与物镜前透镜的有效直径所形成的角度。孔径角越大，进入物镜的光通亮（信息量）就越大，它与物镜的有效直径成正比，与焦点的距离成反比。

描述数值孔径还有一个其他参数即物镜的 F 数，它是数值孔径的倒数，即 $F=1/(2NA)$。由数值孔径的大小，就可以知道光学系统的通光量。

成像系统还有景深问题，景深是指在一定分辨率内，成像清晰度相同的景物的最大距离范围，可表示为

$$\Delta L=\frac{2f^2F\delta l^2}{f^4-F^2\delta^2 l^2} \tag{5.9}$$

式中，F 为透镜的 F 数；δ 为允许的成像弥散斑大小；l 为物距；f 为透镜焦距。可以看出景深直接取决于焦距，焦距越长，景深越短。数值孔径越大，通光量越大，景深越小。光场成像几何光路图如图 5.8 所示。

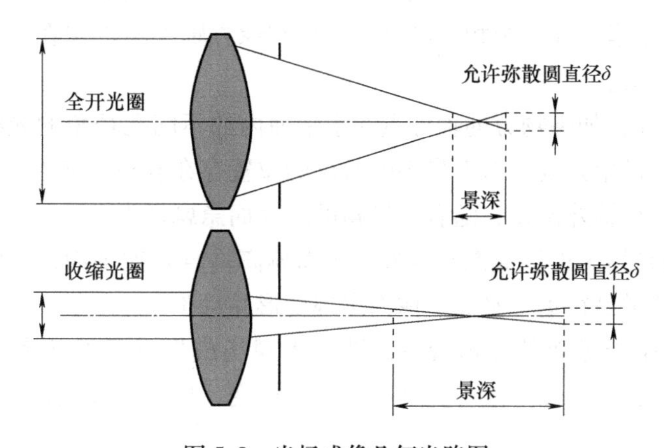

图 5.8　光场成像几何光路图

光学成像的视场大小是另外一个关键问题，视场就是指成像的景物范围，它主要取决于系统的光学参数，包括焦距、口径等；也取决于成像的图像传感器，一个好的光学系统的成像视场与图像传感器的大小是匹配的。一般视场的大小是按照角度计算的。假设一个物镜焦距为 f，视场角为 45°，则计算可得传感器的大小应该为 $2f\tan45°$。

当一个光学成像系统确定了数值孔径 NA 时，其成像的极限分辨率就确定了，按照光学系统的衍射极限，该系统的成像极限分辨率为

$$\delta=\frac{\lambda}{2NA} \tag{5.10}$$

因此系统的数值孔径越大，可分辨的能力就越高，在物理空间中如果入射媒介的折射率是 1，则最高的分辨率为 1/2 波长。当然提高入射媒介的折射率可以使 NA 大于 1，也就是可以提升系统的分辨率。

按照视场角的大小，成像系统可以分为小视场成像、常规视场成像、大视场成像（广角成像）以及鱼眼视场成像与全景成像几种。其中望远镜成像属于小视场成像，常规相机成像属于常规视场成像与广角成像，鱼眼视场成像与全景成像属于特殊应用场合的超广角成像。

一个光学成像系统需要一个图像传感器，过去往往是胶卷、干板等，但是现在已经大规模采用各种光电阵列图像传感器，如 CCD 传感器或 CMOS 传感器。光学图像传感器不仅在尺寸上需要与光学成像系统相匹配，而且在分辨率上也必须与光学成像系统相匹配。

光学物镜系统一般由不同曲率与光学薄料材料的球面物镜组成，或在其中若干透镜采用非球面透镜组成。光学系统对于一个理想的点物体，其成像往往不会是一个理想点，而是有一定的弥散，形成各种各样形状的弥散斑，这种现象就称为光学系统的成像像差。一般透镜都存在球差、慧差、像散、场曲、畸变、色差与放大色差几种，下面予以简要介绍：

1）球差：球差与位置色差是轴上点像差，是指轴上物点不同孔径角或不同波长的光线在像方不汇聚于一点的现象，主要通过正负透镜组合以及玻璃色散系统的匹配来校正。球差与系统的数值孔径成正比，是所有光学系统都必须校正的基本像差。

2）慧差：慧差是指轴外一个物点经过系统后在像方轴外不汇聚在一个点上，而呈现像彗星一样弥散斑的现象。

3）像散：类似地，如果物方的轴外点在水平面内的不同孔径角的光线在像方的最小弥散斑与弧矢面不同孔径角光线的像方最小弥散斑的位置存在着与距离不一致的现象，则称为像散。慧差与像散都是轴外像差，随着视场角的增大而急剧增大。

4）场曲：场曲是指大视场成像时像方的像面偏离垂直光轴平面，呈向物镜弯曲像面的现象。像面弯曲的结果是在垂轴平面上像面出现变形并且弥散。

5）畸变：畸变是指像面的变形现象，即在大视场成像时像的放大率随视场而异的现象，造成畸变像差。常规成像一般不允许有明显的畸变，广角成像允许有小的畸变，超广角成像的畸变是允许的。

6）放大色差：对于较宽的可见光谱成像还需要考虑放大色差，即不同波长成像放大倍率不一样造成的像差，这是一种轴外像差。

综上所述，常规光学成像系统主要考虑的是球差、慧差、像散、场曲与畸变等几何像差，在不同波长方面主要考虑位置色差与放大色差等颜色像差。光学成像系统的基本目的就是利用经过像差校正的光学透镜，将客观景物的光场很好地成像在图像传感器上。

5.1.4 相位成像的基本方法

透明的物体，其在光强上几乎没有变化，仅在光波传播的相位上有分布变化，这种物体或景物的成像用前面介绍的光强成像的方法是无法实现的，必须采用相位增强型的方法。相位增强成像方法主要有两大类：一类是全息成像技术，一类是干涉成像技术。这些方法的基本原理都是基于偏振光波的干涉效应。平面光波的电磁场是横波场，有一定的偏振，利用相位物体对光波偏振的改变就可以构建出更加方便的相位成像系统。

1. 全息成像技术

全息成像技术主要采用全息方法，利用两束相干光（一束经过需要成像的物体，另一束没有经过成像物体）进行干涉，从而用干涉的全息图案来记录光波经过相位物体时光波相位的变化。当要读取图像时，可以对记录的全息图做反向数字处理（当然要依据记录系统的两个全息光束的特性来计算），就可以获得记录的全息图案对应物体的图像，这就是全息成像的基本原理，如图5.9所示。

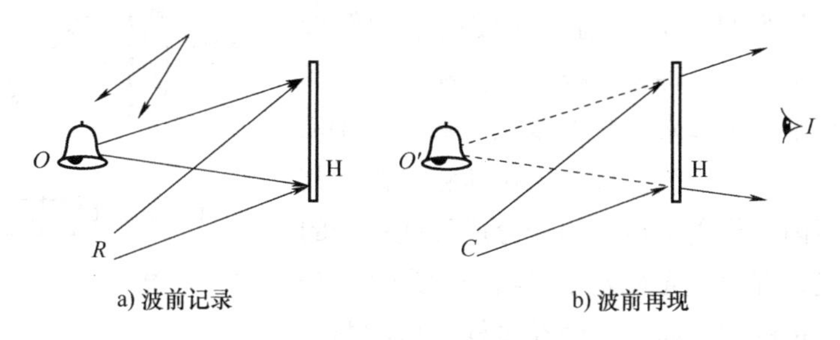

图5.9　全息成像的基本原理图

应用全息成像的方法记录的主要是物体的相位变化信息，可以是物体的相位厚度分布，也可以是物体的形貌，这是一种对相位成像非常敏感的方法。从记录的全息图案再现成像物体图像，一般可以采用计算全息技术还原出相位物体的本身。

2. 偏振干涉成像技术

偏振成像主要是利用偏振光在相位物体中经过时，将相位的变化表征在偏振特性的变化上，再通过对透射光波的检偏处理提取出物体相位信息的成像方法。

相衬法（也叫相位反衬法）是偏振干涉成像的一种方法，它是通过空间滤波器将物体的相位信息转换为相应的振幅信息，从而大大提高透明物体的可分辨性，同时利用干涉实现相位的探测，从这个意义上说，相衬法是一种光学信息处理方法，而且是最早的信息处理的成果之一，因此在光学的发展史上具有重要意义。1935年，泽尔尼克根据阿贝成像原理首先提出相位反衬法，由改变频谱的相位以改善透明物体成像的反衬度，其原理是通过将直射光（即零频光）的相位改变±90°（即1/4波长的光程差）并适当衰减，从而使直射光和衍射光发生干涉而使像平面上的复振幅分布近似正比于物体的相位分布，将“看不见”的相位变化转化为“可见”的强度分布，其原理如图5.10所示。

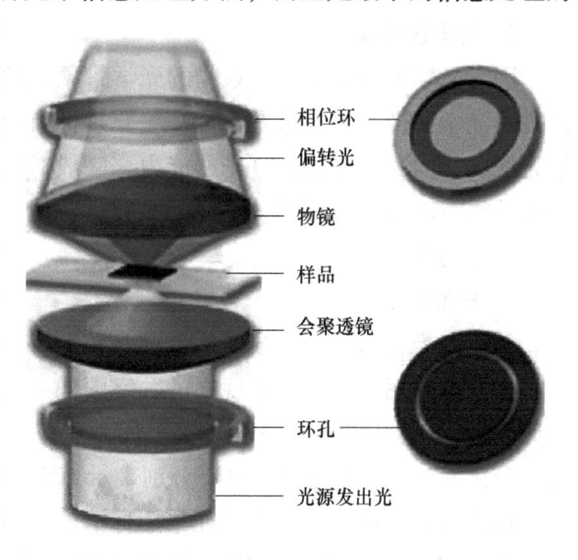

图5.10　相衬成像照明与成像光路的编码与解码

1953年泽尔尼克因此获诺贝尔物理学奖。在具体光路上，泽尔尼克相衬显微镜需要一个能够产生锥形照明光的圆环型聚光器，以及位于物镜后焦面处的一个对应于该锥形照明光通过区域的相位环。采用该技术，光线透过标本后发生折射而偏离了原来的光路，同时被延迟了$\lambda/4$（波长），如果再增加或减少$\lambda/4$，则光程差变为$\lambda/2$。两束光合轴后干涉加强，振幅增大或减小，把透过标本的可见光的光程差变成振幅差，从而提高了各种结构间的对比度，使各种结构变得清晰可见，提高反差，因此可以方便地实现对无染色的活细胞样品的直接观察和成像。

微分干涉相衬（Differential Interference Contrast, DIC）显微术（见图5.11）是目前一些较高端的倒置显微镜中通常会配备的另一种相衬技术，但相比基于泽尔尼克法，这种技术实现起来要相对复杂一些。在DIC系统中，需采用两个特殊棱镜，称为沃拉斯顿棱镜：其中一个装在聚光器内，作用是将照明光分成彼此错开的寻常光和非寻常光，并使其光程差小于物镜的最高分辨率；另一个装在物镜的后焦面处，使经过样品后的两束光重新合并成一束并在像面发生干涉。在样品中折射率发生突变的地方，两束光干涉的结果会使图像产生“浮雕”的立体效果。该技术要求采用偏振光，因此光路中还包含两个偏振器：一个位于聚光器前（起偏器），另一个位于物镜后（检偏器）。

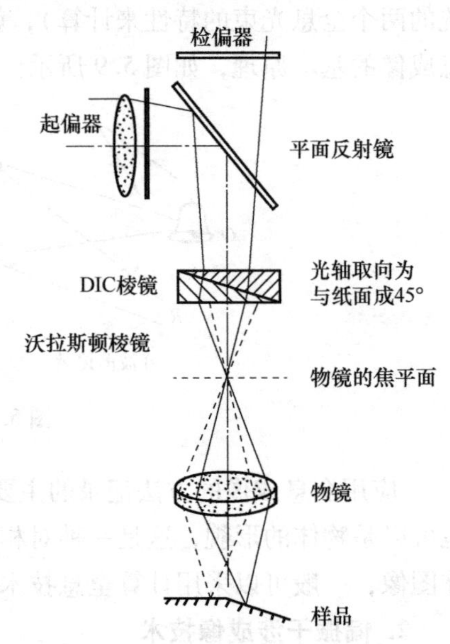

图5.11　DIC显微镜光学原理图

5.1.5　光学成像性能参数

光学成像系统需要用不同的参数来描述其成像质量，描述的参数可能随成像技术的不同而不同，但是有一些参数是共同的。了解光学成像性能的基本参数对认识成像信息的获取具有很重要的意义。光学成像性能参数主要有以下几类。

1. 光学通量类

因为光学成像主要是对景物的光学景象成像的，所以成像系统对光辐射通量的获取能力是描述光学成像系统的重要指标。主要指标有数值孔径（NA），NA是表明光学成像系统收纳光线的能力，或系统通过光的能力。一般NA小于1，只有浸液的显微物镜NA才大于1。数值孔径有时也常用F数来表示，F数是数值孔径的另外一种表示方式，通常用来表征相机镜头光圈的大小。

2. 分辨率类

分辨率类参数是光学成像的重要参数，有多种表述方式：

像素数与图像格式：在现在的数字图像系统中有不同的表述方式，如计算机监视器通常按照VGA（1024×768）、SVGA等表述方式；在手机相机与数码相机中，一般以总像素数来表示分辨率，如5M、8M、12M分别表示500万像素、800万像素与1200万像素的图像分辨率；视频信息方面，分辨率往往采用标清、高清、超高清等方式表示，分别表示视频图像的分辨率为400线、800线、1024线和1080线等；对于成像系统的光学镜头，人们又经常采用传递函数、鉴别率板（见图5.12）的分辨线对来表示其成像质量的好坏，传递函数是指以空间频率为变量，表征成像过程中调制度和横向相移的相对变化的函数，光学传递函数是光学系统对空间频谱的滤波变换。

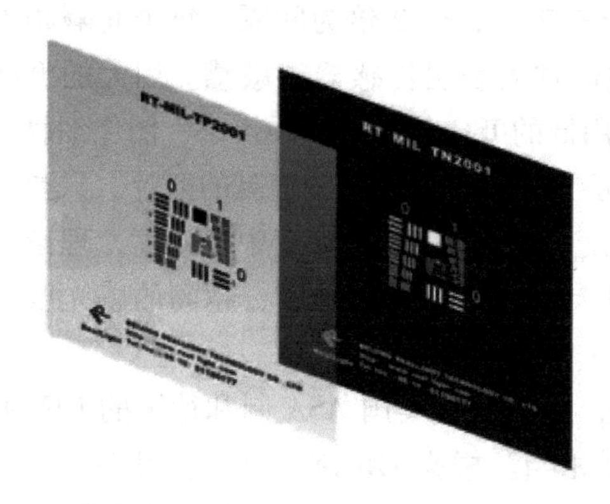

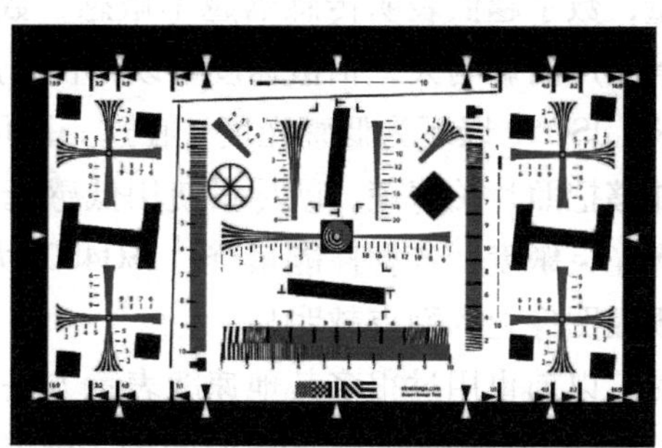

图 5.12　鉴别率板

点扩散函数：对光学系统来讲，输入物为一点光源时其输出像的光场分布称为点扩散函数。在数学上点光源可用 δ 函数（点脉冲）代表，输出像的光场分布叫作脉冲响应，所以点扩散函数也就是光学系统的脉冲响应函数。

3. 速度类

静态图像，如数码相机拍摄的静态照片。

连续图像，相机可以连续拍摄若干照片，现在的数码相机都有这样的功能，如连拍功能有 2 连拍或 7 连拍等。

视频图像，拍摄 30f/s 以上的图像形成视频，现在有大量 30f/s、60f/s 的高速相机。高于 60f/s 的视频图像一般都称为高速摄影，目前已经有条纹相机可以拍摄几十纳秒的快速变化的图像。

4. 色彩类

数码图像在色彩方面有黑白图像、彩色图像与光谱成像之分。

在彩色图像方面，又可以分为多色彩色图像与真彩色图像，这主要是依据彩色的数字化位数来体现的，一般 256 种颜色以下的称为多色显示，256 种颜色以上的称为彩色显示。一般每个颜色又有 8bit 的强度差等级的颜色称为彩色，10bit 以上的称为真彩色。

在成像系统方面也有彩色的设置参数，特别是在目前的数码相机以及手机相机中，白平衡就是一种颜色设置，一般可以按照阳光、阴影、白炽灯、荧光灯等来设置拍摄的白平衡，也就是拍摄颜色色温。

5. 视场类

成像系统根据拍摄场景的大小可以分为小视场成像、常规视场成像、大视场成像、广角视场成像等。小视场成像如望远镜系统的视场角一般小于 5°；常规视场是指 10°～50°的视场，一般相机的成像视场都在此范围；60°～80°为广角成像；80°以上进入广角到鱼眼成像。

6. 探测系统的感光灵敏度

目前的数码系统与胶片系统都存在成像系统感光灵敏度的设置，感光灵敏度主要是指图像传感器（不论是胶片类还是数码类传感器）都存在图像背景噪声问题，曝光量越足，背景噪声对图像的影响越小。因此国际标准组织（International Standard Organization，ISO）特地设置系统的图像传感器灵敏指数用ISO+数值来表示，以2倍为间隔，每个间隔相差1倍的曝光量，数字越低表明传感器越不敏感，数值越大表明传感器越敏感。用大的ISO值拍摄，背景噪声的影响大，拍摄速度可以很快；用低的ISO值拍摄，噪声小，图像细腻，但曝光时间长。ISO50以下为低感光度，在这一段可以获得极为平滑、细腻的照片，只要条件许可并且能够把照片拍清楚，就尽量使用低感光度；ISO100~200属于中感光度，理论上是最常规的曝光灵敏度，各种性能最佳；ISO400以上一般属于高感光度，越高的感光度噪声越大，表现在图像上的噪点越明显。

当然，以前也用过很多其他速度表示方法，常见的有美国ASA制和德国的DIN制。我国采用GB（国家标准）制，与德国的DIN制相当。根据GB制，可分为快片（GB24°以上）、中速片（GB21°）和慢片（GB18°以下）。每增加GB3°，其感光度就增加1倍，如GB24°胶卷就比GB21°胶卷的感光度快1倍。各种感光度标准可以互相换算，比如ASA100相当于GB21°或21DIN。

5.2 光电图像传感器

光学成像图像传感有化学反应类图像传感与光电感应类图像传感两大类。化学反应类图像传感器主要是指胶卷与感光胶这一类的图像传感器材；光电感应类图像传感器主要指直接通过光电效应将光图像转变为电信号图像的传感器。

5.2.1 胶卷

胶卷是经典的成像器材，一般是将卤化银涂抹在聚乙酸酯片基上，此类胶卷一般为软性，便于卷成整卷使用。当有光线照射到卤化银上时，卤化银就转变为黑色的银，经显影工艺后固定于片基，成为人们常见到的黑白负片（图像黑白反转），然后将负片的图像再次曝光到感光纸上就形成可正常观看的图像。若需要成彩色图像则应用彩色负片，彩色负片是涂抹了三层卤化银以表现三原色。除了常规的图像反转的负片胶卷之外，还有图像不反转的正片胶卷及一次成像底片等。

常见的胶卷（见图5.13）有120胶卷和135胶卷。经常用的是135胶卷，135胶卷适应于各种型号的135照相机，这种胶卷宽35mm，长160~170cm，胶卷两边有按规则排列的片孔，一般可拍摄3.6cm×2.4cm的底片36张，也有可拍摄20张、24张、72张的135胶卷。120胶卷根据不同的120照相机可拍摄出大小不同的画面，其中有拍摄16张底片的（画幅为4.5cm×6cm）、拍摄12张底片的（6cm×6cm），还有拍摄10张底片的（6cm×

图5.13 胶卷

7cm）与 8 张底片的（6cm×9cm）。120 胶卷的长度一般为 81～82.5cm，宽度为 6.1～6.5cm。

不论是成像感光胶卷还是光电图像传感器，都有描述传感灵敏度的参数或者称图像感光度，人们常用胶卷的图像感光度来描述各类图像传感器件的感光特性。感光度是图像感光器件或胶片对光的敏感程度，也是胶片所具有的感光能力和标志。胶卷感光度以 ASA 或 ISO 表示，它显示了一种胶卷对光线的敏感度，胶卷感光度从 ISO25 到 ISO6400 都有。胶卷感光度越高，对光线越加敏感，可在微弱光源下拍照；但是感光度越高、颗粒越粗，放大后的照片将显得越粗糙。高感光度胶卷（ISO400 以上）常用于橱窗、室内、夜景或舞台摄影。感光度越低的胶卷颗粒越细、质感越佳，但所需光线越多。感光速度有 ISO100、ISO200、ISO400 等，这里数值变 1 倍则曝光时所需的曝光量也变 1 倍，数值越大则速度越快。图 5.14所示为不同感光灵敏度的 135 胶卷。

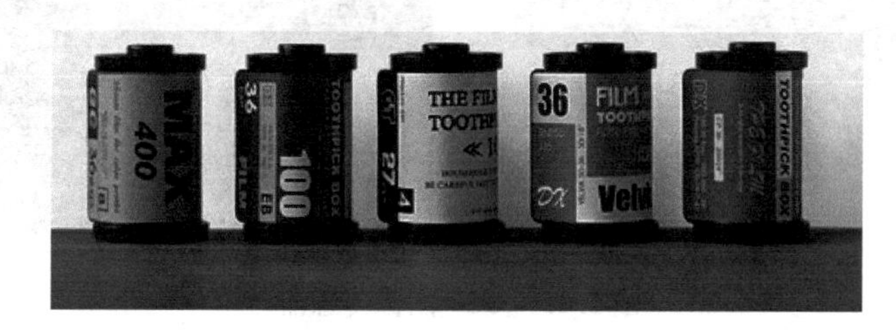

图 5.14　感光胶卷

底片以感光速度（ISO）来分别，由最低速的 ISO25 至高速的 ISO3200，一般来说感光度越低，画质越细腻。

随着光电图像传感器的发展，化学反应类传感器已经逐步退出历史舞台，但是化学反应类图像感光器材的分辨率很容易达到 1000 线/mm 以上，比目前的图像传感器的像素小，同时胶片还有比较大的传感面积，因此可以同时成像的信息量非常大，这是光电图像传感器所无法比拟的，所以在全息成像时大量采用的还是感光型化学反应类胶片传感器。当然近年来大规模集成电路半导体制备技术发展迅猛，已经制备出 1nm 的晶体管，现在的光电图像传感器的成像已经超过一般的胶卷感光效果，光电图像传感器的像素大小超过全息胶片的时间已经不会太远。

光电图像传感器是光学成像系统的核心光电转换器件，光学成像从早期的胶片曝光向数字化发展之后，就极为依赖光学图像传感器的发展。目前光学图像传感器可以依据光谱范围分成 X 射线图像传感器、可见光图像传感器、近红外图像传感器以及远红外图像传感器等几大类，应用最广的还是可见光图像传感器。可见光图像传感器也经历了两个阶段的历程，最早的是基于电荷耦合效应的图像传感器，也就是 CCD 传感器；随着 20 世纪 80 年代半导体技术的而发展，基于硅基半导体的 CMOS 器件展示出较好的光电特性，出现了 CMOS 图像传感器。下面简要介绍这两种图像传感器。

5.2.2　CCD 图像传感器

电荷耦合器件（Charge-Coupled Device，CCD）是在 1969 年由美国贝尔实验室（Bell Labs）的维拉·波义耳（Willard S. Boyle）和乔治·史密斯（George E. Smith）所发明。CCD 是一种数码时代代替传统胶片的图像传感介质，它使用一种高感光度的半导体材料制成，能把照射在每个像素上的光强转变成电荷，通过模/数转换器芯片转换成数字信号，数字信号经过压缩以后由相机内部的闪速存储器或内置硬盘卡保存，因而可以轻而易举地把数据传输给计算机，并借助于计算机的处理手段根据需要来修改图像。CCD 由许多感光单位（像素）组成，通常以百万像素为单位。当 CCD 表面受到光线照射时，每个感光像素会将电荷反映在组件上，所有的感光单位所产生的信号加在一起，就构成了一幅完整的画面，他们为此获得了 2013 年诺贝尔物理奖。CCD 目前仍然广泛地应用在数码相机以及天文学等领域里。CCD 图像传感器如图 5. 15 所示。

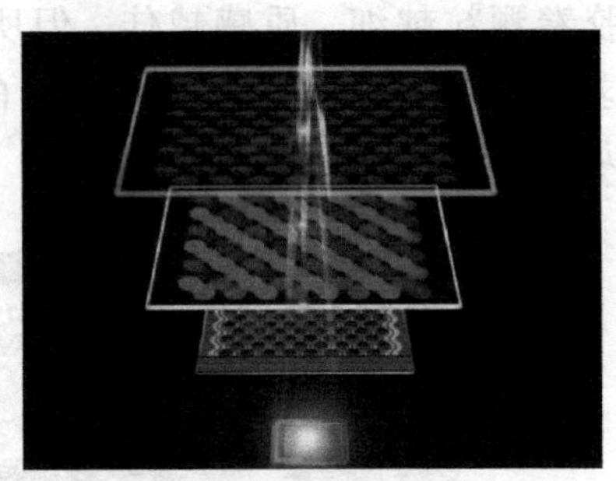

图 5. 15　CCD 图像传感器

CCD 图像传感器仅仅对可见光敏感，但是并不能区分颜色，为了获取彩色图像，人们在图像阵列传感器上面加上一个与每个像素相对应的红绿蓝三基色彩色滤光片阵列片，两者结合使 CCD 能够拍摄彩色图像。

CCD 图像传感器是人类最早发明的光电图像传感器，经过几十年的发展，技术上是比较成熟的，与其他图像传感器相比，其比较显著特点是：

1）灵敏度高，噪声低，动态范围大，成像质量高。

2）响应速度快，有自扫描功能，图像畸变小，无残像。

3）除了传感层的制备与硅基不同之外，大部分制备流程都应用超大规模集成电路工艺技术生产，像素集成度高，尺寸精确。

CCD 传感器出现之后，立即成为相机里一个极其重要的部件，它能将光线转换成电子信号储存起来，所以该传感器的好坏将直接影响相机的性能。评价一个 CCD 传感器好坏的指标有很多，比如像素数、CCD 尺寸、信噪比等，其中像素数以及 CCD 尺寸是最重要的指标。像素数是指 CCD 上感光元件的数量，可以把人们所拍摄到的画面理解为由很多个小的点组成，一个点就是一个像素。显然，像素数越多，画面就会越清晰，因此 CCD 的像素数量应该越多越好。但是为了得到更好的画质而增加了 CCD 的像素数后又必定会导致一个问题，那就是 CCD 制造成本的增加以及成品率的下降。所以针对成本等一系列的问题，一种成本更低、功耗更低以及高整合度的 CMOS 传感器横空出世了。

5. 2. 3　CMOS 图像传感器

CMOS 的全称为互补金属氧化物半导体（Complementary Metal Oxide Semiconductor），CMOS 本是计算机系统内一种重要的芯片的半导体单元，保存了系统引导最基本的资料。

CMOS 主要是利用硅和锗这两种元素所做成的半导体，使其在 CMOS 上共存着带负电的 N 极和带正电的 P 极的半导体，这两个一正一负互补效应所产生的电流即可被处理芯片纪录和转换成信息。后来发现 CMOS 经过加工也可以作为数码摄影中的图像传感器（见图 5.16）。CMOS 的制造技术和一般超大规模集成电路的芯片一样，制备技术具有与经典半导体集成电路的兼容性，因此 CMOS 光电传感器一出来，就受到高度重视并发展迅速，经过近 30 年的发展，CMOS 的光电传感器的性能已经接近 CCD，同时它还具有集成度高、芯片小、成本低、易于普及等优点。

图 5.16　CMOS 传感器

CMOS 的光电信息转换功能与 CCD 的基本相似，区别在于这两种传感器的光电转换后信息传送的方式不同。CMOS 具有读取信息方式简单、输出信息速率快、耗电少（仅为 CCD 芯片的 1/10 左右）、体积小、重量轻、集成度高、价格低等特点。正是考虑到 CMOS 传感器的制作成本以及成品率都要优于 CCD 传感器，目前 CMOS 的发展速度已经达到了数倍于 CCD 的水平。可以看到，即使在早期尼康公司的数码单反产品中还会有一些型号的相机使用 CCD 传感器，但是现在无论是尼康、索尼还是佳能近几年推出的数码相机里已经很难再看到 CCD 的踪影了。虽然使用 CMOS 传感器会节约相机的成本，但是成像质量对于相机来说仍然是最重要的，CMOS 相比起 CCD 来说最大的致命伤就是画质，这是因为早期的 CMOS 有个明显的缺点，就是在电流变化时频率变快，因此不可避免地会产生热量，最终造成画面出现杂点影响成像质量。通过表 5.1 可以看出 CCD 和 CMOS 各自不同的优缺点。

表 5.1　CCD 和 CMOS 的比较

性能	CCD	CMOS
价格	高	低
噪声	低	高
耗电量	高	低
影响锐利度	高	一般
动态范围	高	一般

CMOS 光电图像传感器发展的核心是改善图像传感质量。2008 年的 6 月，索尼公司发布了背照式 CMOS 图像传感器（见图 5.17）并冠以 Exmor R 的名称，将 CMOS 图像传感器的成像质量提升到一个更高的水平。背照式 CMOS 传感器最大的优化之处就是将元件内部的结构改变了，简单来说就是将感光层的元件调转方向，将原先从正面接收的光线改为从背面直射进去，这样就避免了在传统的 CMOS 传感器结构中光线会受到微透镜和光电二极管之间的电路和晶体管的影响，能显著地提高光的效能，从而改善光线不足时的拍摄效果。此外，该产品提高了弱光的灵敏度，进而提升了感光速度，通过数字的方法减少了噪声。

索尼成功将这个背照式 Exmor R CMOS（见图 5.18）应用在索尼 XR500/XR520 两款数字录像机产品上。随后多家厂商也都在数码相机中采用了索尼公司生产的背照式 CMOS。

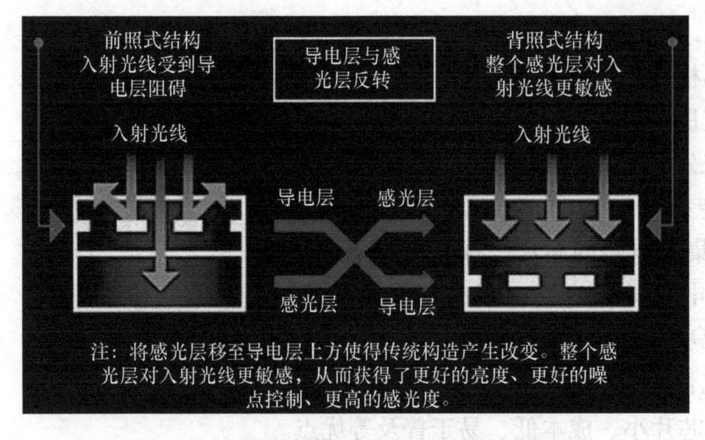

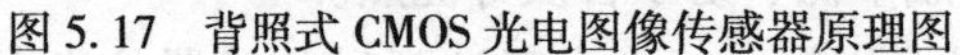

图 5.17　背照式 CMOS 光电图像传感器原理图

图 5.18　索尼背照式 Exmor R CMOS

背照式 CMOS 成为一种新兴的主流趋势，2010 年的 8 月，佳能公司推出了旗下首款搭载背照式 CMOS 的数码相机佳能 IXUS 300 HS，其中的 HS SYSTEM 为背照式 CMOS 与当时佳能最新的 DIGIC 4 所结合的一种全新的系统，以达到在低光条件下也能得到高画质图像的目的。

如果将 CCD 和 CMOS 这两种传感器进行比较的话，CCD 这种传感器最大的优点在于成像质量高，而 CMOS 最大的优点就在于成本低便于批量生产。随着背照式 CMOS 的兴起，CMOS 的缺点不断被克服，成像质量迅速提升。目前只有少数数码产品以及一些中画幅数码相机或数码后背仍然在使用 CCD 传感器，这是因为不同产品对画质有着不同的要求，所以那些中画幅的数码产品的价格也往往会高出普通数码相机许多。因此，可以说将来相机市场的主要发展方向仍然会是以 CMOS 作为核心，并在这个基础上不断提高 CMOS 的分辨率以及灵敏度等。CCD 的未来的应用不一定在相机领域里，在其他领域如科学级仪器、太空应用等 CCD 也会凭借着自身的优势而被广泛地使用。

除了上述大量应用的可见与近红外传感器之外，还有其他针对不同光谱段的光电传感器，如红外传感器、X 射线传感器等。

5.2.4　红外图像传感器

红外图像传感器主要是指 8~12μm 远红外图像传感。根据制冷方式，红外焦平面阵列可分为制冷型和非制冷型：即一类是制冷型红外图像传感器，一类是非制冷型红外图像传感器。

1. 制冷型红外图像传感器

制冷型红外图像传感器主要采用碲镉汞半导体传感器阵列，需要在低温下实施光电转换。目前制冷主要采用杜瓦瓶快速起动节流制冷器集成体和杜瓦瓶斯特林循环制冷器集成来实现。由于背景温度与探测温度之间的对比度将决定探测器的理想分辨率，所以为了提高探测仪的精度就必须大幅度地降低背景温度。当前制冷型的探测器探测率已经达到约 $10^{11}\mathrm{cmHz}^{1/2}/\mathrm{W}$，而非制冷型的探测器约为 $10^{9}\mathrm{cmHz}^{1/2}/\mathrm{W}$，相差为两个数量级。不仅如此，它们的其他性能也有很大差别，前者的响应速度是微秒级，而后者是毫秒级。

正因为如此，在高品质的红外传感上，制冷型红外图像传感器能够获得十分优异的成像效果，但是目前制冷型红外探测器的像素数还不是很多，只有在一些重要的场合得到应用，普及型不如非制冷型红外图像传感器。

2. 非制冷型红外图像传感器

非制冷型红外图像传感器是从 20 世纪 80 年代开始在美国军方支持下发展起来的，在 1992 年全部研发完成后才对外公布。初期技术路线包括德州仪器研制的 BST 热释电探测器和霍尼韦尔研制的氧化钒（VOx）微测辐射热计探测器。后来由于热释电技术本身的一些局限性，微测辐射热计探测器逐渐胜出。2009 年，法国的 CEA/LETI 以及德州仪器又分别研制了非晶硅（a-Si）微测辐射热计探测器。

非制冷型红外图像传感器主要是 VOx 技术与 a-Si 技术两者竞争的舞台。由于 VOx 发展时间长，目前占据的市场份额处于领先地位。但是，a-Si 探测器在短短的 10 多年时间内已占领了近 20%的全球市场，在美国以外特别是中国市场取得了绝对优势。

非晶硅红外探测器由许多 MEMS 微桥结构的像元在焦平面上二维重复排列构成，每个像元对特定入射角的热辐射进行测量，其原理如图 5.19所示。具体为：①红外辐射被像元中的红外吸收层吸收后引起温度变化，进而使非晶硅热敏电阻的阻值变化；②非晶硅热敏电阻通过 MEMS 绝热微桥支撑在硅衬底上方，并通过支撑结构与制作在硅衬底上的 CMOS 读出电路相连；③CMOS 读出电路将热敏电阻阻值变化转变为差分电流并进行积分放大，经采样后得到红外热图像中单个像元的灰度值。

为了提高探测器的响应率和灵敏度，要求探测器像元微桥具有良好的热绝缘性，同时为保证红外成像的帧频，需使像元的热容尽量小以保证足够小的热时间常数，因此 MEMS 像元一般设计成如图 5.20 所示的结构。利用细长的微悬臂梁支撑以提高绝热性能，热敏材料制作在桥面上，桥面尽量轻、薄，以减小热质量。在衬底制作反射层，与桥面之间形成谐振腔，提高红外吸收效率。像元微桥通过悬臂梁的两端与衬底内的 CMOS 读出电路连接。所以，非制冷红外焦平面探测器是 CMOS-MEMS 单体集成的大阵列器件。

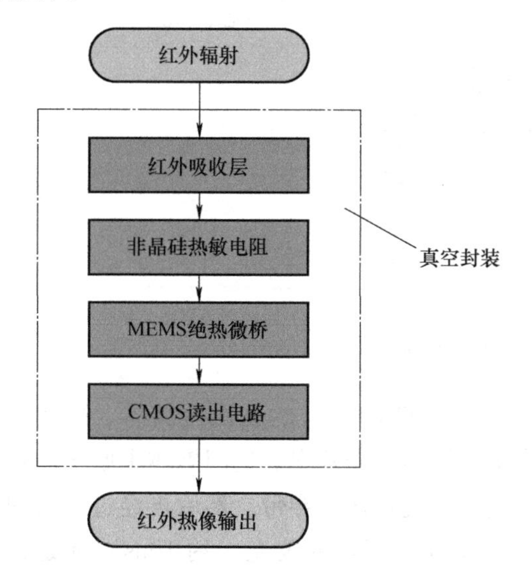

图 5.19　非晶硅红外探测器工作原理

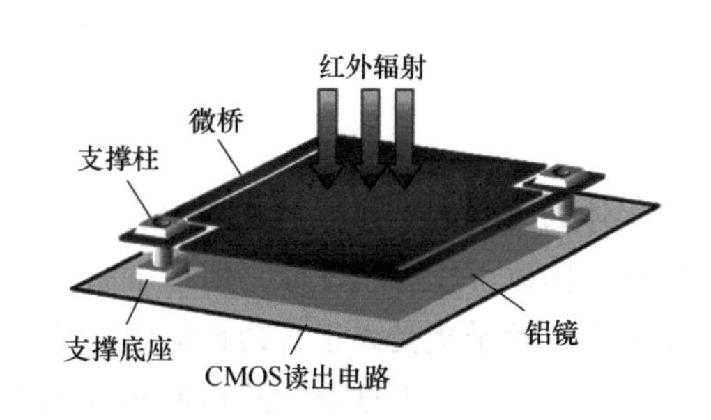

图 5.20　非晶硅红外探测器结构

虽然制冷工作的焦平面阵列技术已发展了数十年的时间，取得了举世瞩目的进展，但由于需制冷到低温工作，这对于降低价格和实现小型高密度的便携式系统极为不利，妨碍了其推广应用。无论是广大的商用市场还是军用市场都迫切需要一种既能满足应用且价格低廉的消耗性红外传感器。由于非制冷红外焦平面阵列微桥结构的灵敏度已达到第一代和第二代制冷焦平面阵列之间的水平，其噪声等效温差（NETD）通常优于 0.1K，可达 0.05K，目前红外热像仪产品普遍可以达到 14mK 的温度分辨率，这个精度已经达到军用科研级别，远远超过商业应用的要求。

5.2.5 X 射线图像传感器

X 射线图像传感器由 CCD 或者光电二极管阵列光学耦合在闪烁体上组成，如图 5.21 所示。它主要是由闪烁体、光的收集部件和光电转换器件组成的辐射探测器。当 X 射线进入闪烁体时，闪烁体的原子或分子受激而产生荧光。利用光导和反射体等光的收集部件使荧光尽量多地射到光电转换器件的光敏层上并打出光电子。这些光电子可直接或经过倍增后，由输出级收集而形成电脉冲。早在 1903 年就有人发现 α 粒子照射在硫化锌粉末上可产生荧光的现象。但是直到 1947 年，将光电倍增管与闪烁体结合起来后才制成现代的闪烁探测器。很多物质都可以在 X 射线入射后而受激发光，因此闪烁体的种类很多，可以是固体、液体或气体。

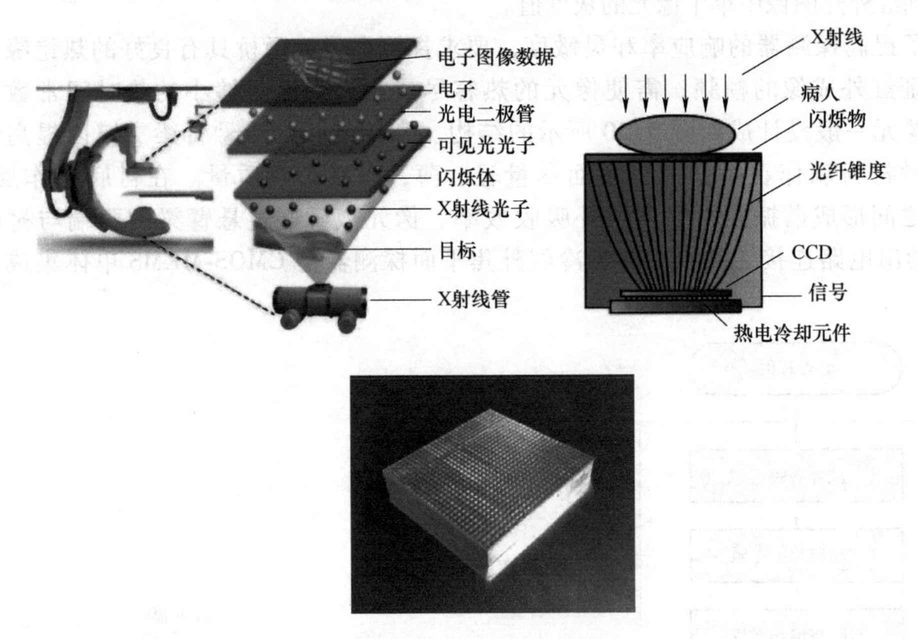

图 5.21　X 射线图像传感器

固体的无机闪烁体一般是指含有少量其他种晶体（激活剂）的无机盐晶体。虽然用纯无机盐晶体也可作为闪烁体，但加了激活剂后能明显提高发光效率。当闪烁体中原子的轨道电子从入射粒子接受大于其禁带宽度的能量时，便被激发跃迁至导带。然后再经过一系列物理过程回到基态，根据退激的机制不同而发射出衰落时间很短的荧光（约 10ns）或是较长的磷光（约 1ns 或更长）。最常用的无机晶体是用铊激活的碘化钠晶体即碘化钠（铊），最大可做到直径 500mm 以上，它有很高的发光效率和对 γ 射线的探测效率。其他无机晶体还有碘化铯（铊）、碘化锂（铕）、硫化锌（银）等，它们各有特点。新气体和液体的无机闪烁体多用惰性气体及其液化态制成，如氙、氪、氩、氖、氦等，其中以氙的光输出最大而较多使用。

有机闪烁体大多属于苯环结构的芳香族碳氢化合物，其发光机制主要由于分子本身从激发态回到基态的跃迁。同无机晶体一样，有机闪烁体也有两个发光成分，荧光过程小于 1ns。有机闪烁体又可分为有机晶体闪烁体、液体闪烁体和塑料闪烁体。有机晶体主要有蒽、芪、萘等，具有比较高的荧光效率，但体积不易做得很大。液体闪烁体和塑料闪烁体可看作是同一个类型，都是由溶剂、溶质和波长转换剂三部分组成，所不同的只是塑料闪烁体的溶剂在常温下为固态。还可将被测放射性样品溶于液体闪烁体内，这种“无窗”的探测器能有效地探测能量很低的射线。液体闪烁体和塑料闪烁体还有易于制成各种不同形状和大小的优点，如塑料闪烁体可以制成光导纤维，便于在各种几何条件下与光电器件耦合。

光电转换器件一般采用光电管与光电倍增管。但是，后出现的半导体光电器件具有高的量子转换效率和低功耗，便于闪烁探测器的微型化和提高空间分辨率。已有人研制成闪烁体与光电器件均用半导体材料组成的单片集成化的闪烁探测器。利用光电倍增管倍增系统所做成的电子倍增器，也可单独用来探测辐射。将分立的二次级改为连续的二次级后，形成通道型电子倍增器。微型化的通道型电子倍增器——微通道板可以做到在 1cm^2 的面积上具有几十万个微通道（见图 5.22）。用微通道板作为电子倍增系统的光电转换器件，不但可以得到较高的灵敏度，而且还具有良好的时间特性和位置分辨率。

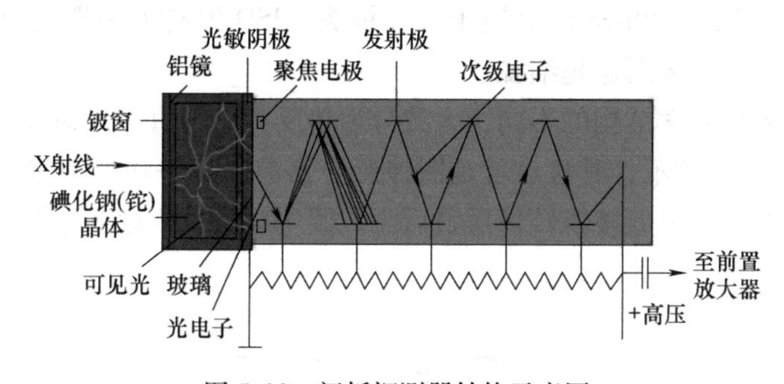

图 5.22　闪烁探测器结构示意图

闪烁探测器具有探测效率高和灵敏体积大等优点，其能量分辨率虽然不如半导体探测器，但对环境的适应性较强。特别是有机闪烁体的定时性能，中子、γ 分辨能力和液体闪烁的内计数本领均有其独具的优点。因此，它仍是广泛使用的辐射探测器。

作为成像传感的基础器件，整个光谱段的图像传感器还在不断的发展过程中，总体而言是向着高灵敏度、高像素方向发展，为各种光电成像提供全面的解决方案。

5.3　光学成像技术

光学成像是光电信息技术中的一种关键技术，特别是人类信息获取 70%的能力是通过视觉系统获得的，因此光学成像作为人类观测世界的最主要的途径，具有极为重要的地位。因此它的发展一直伴随着人类社会的发展。下面将从经典的光学成像系统出发，介绍摄影、显微与望远成像这三种经典成像技术的发展，进而介绍进入数字化时代之后出现的扫描成像、层析成像、光场成像以及高速成像技术。

5.3.1 摄影、显微与望远成像

摄影、显微与望远成像是经典光学成像的三大主流成像技术，分别对应照相机、显微镜与望远镜三大成像系统与产品。

1. 摄影成像

摄影成像是光学图像获取人们周边景物最常用的成像技术，包括了常见的照相机、摄像机以及各种各样的图像拍摄装置，是信息社会中应用最为广泛的成像系统。

这类系统成像的基本特点是：要拍摄的对象一般离成像系统有一定距离（大于成像系统的焦距），它是对周边景物的缩小成像的过程，因此光学成像系统一般为经典的光学镜头系统。描述摄影成像的主要光学成像参数有系统的图像分辨率（光电图像传感器的像素），成像镜头的焦距、光圈、速度以及感光元件的感光灵敏（如 ISO 100~16000）等。

作为摄影的设备，其成像的图像大小是有一定规格的。经典的胶卷相机按照画幅主要分成传统的 120 胶卷相机与 135 胶卷相机两类；进入数字化时代以后，数码相机成为主角，对于光电数字相机，目前主要按照单反相机、卡片相机与微单相机三大类来划分。

摄影器械的镜头质量是成像的关键之一。一般焦距在 24mm 以下属于广角镜头，24~70mm 属于常规成像镜头，70mm 以上属于长焦镜头。ISO 值越大表明传感器越灵敏；像素越多表明分辨率越高，成像图像越细腻。

摄影相机按照系统光学结构的不同，大致分为单反相机与直接成像相机两大类，单反相机的基本结构如图 5.23 所示，其特点就是图像感应器前面有一块反射镜，对焦是经过物镜的光线被反射镜反射，经过五棱镜转像反射后为人眼所观察，人眼观察与图像传感器成像的光路是共路的。

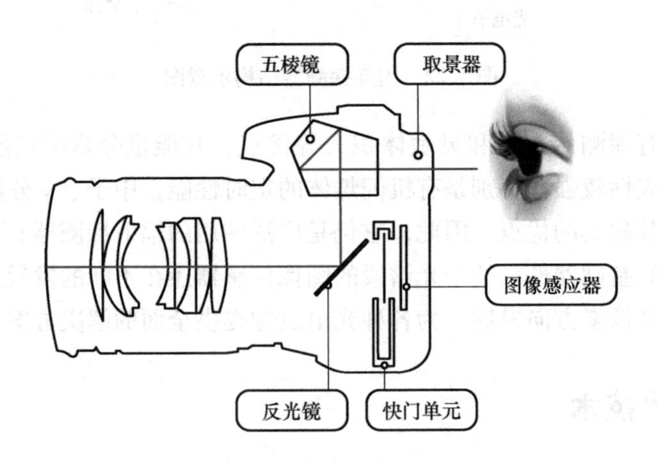

图 5.23　单反相机的基本结构

（1）单反相机（单镜头反光式相机）　单反相机只是指图像传感器前方有反射镜转折观察光路的成像系统，可以是传统胶卷相机也可以是现代数码单反相机。单反相机不论拍摄成像与瞄准取景均只用同一个镜头，景象透过镜头的凸透镜反射到五棱镜或是五面镜，最终图像出现在取景框中，然后按动快门时反光镜向上抬起，最终影像被摄在CMOS或是CCD上转换成数字信号进行存储与显示。一般单反相机的取景是通过目镜进行的，所以拍摄时拍摄者应将眼睛贴近相机对准目镜。单反相机由于对体积的要求不是很高，一般都有较大的镜头，因此镜头的成像质量比较好，容易具有较大的数值孔径，一般为专业相机。目前主要的单反相机厂家主要有日本的尼康、佳能等公司。图5.24是单反相机的分立结构示意图。

图5.24　单反相机

（2）卡片相机（静态相机或俗称傻瓜相机）　卡片相机是一种直接成像相机，它是20世纪90年代随着光电传感器的出现和普及而出现的小型相机，景物光束通过主镜头后直接在光电图像传感器成像，镜头与传感器间没有反射镜，所以镜头与传感器的距离可以比较小，相机也就比较小，取景的是光电图像传感器的直接视频感应，同时将视频图像显示在卡片相机的小屏幕上供拍摄者取景。拍摄时，通过电路控制固定取出图像。随着近年来CMOS传感器的发展，像素越来越小，即使是千万级像素的图像传感器也不大，因此现在的卡片相机越来越小巧、迷你。但是卡片相机的结构决定了其图像质量易受到拍摄环境的影响，因为空间小巧，镜头与传感器在保证分辨率的情况下都很小，因此感光量也下降得很厉害，同时由于取景与拍摄曝光过程中传感器一直在光照下，因此噪声也会高一些。随着手机相机的发展，目前卡片相机的数量与市场受到极大影响，正在逐步退出历史舞台。图5.25所示为一些市场上的卡片相机。

（3）微单相机　微单相机（见图5.26）是最近几年出现的成像性能接近单反的卡片机。微单包含两个意思：微，微型数码相机，小巧之意；单，单反相应的画质。也就是说这个词表示了这种相机有小巧的体积和单反般的画质，即微型小巧且具有单反功能的相机称为微单相机。它不使用反射镜进行对焦工作，而是直接由传感器对焦成像，因此系统简单。微单相机只保留了单反的大尺寸 CCD 和可换镜头的卡口，因此画质和功能得到了保障，但是采用和 DC 一样的对焦和取景方式，即屏幕取景。

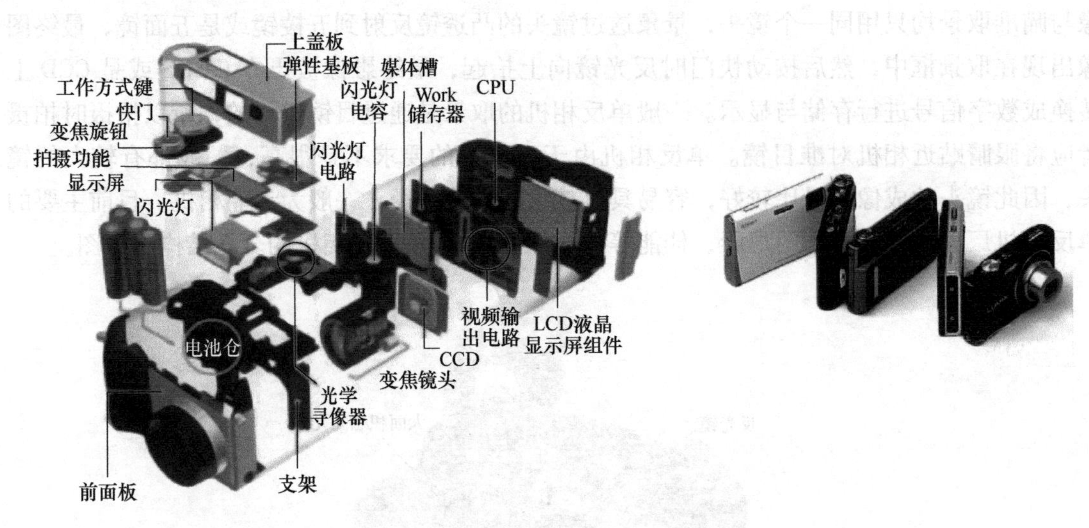

图 5.25　卡片相机

图 5.26　微单相机

近年来随着芯片技术的发展，微单相机的性能不断提高，已经具有五轴防抖、超高分辨大画幅成像传感器、4K 视频拍摄等专业单反相机不具备的功能，而且通过接圈可以使用单反相机的镜头，已经呈现专业相机的特性。

2. 显微成像

光学显微成像或光学显微术（Optical Microscopy）是指将很小的物体放大成像的光学技术，所以从成像的角度看它是一种对物体的近距离放大成像过程。

经典的显微成像是透过样品或从样品反射回来的可见光，通过一个或多个透镜后放大，进而得到样品微小部分的放大图像的成像技术。所得图像可以通过目镜直接用眼睛观察，也可以用数字化图像探测器如 CCD、CMOS 进行记录，并在计算机上进行显示和分析处理。显微成像的基本光学系统结构如图 5.27 所示。

光学显微成像从原理说是采用两个凸透镜系统对标本进行放大成像的，如图 5.27 所示。靠近标本 *AB* 一方的透镜系统（Lo）称为物镜（所用放大倍数为 1～100 倍），它将标本 *AB*

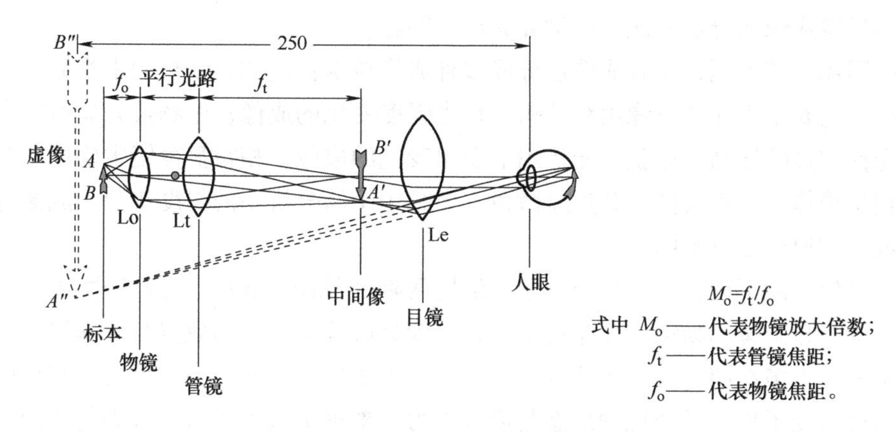

图 5.27　显微成像的基本光学系统结构

在透镜 Le 的焦面附近形成一个放大的中间实像 $A'B'$；靠近人眼一方的透镜系统（Le）称为目镜（所用放大倍数为 5～20 倍），它将中间实像 $A'B'$ 在明视距离（对人眼来说约为 250mm）处形成一个更大虚像 $A''B''$。管镜 Lt 的作用就是将物镜的平行光中间像成在它的焦面上，这样在更换物镜时保持镜筒长度不变。

显微成像的放大倍数取决于物镜与目镜的组合，是物镜倍数与目镜倍数的乘积。显微成像的放大倍数主要依据实际需要来选用，超过 1000 倍是无太大意义的放大。由于在显微成像中物镜的放大倍数一般总是大于目镜，因此物镜的成像质量在显微成像中处于十分核心地位。描述显微物镜成像的主要参数为放大倍数、数值孔径等。一般用下列参数分别表示，如图 5.28 所示，并标注于显微物镜上。

图 5.28　显微物镜

目镜的参数标注，一般就用倍数（5～20 倍），如图 5.29 所示。

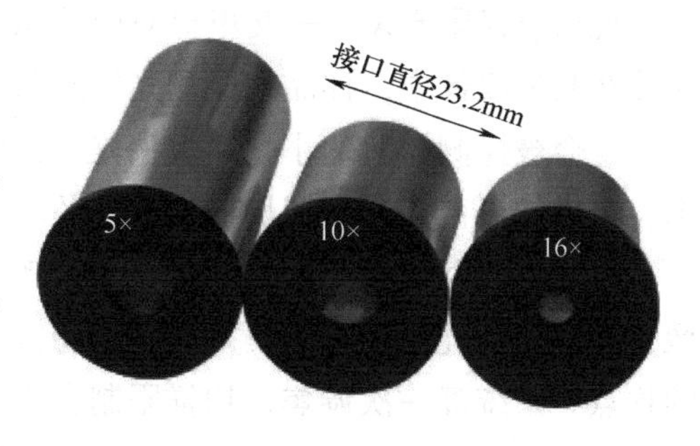

图 5.29　显微目镜

光学显微成像分辨率一直受制于物理衍射极限的约束。1873 年德国物理学家 Ernst Abbe 提出了传统显微成像技术的物理极限值：传统光学显微成像的分辨率不能超过衍射极限，即 $\delta=\dfrac{\lambda}{2\mathrm{NA}}$。可见光区这个极限是 200nm 左右。如何突破衍射极限，提高显微成像的分辨率成为全世界关注的问题。

根据应用场合的不同，显微成像也分成多种成像技术：例如，常规的生物显微镜是最常见的显微镜，主要用来显微成像组织结构，是光强度变化的成像；生物荧光显微镜主要用于观测用荧光标记过的样品，在激发光作用下发出荧光的成像；相衬显微镜主要用于对没有强度变化的相位物体的显微成像；共焦显微镜主要是用于高分辨率的强度或荧光成像等。不同的显微镜成像的原理各有不同。

依据样品位置的不同，显微镜分正置与倒置两种（见图 5.30）：正置显微镜的物镜在样品的上方；倒置显微镜的物镜在样品的下方，倒置显微镜为样品的放置与处理提供了更多的空间。近年来显微镜在超分辨成像技术方面有了很大拓展，出现了各类型的高端显微镜，这些高端显微镜改变了传统显微镜的形态与成像能力，推进了人类对微观世界的认识。

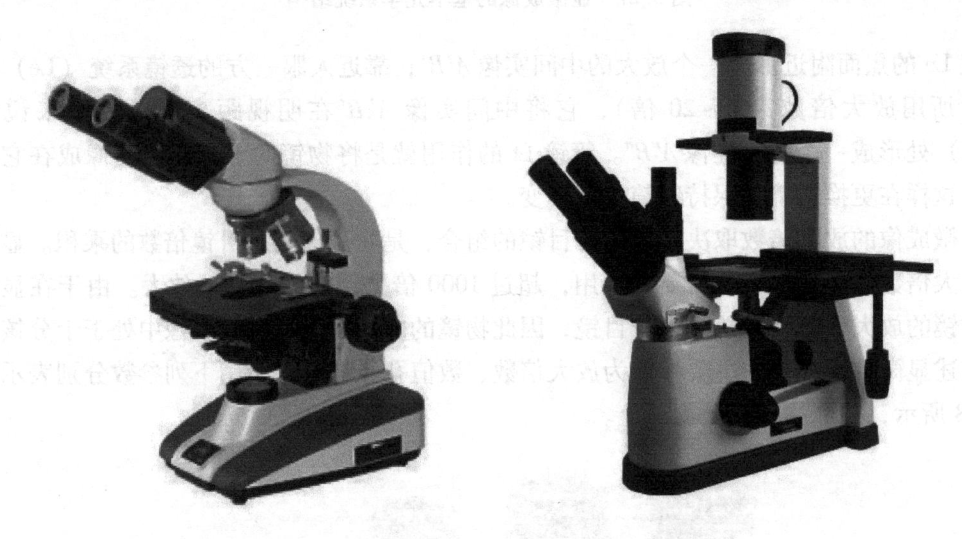

图 5.30　正置与倒置显微镜

（1）共焦显微镜（Confocal Microscope，CM）　共焦显微镜是一种显微扫描成像系统，其光路原理图如图 5.31 所示。照明激光经过一个小孔后扩束，经分光镜反射由物镜聚焦到样品上，样品将照明焦点的光反射经物镜成像到探测器前的小孔。照明激光的小孔与样品上的成像点以及探测器前的小孔是共轭成像关系。可以看出，共焦成像每次只成一个点的像，要对一个样品成像就必须扫描光点或移动扫描物体实现成像。可以想象，如果小孔很小，小于系统衍射极限光斑——艾里斑对应的像点大小，则共焦显微可以提高显微成像的分辨率。此外在共焦成像中，样品中探测光焦点前后的反射光通过这一套共焦系统，必不能聚焦到小孔上，会被探测器前的小孔挡板挡住。因此共焦显微具有更短的景深，即有更好的厚度分辨率，可以使显微镜成像层切显微成像的功能。

激光扫描共焦显微镜（LSCM）用激光作为扫描光源，逐点、逐行、逐面快速扫描成像，扫描的激光与荧光收集共用一个物镜，物镜的焦点即扫描激光的聚焦点，也是瞬时成像的物点。系统经一次调焦，扫描限制在样品的一个平面内。调焦深度不一样时，就可以获得样品不同深度层次的图像，这些图像信息都存储于计算机内，通过计算机分析和重构就能显

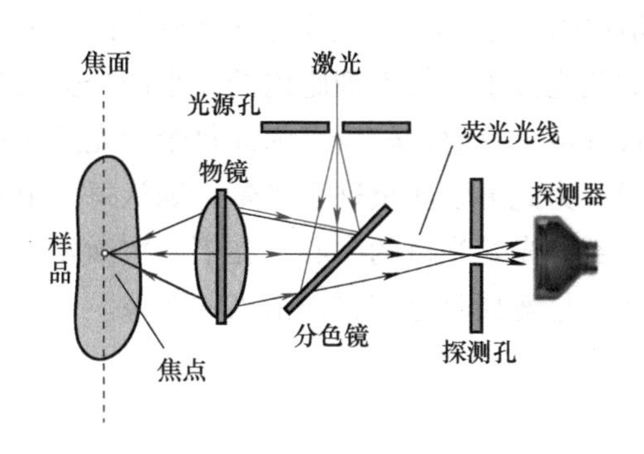

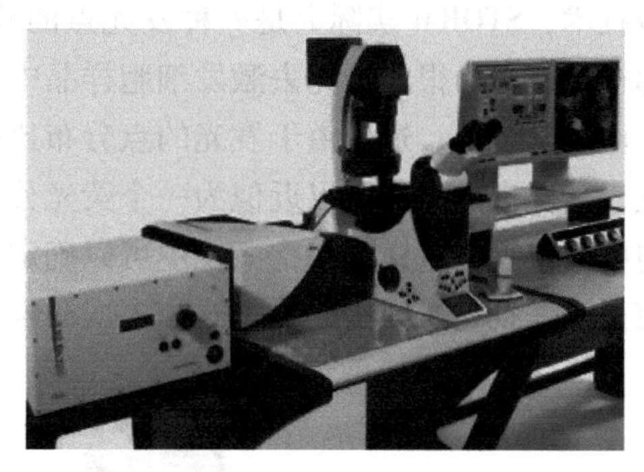

图 5.31　激光共焦显微镜光路原理图与系统图

示细胞样品的立体结构。

激光共焦显微镜既可以直接强度成像，也可以激光共焦荧光成像，可以达到衍射极限的 0.8 的高分辨率。

（2）受激发射耗损显微术（STimulated Emission Depletion microscopy，STED）　受激发射耗损显微术是利用荧光显微成像中荧光辐射特性来实现的超分辨显微成像技术。其发明者是德国的史蒂芬·赫尔（Stefan Hell）教授。

STED 显微镜主要观测经过荧光标记的生物样品，样品中的荧光分子具有对一个波长激光的自发辐射荧光性能，同时对另外一束相邻波长激光具有受激辐射功能。当样品用这种荧光标记后，人们先用产生自发辐射的激光采用实心光斑进行照明激发荧光，随后用另外一束产生受激辐射的激光采用空心光斑叠加在实心光斑上照明，使实心荧光斑外围区域发射受激辐射而减小荧光辐射的光斑区域，进而提高成像系统的分辨率。

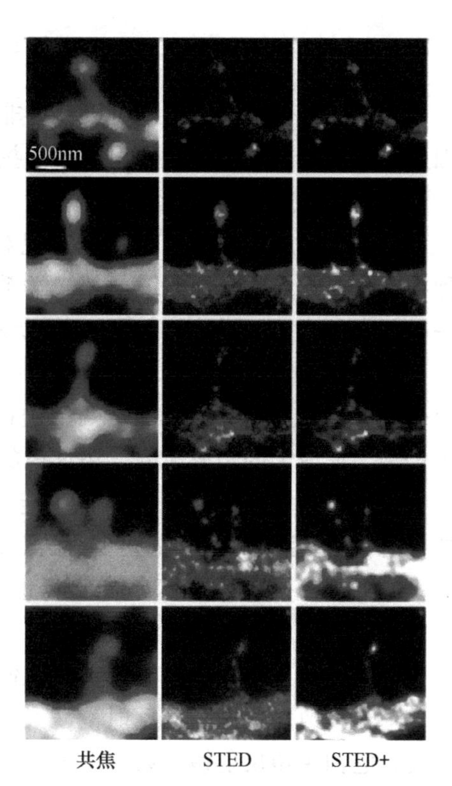

图 5.32　STED 荧光超分辨显微图片

理论上，STED 显微镜可以获得任意高的分辨率，只要产生受激辐射的那一束激光足够强，将足够多的荧光淬灭掉，但是实际上 STED 显微镜一般可以到达 40~50nm 的分辨率（见图 5.32）。STED 显微镜也是一种扫描共焦成像显微镜，因此成像的速度与扫描速度相关，同时因为分辨率高、信号小、需要积分的时间比较长，所以如何提高超分辨显微成像的速度成为人们研究的重要内容。赫尔因为 STED 荧光超分辨显微获 2014 年的诺贝尔奖。

（3）随机光学重构显微术（STochastic Optical Reconstruction Microscopy，STORM）　随机光学重构显微术（见图 5.33）也是一种基于荧光效应的超分辨成像技术。完全不同于一般物理原理的成像技术，STORM 实际上是一种发光点的几何中心定位技术。其成像原理为：对于荧光标记的样品，先由很弱的光去激发细胞样品中的荧光分子，使得细胞内的一小部分荧光分子发光，而不是全部；这样由于发光的点分布比较分散，重叠比较少，因此每个荧光发光点基本孤立，其发出的光晕可以近似为一个荧光分子；为此可以测量这个光晕，确认每一个光晕的几何中心位置，这样在一次激发中可以确定一部分光晕光斑的中心，在下一次激发中又可以确定另外一批光晕的中心，把这许多次激发的结果叠加就是完整而清晰的图像。

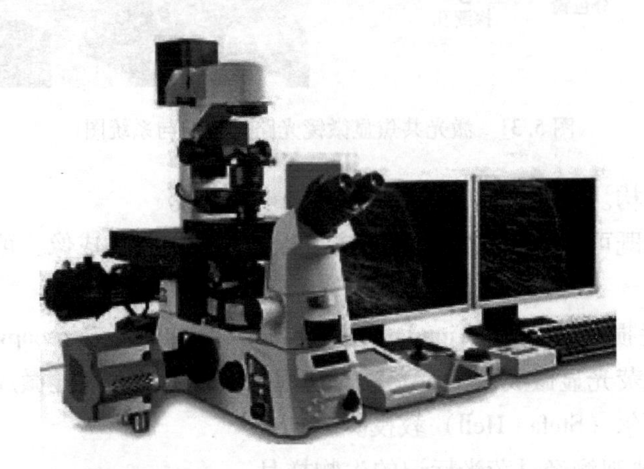

图 5.33　STORM 显微成像

这样的超分辨成像技术可以获得非常高的光学分辨率，但是由于拍摄的图像数量巨大，因此获得一幅高清晰的图像需要大量拍摄与处理的结果，成像的速度很慢。

3. 望远成像——望远镜

望远镜是应用光学成像系统实现对远处（近似无穷远）目标的观测与成像系统，是一种视场角放大光学成像系统。其光学系统的基本结构主要有两类，一类是开普勒望远系统，一类是伽利略望远系统，如图 5.34 所示。

可以看出，两者的不同之处在于一个用的是两个正透镜的组合，一个用的是正负透镜的组合；相同之处在于两者都是两个透镜的组合，而且主镜（物镜）的焦距要远远大于第二个透镜，形成大的角放大率。望远镜的放大倍数就是两个透镜的焦距之比。

望远镜主镜（物镜）的口径决定了望远成像系统的衍射极限（同时也是能量收集多少的标志），是系统分辨率的主要标志，所以要想看得远就必须有越大的主镜口径。因此观测天文的望远镜一般都是具有米级以上口径的主镜，而且人们不断研制口径越来越大的望远镜，以希望观测到更远的星系。

为了扩大望远镜主镜的口径，人们一般采用反射式主镜的望远镜，这样就可以将做透明的玻璃透镜改进为做一面反射镜，大大降低制备难度。图 5.35 就是常见的反射型施密特望远镜，它由主镜反射镜、第二反射镜与施密特波前校正板组成。但由于望远镜主镜的口径一般都比较大，即便反射物镜制作也是十分困难的，如何制备口径超过 10m 以上的高品质透镜依然是全世界面临的问题。

例如，我国的大天区面积多目标光纤光谱天文望远镜（LAMOST）是一架视场为 5°横卧于南北方向的中星仪式反射施密特望远镜。由于它的大视场，在焦面上可以放置 4000 根光

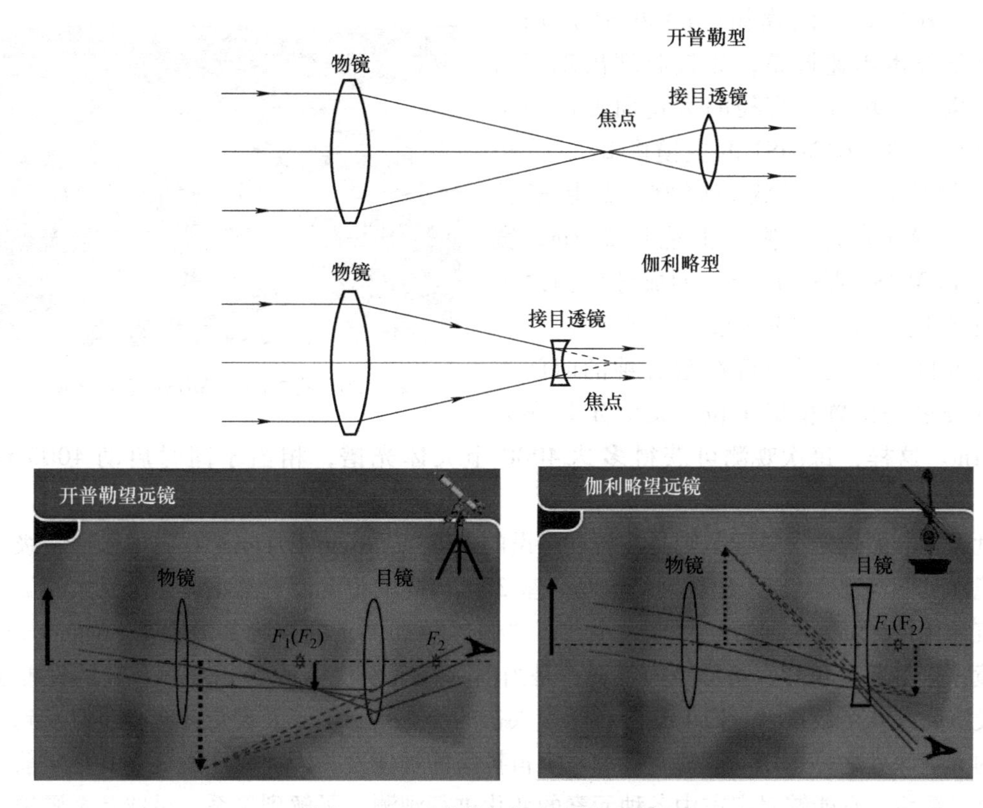

图 5.34 开普勒与伽利略望远镜原理

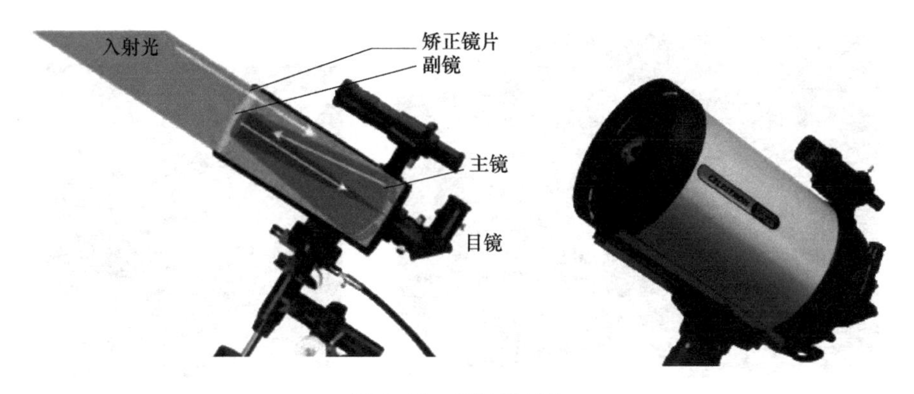

图 5.35 望远镜结构

纤，将遥远天体的光分别传输到多台光谱仪中，同时获得它们的光谱，成为世界上光谱获取率最高的望远镜。它被安放在国家天文台兴隆观测站（见图 5.36）。

LAMOST 很大，它占据三栋 6~10 层高的筒状塔楼。星光经过两面镜子的先后反射，在接收端被光纤传给 16 台光谱仪，光谱仪把光线分离成空间光谱，由 32 台灵敏的 CCD 相机记录。LAMOST 的巨镜采用了主动光学技术，所谓主动光学，就是主动改变镜片形状，克服由于重力、温度和风力造成的镜面本身形变对成像带来的影响，使成像更加清晰。随地球转动的 LAMOST，扫过北半球的中天。遥远的星光投到 LAMOST 的

图 5.36　我国的 LAMOST 光学望远镜

镜片上，开始是一团模糊；LAMOST 应用自适应光学技术迅速调整，让接收端出现了清晰的像斑。一块数米直径的大镜面做出精确微调是很难的。LAMOST 的主镜由 24 块六边形镜片拼接而成，形状如蜂窝；每块子镜 1.1m 长，25mm 厚；整个主镜长 5.7m，宽 4.4m。LAMOST 直径 1.75m 的成像焦面之上密密麻麻地分布着 4000 根光纤单元，4000 根光纤的自动定位系统可在数分钟的时间内将光纤按星表位置精确定位，最大定位误差仅 40μm。这样，每次观测可获得多达 4000 个天体光谱，相当于同时启动 4000 台望远镜。

世界上最大的光学望远镜则是在智利建设的 ELT（Extremely Large Telescope）超级天文望远镜（见图 5.37）。ELT 建在阿塔卡马一座 3000m 高的山上。它的主体是个巨大的旋转圆顶建筑，直径 85m，和足球场一般大小。而“眼球”即真正的视物部分则是一面 39.3m 的球面镜，它由近 800 片六角形镜面组成，是当前顶级观察仪器的 5 倍之大。它的性能也比现有设施高好几个数量级。ELT 最令科学家兴奋的一点是：除了发现更多暗物质以及到达更遥远的太空深处之外，ELT 能够直接测量宇宙扩张的加速度。因此，在发现 140 亿年前宇宙第一个星系后，它能够对宇宙中各种元素的变化进行观测，了解到星系、星球乃至黑洞的形成和演变史。

图 5.37　智利建设的 ELT 超级天文望远镜

哈勃空间望远镜（Hubble Space Telescope，HST）是以著名天文学家、美国芝加哥大学天文学博士爱德温·哈勃为名，它是在地球轨道上并且围绕地球的太空空间望远镜，于 1990 年 4 月 24 日在美国肯尼迪航天中心由“发现者”号航天飞机成功发射。

哈勃空间望远镜的位置在地球的大气层之上，因此影像不会受到大气湍流的扰动，它成像的视相度绝佳又没有大气散射造成的背景光，还能观测会被臭氧层吸收的紫外线，是天文史上最重要的仪器之一。它成功弥补了地面观测的不足，帮助天文学家解决了许多天文学上的基本问题，使得人类对天文物理有更多的认识。此外，哈勃的超深空视场则是天文学家目前能获得的最深入、最敏锐的太空光学影像。哈勃望远镜采用卡塞格林式反射系统，由两个双曲面反射镜组成，一个是口径2.4m的主镜，另一个是装在主镜前约4.5m处的副镜、口径0.3m。投射到主镜上的光线首先反射到副镜上，然后再由副镜射向主镜的中心孔，穿过中心孔到达主镜的焦面上形成高质量的图像，供各种科学仪器进行精密处理，得出来的数据通过中继卫星系统发回地面（见图5.38）。

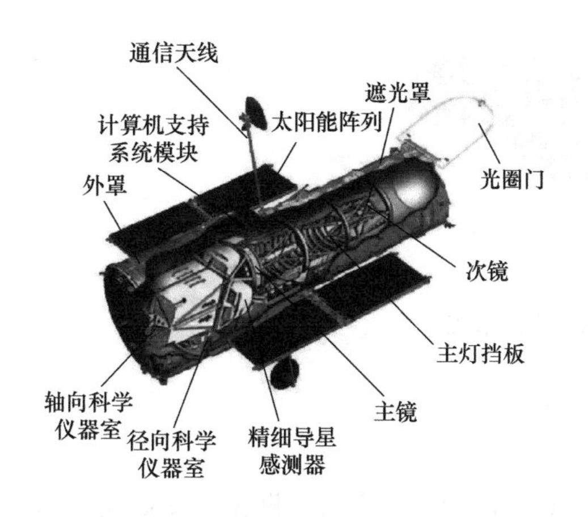

图5.38　太空哈勃望远镜

除了大型天文望远镜之外，还有一类便携式的望远镜，主要用于人们日常的远距离观测。携带式望远镜（见图5.39）又按照手持式与仪器式分成双筒望远镜与单筒望远镜：双筒望远镜是手持式望远镜，主要用于日常人们观看远处景物，其光学参数主要是物镜口径与放大倍数，由于是手持式，所以放大倍数不能太高，一般为8倍左右，否则人们观测时因为手抖而难以观看；单筒望远镜用得最多的就是天文望远镜，还有一些像枪瞄镜、观鸟镜等用途。枪瞄镜望远系统如图5.40所示。

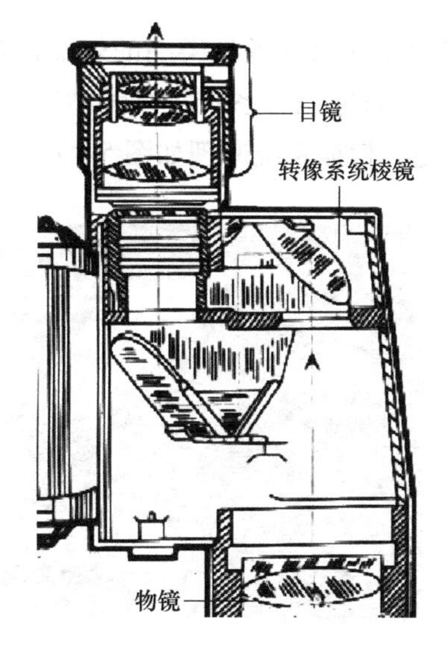

图5.39　携带式望远镜

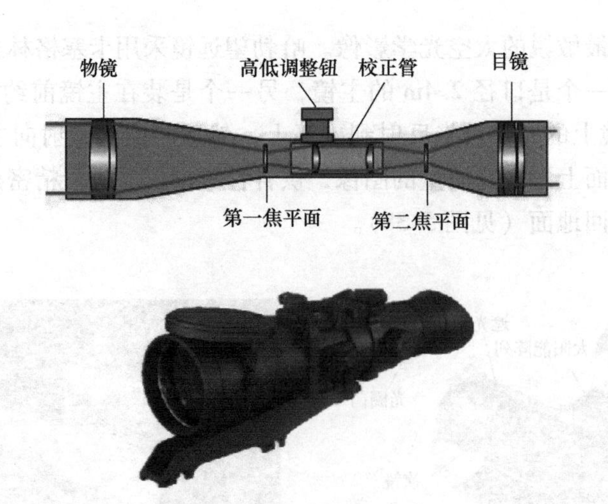

图 5.40　枪瞄镜望远系统

5.3.2　扫描成像

顾名思义，扫描成像就是通过扫描方法实现对目标的成像方式，即是将图像信息用一定的取样孔径，按照一定路径以扫描方式获取和记录的方法。扫描成像是当前信息系统中普遍应用的成像技术。

根据扫描成像的取样的不同，扫描成像可以分为点成像扫描、线成像扫描以及面成像扫描几种方式：

（1）点成像扫描方式　点成像扫描方式可以有面源—点探测器、点源—面探测器以及点源—点探测器接收模式，这些方法可以由点的大小来获得不同的分辨率的图像，因此经常在显微成像方式得到应用如显微成像中的共焦成像技术，分辨率的大小取决于点的大小。

（2）线成像扫描方式　线成像扫描系统主要应用在目前各种类型的扫描仪与复印机中，一般采用线阵 CCD 或 CMOS 器件作为图像传感器，通过光学系统将以线型区域的图像成像到线阵传感器上，移动目标形成扫描成像过程。光学扫描系统原理如图 5.41 所示。

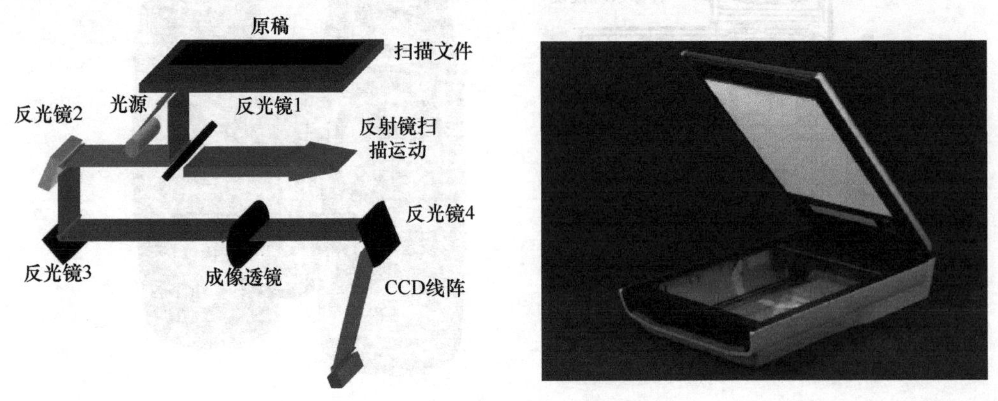

图 5.41　光学扫描系统原理图

可以看出，扫描成像系统中扫描是通过移动反射镜来实现的，这样就可以使扫描系统的体积大大减少。扫描成像系统的取样间隔一般应小于取样光学成像焦斑的半径，即相邻的扫描线应该有一半左右的重叠区。因此，扫描成像的分辨率与成像探测器的大小、数量、扫描采用间隔、成像系统分辨率、焦深等都有密切关系。同时可以看出，扫描成像系统的成像质量与成像透镜的成像质量密切相关。

扫描仪扫描成像的特性一般是按照单位间距所成像的点数来表述，或者单位距离扫描成像的线数来表述。例如，每英寸的点数（DPI）就是分辨率的一个重要表述方式；扫描仪每英寸的线数（LPI）也是一种表述方式，目前一般扫描仪都是600LPI，高分辨的均在1000LPI以上。

扫描成像技术除了应用在扫描仪之外，还可以应用于复印机的成像中。复印机的工作原理是将一个文件扫描成像下来，再转移印制到纸上，因此它具有扫描系统与曝光转移成像系统两个部分。其基本工作原理如图5.42所示。

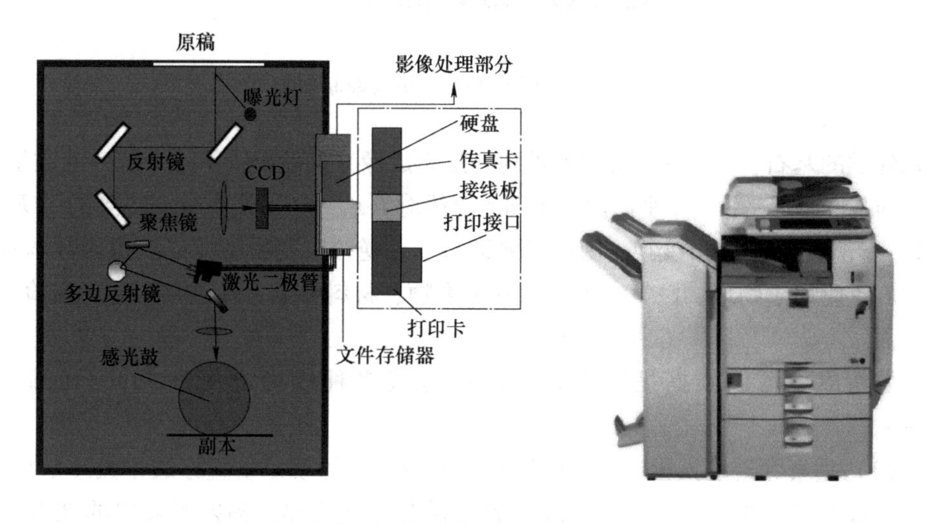

图5.42　复印机光学成像系统原理图

（3）面成像扫描方式　面成像扫描方式就是采用光电面阵图像传感器，利用扫描光学系统将目标的图像不断扫描到光电传感器上，以获得更大的图像。现在病理切片仪就是采用面成像扫描的方式实现面到面扫描成像，该方式对最后图像合成提出很高要求，因为不同图像之间的拼接是需要重叠的，最后如何处理成准确的图像则需要很好地构建图像合成软件系统。

5.3.3　层析成像

层析成像又称计算机层析成像或CT成像，该成像方式的原理是用射线束从不同方向穿过被测介质，通过探测穿过介质的射线强度，依据不同方向射线的强度测试值，通过计算求出介质的断层分布，进而实现对三维介质的断层成像（见图5.43）。

层析成像实际上就是将各种辐射投影图像进行拉东变换，进而计算出物体的三维结构。拉东变换（或称经典Radon变换）是由奥地利数学家J. Radon于1917年提出来的，作为积

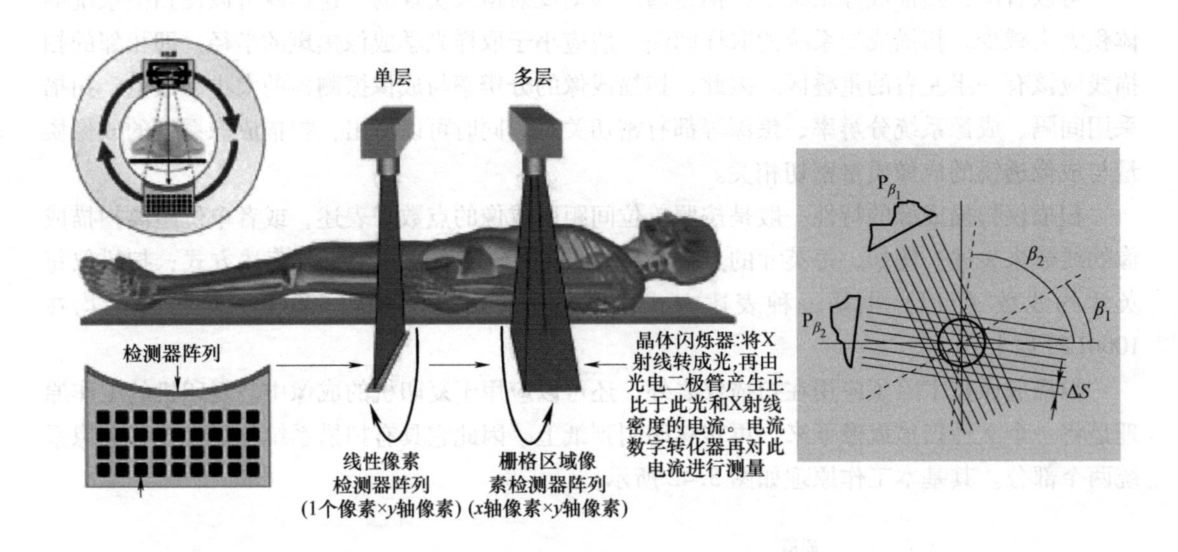

图 5.43 层析成像原理图

分几何学的基石，它为一大类图像重构（层析成像）问题提供了一个统一的数学基础。Radon 变换的基本原理是：一个平面内沿不同的直线对$f(x, y)$做线积分，得到的像$F(d, \alpha)$就是函数$f(x, y)$的 Radon 变换。因此只要进行一个逆拉东变换就可以获得函数本身。拉东变换已被广泛应用于物理、医学、天文、分子生物、材料科学、核磁共振、无损检测、地球物理等方面。

层析成像可以依据投影方式的不同分成多种投影成像方式，下面简要介绍其中几种：

（1）垂直穿透型投影层析　层析成像中最经典的就是垂直穿透型投影层析，顾名思义，就是在被测物体的四周对径布置准直的辐射源与探测器，辐射源发出的准直辐射穿射物体后，由探测器探测。辐射源与探测器阵列围绕物体旋转一圈，就可以得到所有角度的投影信息，利用拉东变换得到物体的二维截面图像信息。

（2）圆锥面扫描投影层析　后来人们发展出了圆锥面扫描投影层析，工作原理是将待层析物体位于圆锥的顶尖，辐射源位于圆锥底部大圆周上，探测器位于另一侧的圆锥底部，这样辐射源在圆锥底部大圆周上发射准直辐射，透过物体后被探测器探测。圆锥 CT 与径向 CT 的不同之处就在于辐射不垂直于物体圆周面，因此获得的 CT 是圆锥的一个斜截面，所以在图像合成上难度大一些。

（3）螺旋扫描层析　为了提升成像速度，现在的 CT 成像普遍采用的是螺旋扫描层析。为了给一个柱状体 CT，利用螺旋 CT 可以加大三维成像速度与分辨率。其特点是辐射源与探测器在圆柱面上是螺旋排布的。螺旋 CT 与径向 CT 有几乎相同的图像算法，但是在三维成像上具有更强的优势。现在大量的三维 CT 均采用螺旋扫描方式获得（见图 5.44）。

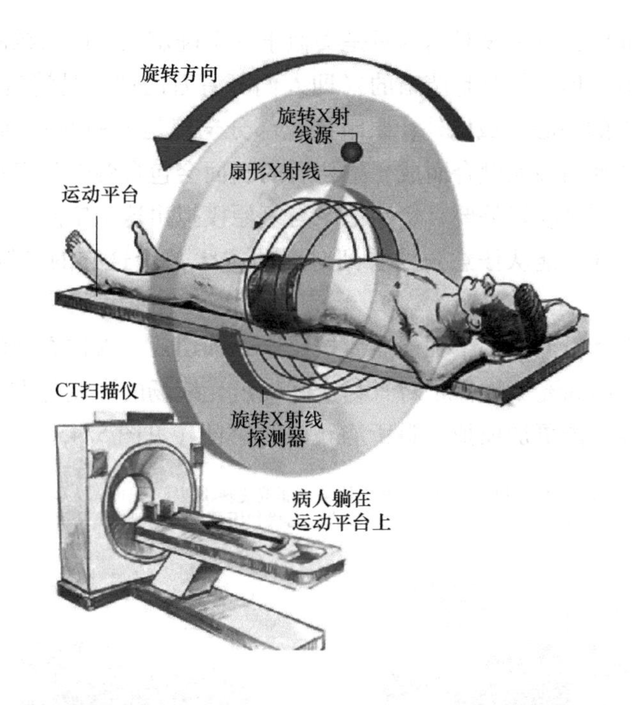

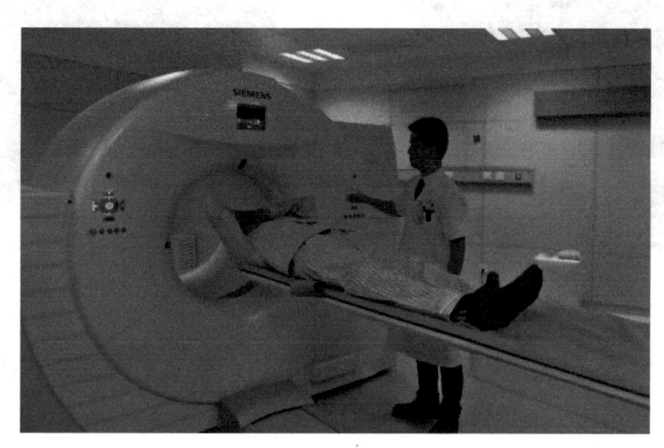

图 5.44　螺旋扫描层析

5.3.4　光场成像

光场是空间中同时包含位置和方向信息的四维光辐射场的参数化表示，是空间中所有光线光辐射函数的总体。光场的两个主要应用方向是光场拍摄和光场显示：光场拍摄需要记录整个空间的所有信息，光场显示则是需要将这些信息完整地复现出来。

光场成像就是将物体在空间内任意的角度和位置的光线均记录下来，以获得整个空间环境的真实信息，用光场获得的图像信息更全面、品质更好。

人眼在观看周围景物时，眼睛的随时对焦已经成了人类的一种本能，而随之进化出来的防抖技能更是让人们几乎感觉不到中间切换时的画面抖动和模糊效果。也就是说，人眼在观察真实世界的时候，眼睛落到不同物体或者不同的点上时，焦点、焦距都是不同的。即人们眼中看到的清晰的世界，在一段时间内只是类似于一个确定焦点的二维图，与现在通用相机拍出来的照片差不多，焦点部分是清晰的（即人们盯着看的地方是清楚的），背景部分则是虚化的（即除了盯着的中心区域以外，眼睛余光部分全部是模糊的）。而整个空间环境则是由无数个这样的二维画面叠加融合而成，融合后的画面会包含各个焦点在特定时刻的各种空间信息和位置关系。而光场就是要真实地记录与复原模拟出这个空间，使人们如真正在这个空间中的任何位置一样，能从任意角度看到对应的“无数个这样的二维画面叠加融合”而成的画面。

在人们眼前的立体世界加一个轴，然后按照这个轴切片，人们看到的所有画面都是这一堆切片里的某一张。因为光场成像是对景物实际发出光线场的强度与方向的综合成像，因此就可以实现上述功能，能更加模拟人眼所能获取的信息（见图 5.45）。

注：由于X射线球管和探测器是环绕人体某一部位旋转，所以CT只能做人体横截面的扫描成像，而MRI可做横断、矢状、冠状和任意切面的成像。

图 5.45　光场成像设备

为了获取拍摄对象的光场，主要的成像方式有三大类型：微透镜阵列方式、相机阵列方式、掩膜及其他孔径处理方式。下面予以简单介绍：

（1）微透镜阵列方式　在现有的普通成像系统基础之上，通过对现有相机一次像面地方加入微透镜阵列，将光电探测器后移至微透镜的焦面探测。这样做的结果是利用微透镜单元来记录同位置不同角度的场景图像，经过这样简单改造就可以获得一个四维光场。代表产品有 Lytro 公司的光场相机（见图 5.46）。

Adobe 公司光场相机镜头的产品中有类似于昆虫复眼的设计，每一个单独的镜头在图像分辨率等方面与传统镜头并无优势，而且由于镜头外接，甚至会引入像差等新的问题需要处理。但原始图像经过 Adobe 公司对应的软件分析处理之后，就会获得一个多层的三维模拟图像。

（2）相机阵列方式　该方式是通过相机在空间的特定排列来抓取一组不同的图像，然后通过特定的计算方式将这些场景重构，从而获得光场。用这种方式获得的图片可以包含很多直接的数据信息，而且在合成孔径成像、大视角全景成像方面具有优势，但 128、64 个相机阵列数据的处理量极大。代表产品有斯坦福大学 Marc Levoy 教授于 1996 年推出的 128 相

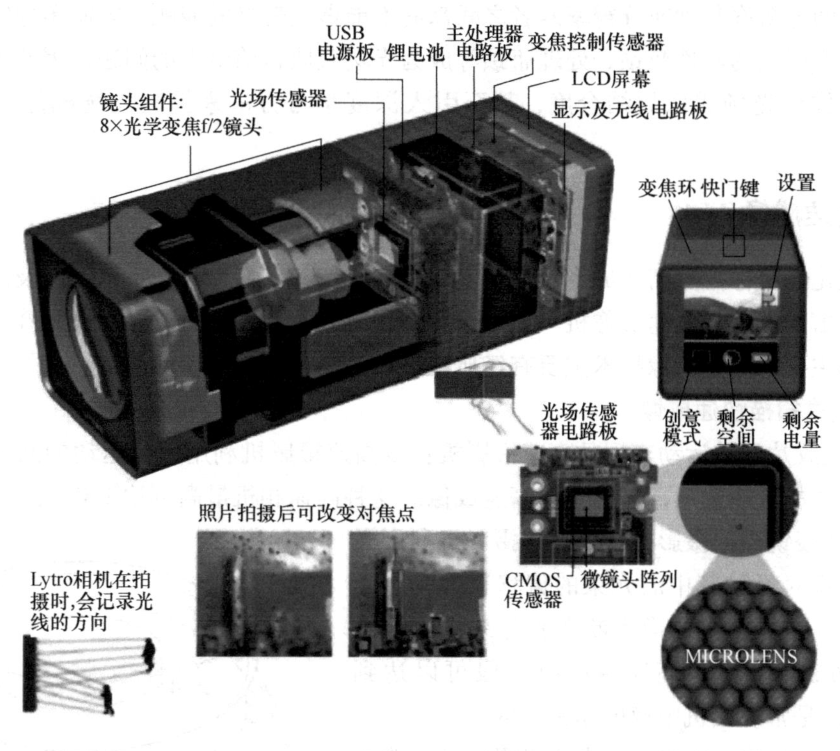

图 5.46　Lytro 公司的光场相机

机阵列方案、Isaksen 单相机扫描方案、麻省理工学院的 64 相机阵列方案、卡内基梅隆大学的“3D Room”方案等（见图 5.47）。

图 5.47　斯坦福与卡内基梅隆大学的“3D Room”

（3）掩膜及其他孔径处理方式　这一类方式都是针对相机的孔径进行设计，通过有规律地调整孔径及光强等来获得一系列照片。这组照片的频域分布会与光场数据基本吻合，通过对应的数据处理可以反推得到四维光场信息。

随着近年来硬件成本降低和技术成熟，光场获取方案目前更多的是倾向于大尺度的大型相机阵列和小尺度的光场显微镜以及与计算成像技术的密切结合。但目前所有的光场相机方案在图像空间分辨率与轴向分辨率两者之间都尚不能做到较好的兼顾，限制图像空间分辨率和轴向分辨率增长的硬件瓶颈、处理瓶颈等成为光场获取目前最大的问题。因此人们需不断加大计算成像与光场成像的结合度，甚至引入深度学习方法来提高光场成像获取信息的能力。

5.3.5 高速成像

快速变化的目标需要高速成像，为了实现高速成像，人们在光学系统上以及成像器件方面进行了不懈的努力。高速摄像机一般用于500Hz到几十万Hz（10^{-5}s的快速事件）的图像拍摄。目前主要的高速成像技术主要有经典机械扫描与快速光电探测两种。

1. 机械式扫描快速成像

1）快速胶片间歇运动实现的高速摄影机：该高速摄影机利用胶片运动的间歇机构快速转动形成胶片的快速远动，进而实现高速成像。这种高速相机最高可达1000幅/s。

2）旋转棱镜高速摄影机：该高速摄影机利用光路中光学棱镜对经过其中的光束的偏移原理，应用旋转棱镜法，使摄影机的像不断在胶片或光电传感器面前扫动成像。这种高速摄影机一般可以达到10000幅/s，是常规相机中速度非常快的。

3）鼓轮式高速摄影机：该高速摄影机是经典的胶片高速摄影机，在这种摄影机中，胶片只有不长的一段，它连接成一个环形，贴附在旋转鼓轮的内表面，鼓轮带动这段胶片高速旋转。这类摄影机的拍摄频率可以达到100000幅/s。如图5.48所示。

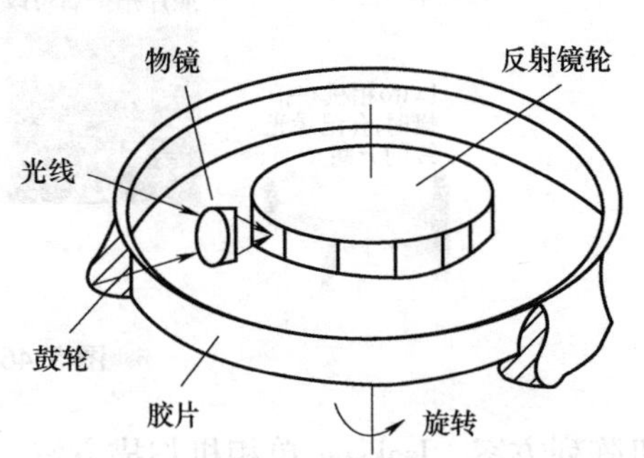

图5.48 鼓轮式高速摄影机

2. 高速数字成像

高速数字摄影机就是采用高速CCD或CMOS阵列光电传感器来实现的。光电传感器主要是指CMOS可编程门电路快速成像。

当采用高性能CMOS传感器时，目前已经实现在分辨率为1280×1024下，最高帧速为1000f/s。如果降低分辨率，则最高帧频可以提高至100000f/s，并且可灵活配置曝光时间，最低可到1μs，内置4GB容量存储体。在全分辨率1000帧速下，2GB内存最长记录时间为1.6s，4GB内存最长记录时间为3.2s，而且有外触发和同步功能，采用千兆以太网接口，可快速下载实时记录的图像序列。这样的高速摄影机不需要任何运动部件，则是因为CMOS的高灵敏度以及CMOS读出电路的可编程性使其可以实现高速成像。因此光电高速数字成像技术已经成为在104f/s以下高速摄影的必然选择，也就是说传统的机械式高速摄影要达到105f/s以上才有存在的空间。如图5.49所示德国Optronic公司的CamRecord就是这样的摄影机。

图5.49 德国Optronic公司的CamRecord

3. 多阵列传感器时间门成像

多阵列传感器时间门成像就是将很多数码相机的电子快门连接起来，用计算机精确时间控制，各台相机按照一定时间间隔顺序曝光。只要该相邻相机拍摄起始间隔时间足够短如 10^{-6}s，那么就可以拍摄到 10^{-6}s 对应的景物变化。当然该时间间隔与相机的个数相关，与每台相机的曝光时间也是关联的，相机的速度可以没有这么快，但是也应该慢 1~2 量级，只有这样，通过一定图像算法才可以重现 10^{-6}速度的成像。图 5.50 所示为斯坦福大学的 Levoy 教授小组用 1560 台小相机组成的相机阵列，构架出 1560f/s 的高分辨高速摄像机。

图 5.50　斯坦福多相机快速摄影

4. 条纹相机成像

条纹相机是将光脉冲时间上的快速变化转变为探测器不同空间位置上的信号变化。由于光脉冲进入仪器时是通过一个狭缝，并在与传播方向垂直的方向产生偏折，使得最早到达的光子与晚到达的光子的偏折大小不同，进而在探测器探测面上的不同位置产生信号，这样就将时间上的变化转换为空间上的变化。由于一个脉冲光在探测器上呈一条直线，故称为条纹相机（Streak Camera）。条纹相机又称为变像管扫描相机，它可以将光信号的时间轴信息转换为空间轴信息，再通过 CCD 相机进行信号的采集和分析，其原理如图 5.51 所示。条纹相机一般可以拍摄到皮秒（10^{-12}s）到纳秒（10^{-9}s）量级的脉冲。

可以看出，脉冲光束从以狭缝进入条纹相机的光电阴极，光电阴极将光束转换为数量与光强成比例的电子束，通过加速电极加速，并在随后的偏转电极作用下产生偏转，这样不同时段的电子偏转量不一样，就在空间实现分离，随后电子打击在荧光屏上产生可见光，被 CCD 接收，这样就可以根据空间位置反映出脉冲时间上的特性。

5. 飞秒激光多次曝光成像

飞秒（femto second，fs）也叫毫微微秒，是标衡时间长短的一种计量单位。1fs 只有 1s 的一千万亿分之一（$1\text{fs} = 10^{-15}\text{s}$），即使是 300000km/s 飞行的光速，在 1fs 内也只能走 0.3μm，不到一根头发丝的百分之一。而可见光的振荡周期为 1.30~2.57fs。因此飞秒成像

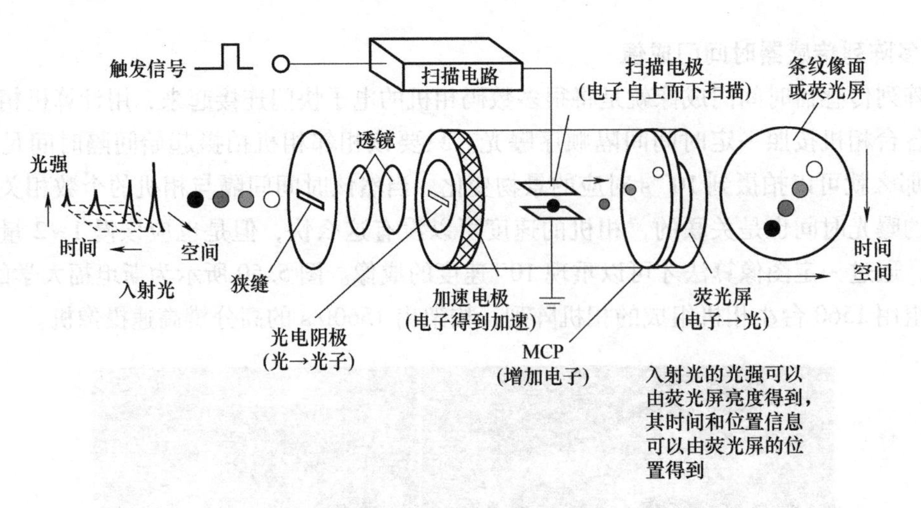

图 5.51　条纹相机工作原理图

技术完全可以将光的传播路线展现出来，使人们看到一个全新的世界。对于皮秒更短的脉冲，则可以采用飞秒激光多次曝光成像的方式进行可重复事件的飞秒量级的超快成像。

由麻省理工学院的教授 Ramesh Raskar 研发的这台相机名为“飞秒非视距成像系统”，它利用光线类似回声的反射效应进行成像。照明光源为飞秒级的超短脉冲激光，先发射到障碍物附近的物体上（比如一个房间的房门），再反射到障碍物后的物体（如屋内），最后反射回原物体后被相机捕捉。系统通过连续发射这样的激光计算来回时间距离，计算后实现 3D 成像。研究者称：“这就像是不用 X 光的 X 光，我们是绕过障碍物，而不是穿过它。”

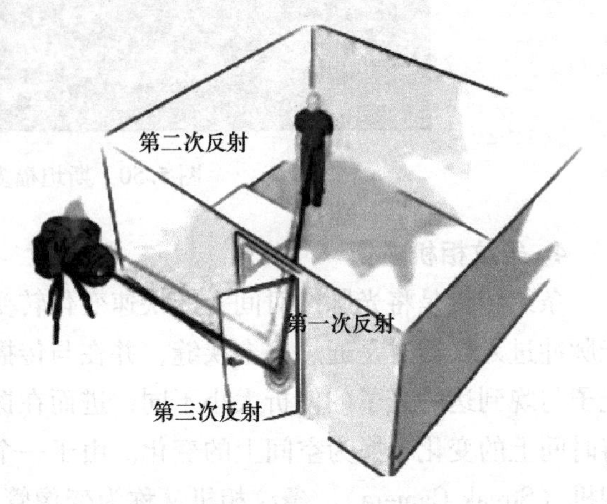

图 5.52　飞秒非视距成像系统

如图 5.52 所示，将光打在门上，由于光线的反射重新回到相机中，利用飞秒成像结合 3D 显示重现房内的情景。

麻省理工学院的研究团队已经做出了这个实验：飞秒相机发出光子，传播到门上出现散射，部分散射光传播到假人身上也同样散射，散射回来的光继续打击到门上，最后有一部分光子会重新回到相机中并且会在略微不同的时间内到达；然后借助飞秒相机的极短的曝光时间计算出来回时间的距离，也就是说它有极好的时间分辨率，足以分辨出这些光子到达时间的先后，以光速捕捉时间；通过激光拍摄出数以百计幅原始照片并叠加在一起，分析光的反射，借此重建出假人的 3D 图像模型。

5.4　信息社会中的成像与应用

成像技术在信息社会中起着极为重要的作用，成为现代信息产业的核心力量。成像与图像信息获取系统产业为现代信息社会的发展奠定了坚实基础。本节将有选择地剖析当今社会中与人们生活密不可分的几个成像产业，以便读者理解其发展的产业特性。

5.4.1　手机相机的发展

手机是人们日常的通信工具，随着信息技术的发展，手机越来越向智能终端的方向发展。世界上第一款配置内置摄像头的手机来自日本，它是夏普公司在2000年推出的一款J-SH04手机，内置10万像素及256色屏幕，由于日本通信市场的封闭性，这款手机并未造成巨大反响。第一代拍照手机在2002年登陆世界范围市场，如诺基亚7650、索尼爱立信T68i等。由于诺基亚7650（见图5.53）是一款拥有2.1英寸屏幕、104MHz处理器的智能手机，再加上30万像素的摄像头，所以总体素质超过竞争对手，它也是我国市场中第一款拍照手机。

图5.53　第一代拍照手机诺基亚7650

随后，具有拍照功能的手机便进入了高速发展阶段，搭载100万像素摄像头的机型层出不穷。但是真正的技术革新是由索尼爱立信K750i带来的（见图5.54）。这款在2005年发售的机型不仅拥有200万像素的传感器，也首次集成了自动对焦系统和氙气闪光灯，因此拍照效果更清晰，使手机拍照体验首次接近数码相机。同期，欧洲的诺基亚公司则推出了N90，该款手机搭载3倍光学变焦镜头，也是第一次将光学变焦引入手机相机的机型，受到市场青睐。

图5.54　率先搭载自动对焦镜头的索尼爱立信K750i

2007年，手机相机进入像素大战，以诺基亚N95为代表的机型不仅内置了500万像素自动对焦摄像头，还支持3.5G网络和GPS，智能拍照手机的雏形已经初现，一代机王诺基亚N95也代表了诺基亚的全盛时期（见图5.55）。

在这个时期，三星、LG等韩国公司也进行了一些尝试，比如三星曾率先将数码相机传感器和镜头移植到手机中，让手机拥有更高的像素和光学变焦能力，视频拍摄分辨率也随着手机处理器的性能提升而提升。总的来说，拍照手机发展初期其实是与整个手机行业的进化同步的，不仅仅是摄像头，其他部分如屏幕、处理器都在不断进化。当然，手机类型还以功能机为主，即使勉强可以称为智能手机的诺基亚Symbian机型也没有太多的拍照应用，拍照手机的第二次革命显然是随着iPhone、Android手机的进化而展开的。

拍照手机的第二次革命是以传感器像素提升与智能应用为主线的升级。

2007年第一代iPhone和Android手机发布时，并没有将拍照作为卖点。首款iPhone仅内置200万像素的非自动对焦摄像头，拍摄效果十分平庸。拍照手机的第二次革命可以追溯到2010年苹果推出iPhone 4（见图5.56），这款拥有500万像素的智能手机，不仅通过iSight传感器实现了惊人的拍摄效果，同时得益于iOS平台软件应用的“井喷式”增长，大量拍摄、分享应用迸发，让用户养成了随拍随发的使用习惯。手机拍照开始与卡片机媲美。

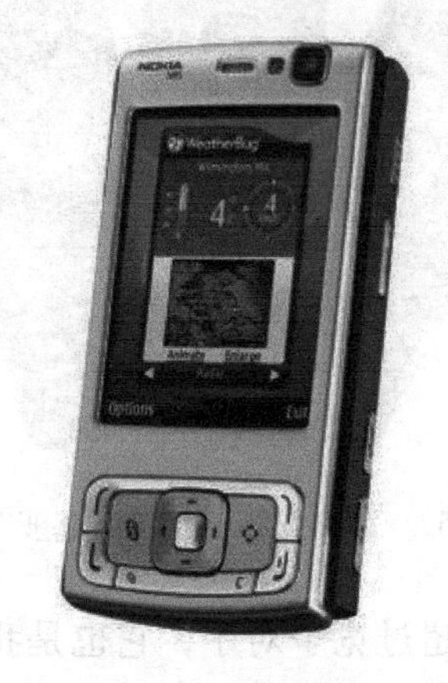

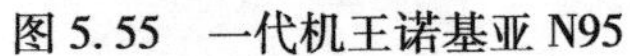

图5.55　一代机王诺基亚N95

图5.56　苹果iPhone 4可以说是拍照手机真正流行的开始

为此诺基亚推出了拥有1200万像素的N8，这款手机从拍照方面来看是十分领先的，但是由于Symbian系统的滞后以及没有强大软件的支撑，难以获得用户的肯定，后期搭载4100万像素的诺基亚808 PureView同样遭到冷遇。由此可见，系统平台的使用体验和应用似乎超越了拍照本身，成为用户更在意的部分。

2013年，智能手机几乎已经定型，手机拍照技术的提升可以归结为图像传感器的多样化和图像处理引擎的进步，镜头素质也有很大提升。比如，HTC One主打UltraPixel大像素面积的概念（见图5.57），以牺牲像素换取进光量来实现更好的低光拍摄效果，不过似乎较低的像素（400万）让一些用户难以接受。采用同样概念的还有苹果的iPhone 5s，只是没有HTC那么激进，iPhone 5s提升了传感器尺寸但像素保持不变，拍照效果要比前作更突出。而诺基亚Lumia 1020则采用了4100万像素传感器（见图5.58），并实现无损变焦的效果，同时Windows Phone平台相对Symbian来说更为强大，拍摄体验和软件应用都要更出色。这时手机相机的拍照能力已经超越卡片相机，对卡片相机造成极大冲击。

图5.57　HTC One的UltraPixel

2010 年之后，三星、索尼这样具备数码相机生产能力的公司也开始发力生产手机相机。其中，三星直接移植了数码相机的 1/2.3 英寸 1600 万像素传感器、10 倍光学变焦镜头到 Galaxy S4 Zoom 上（见图 5.59），其实产品理念与之前的功能机相同，除了画质提升，Android 系统也带来了更好的应用能力。索尼则将索尼影像的“G”镜头和 BIONZ 图像处理引擎整合到 Xperia Z1 手机中，2000 万像素的大尺寸传感器也拥有相当高品质的画质表现。

图 5.58　诺基亚 Lumia 1020 在主流平台实现了高像素之梦

图 5.59　三星 Galaxy S4 Zoom 的 10 倍光学变焦镜头

随着我国手机产业的发展，以华为为代表的手机制造商在互联网时代创造的智能信息产业变革的时期，抓住手机在信息化智能化换代的机遇，突破发展。我国中高端手机已经达到国际先进水平。特别是华为的系列手机（见图 5.60）率先在国际上采用双镜头变焦等功能，实现了手机产业的大逆转。同时我国手机制造商小米、vivo 等将图像软件处理技术与手机相机完美结合，推出了适应于国人喜好的摄影产品，使得手机的摄影质量接近了单反相机的水平，成为国际知名手机制造商。

图 5.60　华为 P10 手机

在智能平台逐渐成熟的今天，未来拍照手机还有哪些可以提升的方面呢？显然，更加智能、更高像素、4K 视频、大倍率变焦、功能成像将是未来发展的主流。

随着智能时代的到来，手机的功能正在异化发展，通信功能逐步减弱，信息与交互功能正在逐步加强。拍照手机在智能感知方面会有突飞猛进的发展：首先，高像素可能仍是重点之一，将会有亿级像素传感器并配备光学防抖功能，可实现多镜头、大视场、高分辨成像；其次，4K 视频拍摄能力、大色域等高品质画面方面都会有很大发展；再次光场获取型、三维相机、光谱相机等概念不断推陈出新。

作为手机制备商的上游产业——手机摄影模组产业成为发展的一个关键环节，手机摄影模组正在发生各种革命性变革。面对十亿量级的手机市场，手机摄影模组已经是规模化的架构与生产模式，其结构与外形如图 5.61 所示。

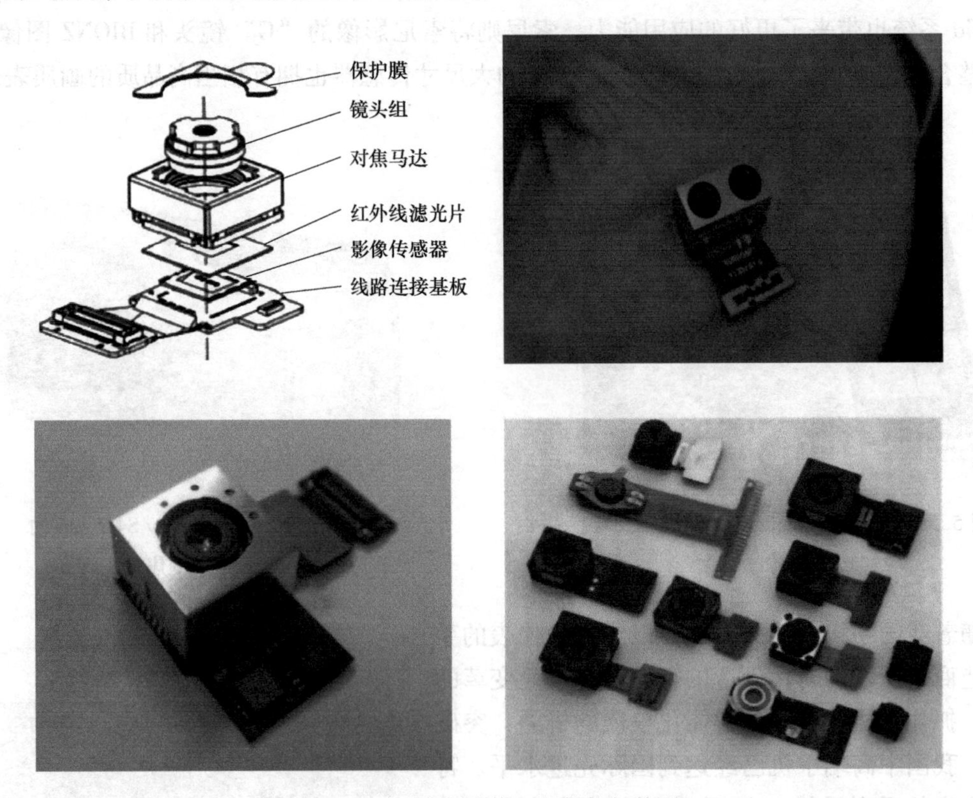

图 5.61 手机摄影模组的结构与外形

总之，手机拍照已经成为移动互联网应用中不可或缺的一部分，未来的进化也将围绕画质、功能、智能化等多方面展开。相信在不久的将来，手机相机的能力会有极大的增强，成为移动终端信息获取最主要的途径与手段。

5.4.2 光刻机产业

光刻工艺是集成电路最重要的加工工艺，在整个芯片制造工艺中，几乎每个工艺的实施都离不开光刻技术。光刻是为了将集成电路的电路结构图形印制在硅片上，其做法是在硅片上涂感光胶，用集成电路设计的电路胶片遮盖上面（或者将电路模板投影在感光胶面上）形成曝光，然后清除感光部分，露出硅片在上面进行加工，随后清除残余胶，再涂胶重复上述过程，当然每次胶片不一样，这样几次做几层，就加工出集成电路。

光刻也是制造 IC 的最关键技术，占芯片制造成本的 35%以上。在如今的科技与社会发展中，IC 芯片成为日常生活中不可或缺的器件，无论是便携式产品、信息产品、家电产品，还是生活用品都离不开集成电路芯片。光刻已经每年以 35%的速度增长，它的增长直接关系到现代社会的运作。现在大型计算机的每个芯片上可以大约有 10 亿个零件，这就需要很高的光刻技，如今很多国家都在积极发展光刻技术。光刻技术与人们的生活息息相关，手机、计算机等各种各样的电子产品中的芯片制作都离不开光刻技术。如今世界是一个信息社会，在这个社会中各种各样的信息流在流动，而光刻技术是保证制造承载信息载体的关键，在信息社会中拥有不可替代的作用。

目前，光刻机主要分成两大类：一类是接触式光刻机（见图 5.62），一类是步进式非接触光刻机（见图 5.63）。顾名思义，接触式光刻机就是模板与感光胶是接触在一起的，模板的内容直接反转到光刻胶上，因此系统比较简单，但不能制备复杂的图案。步进式非接触光刻机采用投影式，可以对准，因此可以刻制复杂图案，是现在集成电路的基本光刻技术产品，主要由激光系统、照明系统、匀束系统、模板系统、成像物镜、移动平台等几部分构成。

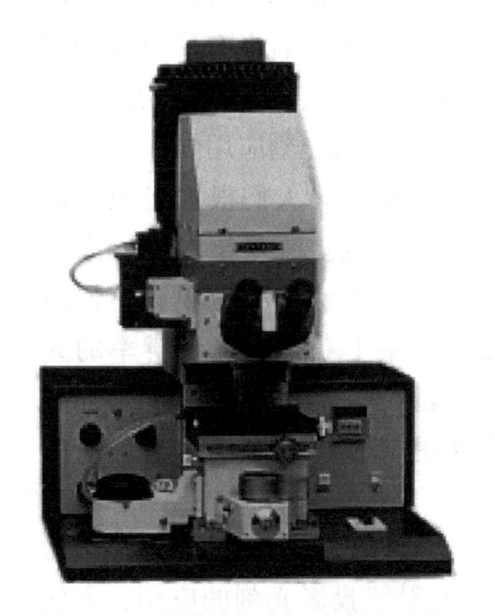

图 5.62　接触式光刻机的基本结构

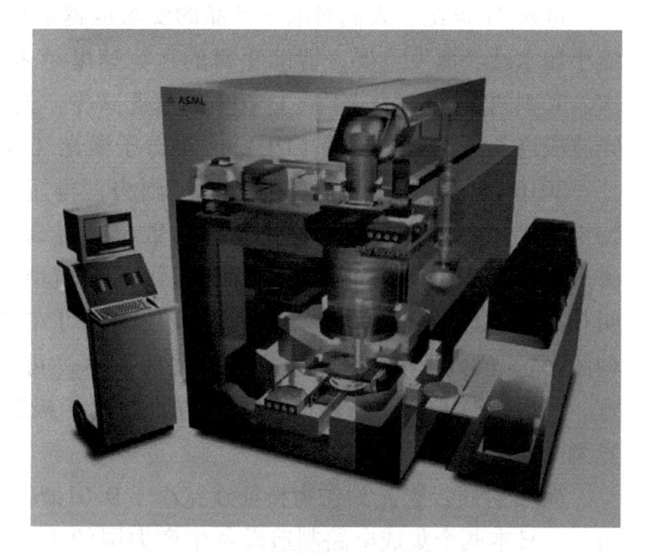

图 5.63　步进式非接触光刻机的基本结构

1947 年，贝尔实验室发明第一只点接触晶体管，从此光刻技术开始了发展。当时，计算机的大量使用使得芯片的需求量大增，许多科学家都在研究发展计算机，于是光刻技术迅速被人们所重视并飞速发展。20 世纪 50 年代的国外，光刻技术“百花齐放”，出现过各种光刻手段，但是分辨率要求不高、器件也比较简单。

1959 年世界上第一台晶体管计算机出现后，仙童半导体提出规范的光刻工艺，以此研制世界第一个适用单结构硅晶片。20 世纪 60 年代，光刻技术已经从实验室走向了生产线。鲁尔发明外延生长工艺，仙童提出互补氧化物半导体场效应晶体（CMOSIC）制造工艺，并且成功研制了世界上第一台集成电路的计算机 IBM360。随着集成电路芯片技术的发展，芯片尺度越小、晶体管数量越多的摩尔定律在 1965 年被提出。CMOS 门系列被成功研制，并且世界上第一台 2 英寸集成电路生产线被建立。GCA 公司开发出光学图形发生器和分布重复精缩机。

到了 20 世纪 70 年代，微光刻技术已经基本成熟，这个时代是以 8μm 工艺为代表的。这个时代研制出来了第一块微处理器 Intel4004，建立了世界上第一条 3 英寸集成电路生产线，1973 年半导体设备推出了第一块 CMOS 微处理器 1802。集成电路的摩尔定律开始显现。

随后荷兰的 ASML 公司开始开发数字化曝光机、投影光刻机等关键工艺设备技术，并且在 1973 年建立了世界上第一条 4 英寸集成电路生产线。1979 年 IBM 推出世界第一台个人计算机 intel8088。

20 世纪 80 年代是光刻集成电路进行自动化大生产的时期。1988 年，世界上第一条 8 英寸集成电路生产线建立，并研制出了 16M 位 DRAM，由此进入超大规模集成电路时代。CMOS 工艺有 120 万个晶体管，IBM DRAM 进入市场。集成电路和光刻技术已经进入亚微米时代。光刻分辨率以 800nm 的 CAD 制版为主。

20 世纪 90 年代，高分辨光刻技术的特征尺寸向深亚微米推进。蔡司、尼康等公司纷纷推出自己的投影式光刻产品，1999 年实现了 0.13μm 光刻工艺。

进入 21 世纪，人们对电子产品的要求也越来越高。随着智能手机的迅速发展，芯片的缩小技术已经愈发重要，智能手机的运算速度越来越快，对光刻技术的缩小有了更高的要求。光刻的线宽以每三年减少 70%的速度减少。光刻机的光源波长已经从过去的汞灯紫外光波段进入到深紫外波段（DUV），准分子激光（波长为 193nm）进入光刻应用。

2010 年代，光刻光源的波长已经到头，再短就要进入软 X 射线。人们根据光的干涉特性，利用各种波前技术优化工艺参数也是提高分辨率的重要手段。这些技术是运用电磁理论结合光刻实际对曝光成像进行深入分析所取得的突破，其中有移相掩膜、离轴照明技术、邻近效应校正等。运用这些技术，可在目前的技术水平上获得更高分辨率的光刻图形。光源为 193nm，通过采用波前技术，可在 300mm 硅片上实现 0.014μm 光刻线宽。同时 ASML 公司与蔡司公司一道研制出了极紫外（软 X 射线）光刻系统，将现在的光刻分辨率推到了 5nm。

软 X 射线投影光刻作为特征线宽小于 0.01μm 的集成电路制造技术（见图 5.64），倍受荷兰、日本两个集成电路制造设备生产大国的重视。随着软 X 射线投影光刻的应用，无污染激光等离子体光源、高分辨率大视场投影光学系统、无应力光学装调工艺、深亚纳米级镜面加工和多层膜制备、低缺陷反射式掩膜、表面成像光刻胶、精密扫描机构等关键技术均取得了突破。

图 5.64　X 射线光刻系统

在光刻系统中，光刻胶的好坏直接影响着生产效能。软 X 射线投影光刻系统的光刻胶应具有小于 0.01nm 的分辨本领及 $20mJ/cm^2$ 的感光度、大于 0.5nm 的抗刻蚀能力和 85°的侧壁倾角。

电子束曝光光刻是微型技术加工发展的另外一种技术，它充分利用电子的波长极短的特性，可以获得很高的分辨率，一般分辨率可达5nm（见图5.65），在纳米制造领域中起着不可替代的作用。电子束光刻主要是刻画纳米尺度的微小结构，电路通常是以纳米为单位的，电子束光刻技术是纳米结构图形加工中非常重要的手段。电子束光刻技术要应用于纳米尺度微小结构的加工和集成电路的光刻，必须要解决几个关键的技术问题：①电子束高精度扫描成像曝光效率低；②可以曝光加工的面积小，扫描曝光速度慢；③需要真空过程；④电子在抗蚀剂和基片中的散射和背散射现象造成的邻近效应；⑤在实现纳米尺度加工中电子抗蚀剂和电子束曝光及显影、刻蚀等工艺技术问题。总之电子束曝光设备是科学研究的重要设备，分辨率高、灵活性强，但曝光面积小速度慢、不适合工业生产，如果能够提升曝光速度，则有望进一步推进它的应用范围。

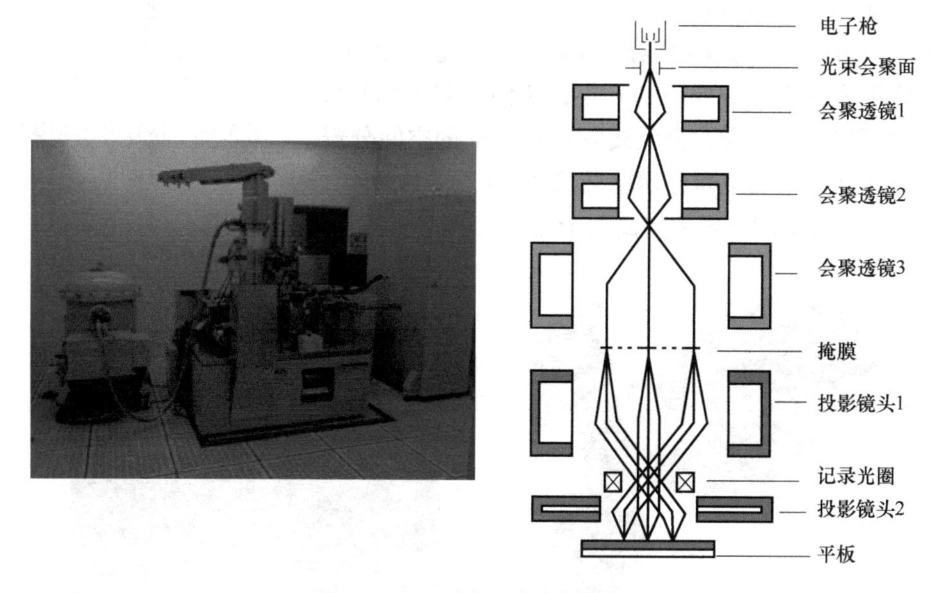

图5.65　电子束曝光光刻系统

5.4.3　航空航天遥感产业

遥感技术是20世纪40年代开始随着航空器的发展而诞生的成像传感技术。遥感以航空摄影技术为基础，开始为航空遥感，主要是在航空飞行或者飞机上应用，也就是飞机上配置设备对地面目标进行航拍，进而获得有效地理环境或者其他目标信息。1972年美国发射了第一颗地球资源技术卫星，标志着航天遥感时代的开始。经过几十年的迅速发展，目前遥感技术已广泛应用于资源环境、水文、气象、地质地理等领域，成为一门实用的、先进的空间探测技术。

遥感技术的发展分成萌芽时期、初期发展时期以及现代遥感时期三个阶段：

1）萌芽时期应该从望远镜的发明算起，因为遥感相机基本上就是望远镜的发展与改型。1608年世界第一架望远镜被制造出来。1609年伽利略制作了放大三倍的科学望远镜并首次观测月球。1794年气球首次升空侦察。1839年实现第一张摄影相片（见图5.66）。

2）初期发展是遥感发展的第二个时期，是真正开始航空遥感时期。1858 年用系留气球拍摄了法国巴黎的鸟瞰相片。1903 年发明了飞机。第一次世界大战期间（1914—1918）形成独立的航空摄影测量学的学科体系。第二次世界大战期间（1931—1945）出现了彩色摄影、红外摄影、雷达技术、多光谱摄影、扫描技术以及运载工具和判读成图设备。

3）航天遥感的出现标志着现代遥感时期的到来。1957 年，苏联发射了人类第一颗人造地球卫星。20 世纪 60 年代，美国发射了 TIROS、ATS、ESSA 等气象卫星和载人宇宙飞船。1972 年，美国发射了地球资源技术卫星 ERTS-1（后改名为 Landsat-1）开启航天遥感，它装有 MSS 传感器，分辨率 79m。1982 年，美国发射了 Landsat-4，它装有 TM 传感器，分辨率提高到 30m。1986 年，法国发射 SPOT-1，它装有 PAN 和 XS 遥感器，全色波段具有 10m 的空间分辨率，多光谱具有 20m 的空间分辨率（见图 5.67）。1999 年，美国发射 IKNOS，空间分辨率提高到 1m。

图 5.66　1839 年实现第一张摄影相片

图 5.67　法国 SPOT 卫星与拍摄照片

遥感技术集中了空间、电子、光学、计算机通信和地球科学等学科的最新成就，是当代高新技术的一个重要组成部分。国际上遥感技术的发展在未来将人类带入一个多层、立体、多角度、全方位和全天候对地观测的新时代。各种高、中、低轨道相结合，大、中、小卫星相互协同，高、中、低分辨互补的全球对地观测系统，将能快速、及时地提供多种空间分辨率、时间分辨率和光谱分辨率的对地观测海量数据（见图 5.68）。

遥感技术广泛用于军事侦察、导弹预警、军事测绘、海洋监视、气象观测和毒剂侦检等。在民用方面，遥感技术广泛用于地球资源普查、植被分类、土地利用规划、农作物病虫害和作物产量调查、环境污染监测、海洋研制、地震监测等方面。遥感技术总的发展趋势是：提高遥感器的分辨率和综合利用信息的能力，研制先进遥感器、信息传输和处理设备，以实现遥感系统全天候工作和实时获取信息，以及增强遥感系统的抗干扰能力。遥感按常用

图5.68　遥感技术

的电磁谱段不同分为可见光遥感、红外遥感、多谱段遥感、紫外遥感和微波遥感。

随着遥感技术几十年的发展，卫星遥感技术应用的范畴已经从当初的单一遥感技术发展到今天包括遥感（RS）、地理信息系统（GIS）、全球定位系统（GPS）等技术在内的空间信息技术，逐渐深入到国民经济、社会生活与国家安全的各个方面，使社会可持续发展和经济增长方式发生了深刻的变化，其发展与应用水平也已成为综合国力评价的重要标志之一。

目前我国已经建立了国家级资源环境宏观信息服务体系，该服务体系包括以我国1：25万土地利用数据为核心的国家资源环境空间数据库、两个部级服务系统、三个省级示范系统以及五个县级服务系统，珠江三角洲地区“4D”（数字高程模型（DEM）、数字正射影像库（DOQ）、数字专题地图库（DRG）和数字专题信息（DTI）技术系统以及全国资源环境信息技术系统。

我国是自然灾害频繁且严重的国家，每年因灾害所造成的损失高达上千亿元人民币。对重大灾害进行动态监测和灾情评估，减轻自然灾害所造成的损失是遥感技术应用的重要领域。

我国是农业大国，粮食问题是我国政府非常重视的问题。早在20世纪80年代中期，以中国气象局为主组织开展了北方10省市冬小麦航天遥感估产试验。这标志着气象卫星非气象领域工程化应用的开始，也是我国首次开展大规模遥感估产工作。目前利用气象卫星进行农作物估产的应用已得到了普及和深化，并形成了一种业务化的手段，估产对象也从冬小麦扩展到玉米、水稻等其他作物。另外，我国的矿产资源丰富，矿产资源普查为遥感技术提供了广阔的空间，遥感技术在区域地质填图方面的应用已比较成熟，并取得了很好的效果。

5.4.4　智慧城市之监控产业

智慧城市的关键技术之一就是城市的视频监控与自动识别技术，它在城市管理、现代交通、现代商业以及现代物流中都起着极为重要的作用。视频监控技术的发展大致经历了三个阶段：

1）第一阶段是1984年至1996年，该阶段以闭路电视监控系统为主即第一代模拟电视监控系统。其传输媒介为视频线，由控制主机进行模拟处理，主要应用于银行、政府机关等场所。该阶段属起步阶段。

2）第二阶段是20世纪90年代中期至20世纪90年代末，该阶段以基于计算机插卡式的视频监控系统为主，也被业内人士称为半数字时代。其传输媒介依然是视频线缆，由多媒体控制主机或硬盘录像主机（DVR）进行数字处理和存储，应用也多限于对安全程度要求较高的场所。这一阶段属初步发展阶段。

3）第三阶段是20世纪90年代末至今，该阶段以嵌入式技术为依托，以网络、通信技术为平台，以智能图像分析为特色的网络视频监控系统为主，自此网络视频监控的发展也进入了数字时代。网络视频监控的应用不再局限于安全防护，逐渐也被用于远程办公、远程医疗、远程教学等领域。这一阶段属高速发展阶段。

可以看出，视频监控的发展经历了模拟视频监控、半数字监控、IP（网络）数字监控三个阶段。数字化、网络化是视频监控技术发展的必然趋势。全模拟的监控方案如模拟摄像机、磁带机已被淘汰，这个方案的前端采集、后端显示和传输线路都使用模拟信号，所以又称为闭路电视监控系统（CCTV）。该方案需要专门铺设线路，因此成本高，在长距离传输时视频损耗大，严重影响了后端显示的效果。

从第一代摄像机发展到现在，摄像机取得了巨大的发展，从黑白到彩色，从普通枪机到一体机，宽动态、低照度、分辨率、信噪比等技术指标迅速提升，然而其基本原理没有改变。摄像机主要由镜头、影像传感器（主要是CCD器件）、数字信号处理器（DSP）等组成，被摄物体经过镜头聚焦至CCD上，CCD由多个X-Y纵横排列的像素点组成，每个像素都由一个光电二极管及相关电路组成，光电二极管将光线转变成电荷，收集到的电荷总量与光线强度成比例，所积累的电荷在相关电路的控制下逐点移出，经滤波、放大，再经过DSP处理后形成视频信号输出。

早期的模拟摄像机（见图5.69）是将视频采集设备产生的模拟视频信号转换成数字信号，进而将其储存在计算机里。模拟摄像机捕捉到的视频信号必须经过特定的视频捕捉卡将模拟信号转换成数字模式，并加以压缩后才可以转换到计算机上运用。

图5.69　模拟摄像机

而网络（IP）摄像机是一种结合传统摄像机与网络技术所产生的新一代摄像机，它可以将影像通过网络传至地球另一端，且远端的浏览者不需用任何专业软件，只要标准的网络浏览器即可监视其影像。网络摄像机内置一个嵌入式芯片，采用嵌入式实时操作系统。摄像机传送来的视频信号数字化后由高效压缩芯片压缩，通过网络总线传送到Web服务器。网络上用户可以直接用浏览器观看Web服务器上的摄像机图像，授权用户还可以控制摄像机云台镜头的动作或对系统配置进行操作。

网络摄像机（见图5.70）是从模/数模拟信号直接到网络信号，从而大大提高了转换效率，进而极大地提高了画质，由于画质的改善减少了雪花噪点，所以尽管像素高，但占用的码流反而不大，其网络适用性更佳。正因为纯数字网络摄像机所具备的优越性，使得模拟网络摄像机在市场上逐步被淘汰。

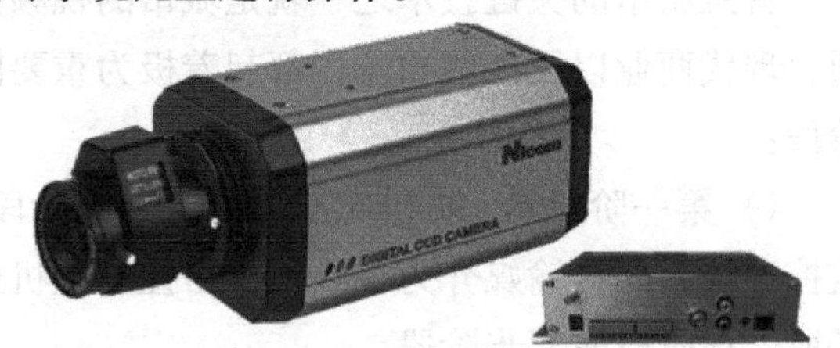

图5.70　网络摄像机

20 世纪末期，随着宽带技术和其他相关科技的日新月异，网络开始以人类想象不到的速度发展起来，从 ISDN 到 DSL 及专网的建设使网络视频成为新兴的行业，在这个大的环境下，快速的网络普及及编码技术的推新使网络摄像机逐步发展成为智慧城市的重要组成部分，构造出一个全新的新兴领域。图 5.71 所示为智能化的监控系统。

图 5.71　智能化的生活小区监控系统

可以说，现代监控成像技术是智慧城市、现代物联网的关键技术，它已经普及并在当今城市管理与服务中起到重要作用。随着云计算、人工智能技术的发展，智能监控成像技术必将在未来社会发展中起到更大的作用。

思考与讨论题

1. 有没有其他的景物光场投影方法，使得人们可以在二维空间记录尽可能多的四维光场信息？

2. 在时间与空间变化中，如何实现空间与时间的兼顾？

3. 按照合成孔径原理，如果希望获得深空 10 光年处 10km 的分辨率，从理论上分析需要多大口径的望远镜？试设想如何能实现这样口径的成像系统？

4. 如何利用监控成像改进城市的交通拥堵？请试设计您的智能交通系统。

参考文献

[1] 杨智宽. 临床视光学 [M]. 2 版. 北京：科学出版社，2014.
[2] 廖延彪. 成像光学导论 [M]. 北京：清华大学出版社，2008.
[3] 白廷柱，金伟其. 光电成像原理与技术 [M]. 北京：北京理工大学出版社，2010.
[4] 姜会林. 空间光电技术与光学系统 [M]. 北京：科学出版社，2015.
[5] GOVERT S，LARS L C. 天文望远镜 400 年探索之旅 [M]. 沈吉，译. 上海：上海科学技术文献出版社，2010.

第 6 章　光电显示

语言文字出现之后，场景与文字的展示就成为人类的一个重要需求，显示技术孕育而生。显示是提供给人眼观看的，人类感知信息的 70%是通过视觉获得的，因此显示技术在当今信息时代具有极为重要的作用，显示产业也是国家支柱产业之一。本章将论述显示技术的发展历程、现代显示的几种基本手段与方法、主要显示器件等，使读者对光电显示领域有一个总体了解。

6.1　显示技术的发展历程

人类的双眼是用来观察与观看的，光电显示技术就是将图像转换成人眼能够看到的景象供人眼观看。所以历史上人们不断发展呈现图像的手段与方法。例如，唐朝的皮影戏就是典型的古代显示技术——它是一种映像技术，利用光将图片的形状影子投影到幕布上而形成映像，从这个意义上说，它是现代投影显示技术的雏形。17 世纪末，欧洲就发明了能够反映动态映像的机器。真正实用的电影放映机是法国的路易斯·鲁米尔于 1895 年发明的，电影放映机的出现使人类第一次有了可动态显示的显示技术，人类第一次可以看到过去发生的事情，推进人类进入电影时代。

随后的 100 多年里，显示技术并没有很大的发展，人们一直停留在如何通过精密机械的方式改进电影放映机的性能层面。直到 19 世纪，人类发明了阴极射线管（Cathode Rays Tube，CRT），它利用电子束轰击荧光粉使得荧光粉发光，利用电场控制下的电子束偏转扫描技术实现阴极射线管显示，故又称之为显像管。CRT 的出现使得显示技术进入电子时代，开启了近百年现代显示技术快速发展的时期。

现代显示技术是人类进入信息时代的主要推手之一，因为图像的传输比音频信号需要更高的通信带宽，更为重要的是，图像显示使得信息的内容从文字、音频增加到了视频，促进了多媒体技术的产生，使得互联网展现出变革性的发展，网络技术真正进入人类社会，为现代智能信息社会打下了基础。

1. 现代显示技术的发展过程

1896 年，德国的布劳恩（Braun）等人发明了阴极射线管（CRT），开启了现代显示技术的技术基础。20 世纪 40 年代，第二次世界大战中雷达技术发展的需要，促进了 CRT 显示技术的长足发展。第二次世界大战结束后，CRT 显示开始进入民用领域，1950 年美国 RCA

公司完成了荫罩式彩色 CRT 的研制，这是彩色的电子式显示器。1954 年美国开始采用 NTSC 制式播送彩色电视节目。由此，人类进入视频图像显示的电视信息时代。

随后的近 50 年中，在视频信息的显示方面没有变革性的新型显示技术的突破，显示器的主流技术一直为 CRT，视频信息的传输与显示也因为显示器只有 CRT 而极为统一，甚至连视频信号的格式也按照 CRT 图像产生方式形成了所谓的逐行扫描与隔行扫描格式。视频信息成为电子信息的代名词，CRT 也成为显示器的代名词。当然这期间，人们对 CRT 显示的关键技术进行了深入研究，并在荧光材料、荧光屏结构、遮蔽屏、电子枪以及偏转线圈等彩色 CRT 主要技术的优化和制造技术上取得显著进步，彩色 CRT 的性能有了极大的提高，成本不断下降，实现了极佳的性能价格比。但是这些无法改变 CRT 的尺寸和外形庞大而且笨重等本质问题。CRT 显示器如图 6.1 所示。

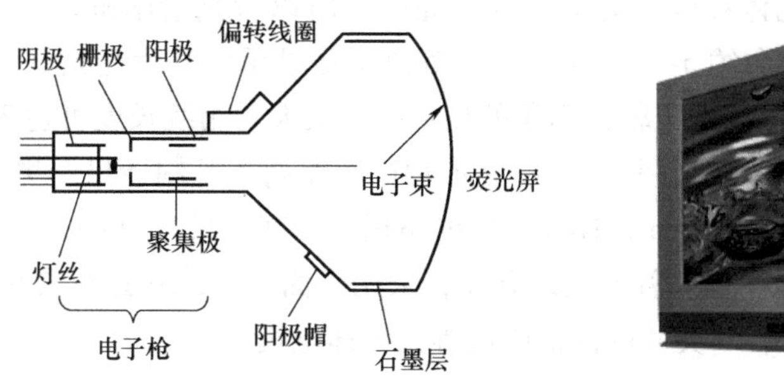

图 6.1　CRT 显示器

20 世纪 70 年代，随着电子技术的发展，信息技术从模拟时代逐步向数字时代发展，小型数据显示器市场的需求发展迅速，这种趋势促进了真空荧光显示器（Vacumn Flourescence Display，VFD）（见图 6.2）、发光二极管（Light Emitting Diode，LED）显示器以及液晶字段显示器的发展。这个时期的显示器仅仅显示一些符号主要是数字的字段，但是却是数字显示的雏形阶段，这些技术的发展与积累为随后 90 年代液晶等平面高分辨显示技术的发展奠定了基础。总体而言，20 世纪 70 至 80 年代是各种显示技术积累与发展的时期，数字化技术逐步形成，并催生着新的显示技术的出现。信息的表征主要逐步从模拟向数字化发展，从语音信息向文字信息发展，同时计算机特别是个人计算机的出现产生了计算机监视器市场，随着计算机数字技术的发展，新的平板显示正在呼之欲出。

图 6.2　荧光数码管

20 世纪 90 年代出现的数字化与信息化的浪潮，对显示技术提出了更高的要求，特别是便携式计算机技术、高清晰度电视的发展对各种大小的高分辨、低电耗的便携型显示器的需求越来越迫切，大大增加了对显示技术特别是平面显示器发展的需求。20 世纪 70 年代发明的等离子体显示屏（Plasma Display Panel，PDP）在 90 年代开始成熟，并在数字信息的初期展示出极大的活力。同时彩色等离子平板显示屏在市场上大量出现，开启了平板显示技术的先河。所谓平板显示，就是指相对显示屏幕的尺寸而言，显示器的厚度是很薄的，整个显示器呈现平板形状，因此称之为平板显示。等离子体显示屏是一种平面显示屏幕，由两块玻璃平板组成，两块玻璃平板之间充入惰性气体，由氖及氙混合而成，加电压之后使气体产生等离子效应，放出紫外线激发荧光粉而产生可见光，利用激发时间的长短来产生不同的亮度。等离子体显示屏中，每一个像素都是三个不同颜色（三原色）的等离子发光体所产生的。由于它是每个独立的发光体在同一时间一次点亮的，所以特别清晰鲜明，如图 6.3 所示。等离子体显示屏的使用寿命约 5~6 万个小时。等离子体显示屏甚为光亮（1000 lx 或以上），可显示更多种颜色，也可制造出较大面积的显示屏，最大对角线长度可达 381cm（150 英寸）。等离子体显示屏是主动发光显示，所以显示对比度亦高，可制造出全黑效果，对观看电影尤其适合。显示屏厚度只有 6cm，连同其他电路板，厚度也只有 10cm。20 世纪 80 年代，PDP 作为 HDTV 大屏幕显示的替补产品来开发，采用了面放电结构进行彩色化的研究，终于在 90 年代中期之后发展出 40 英寸的高清晰度等离子体电视。

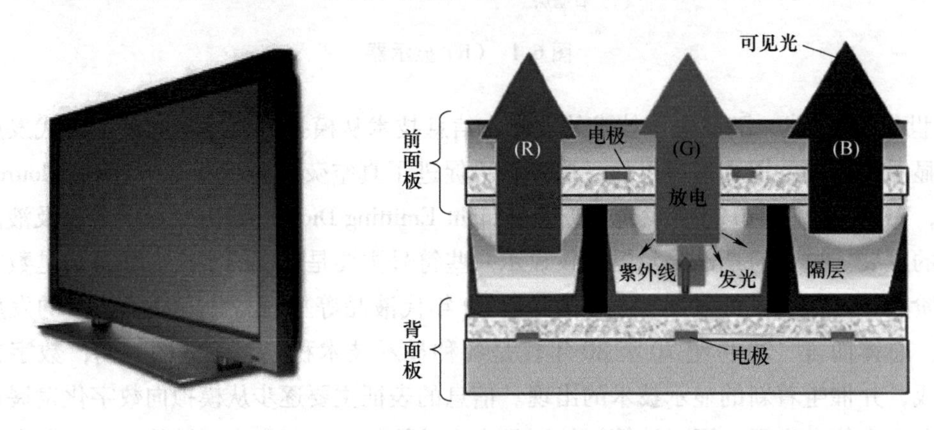

图 6.3　等离子体显示屏（PDP）

等离子体显示屏在某种程度上可以认为是大量超小的显像管的组合，虽然与显像管相比大大减少了显示器的厚度，也实现了像素化的显示，但是它还是利用真空器件，不仅像素大，而且显示器还是偏厚，携带不便，因此在 21 世纪的第一个 10 年就逐步退出了历史舞台。

20 世纪 90 年代后期，随着信息社会的到来，社会信息量剧增，特别是网络技术的高速发展使数字信息越来越成为人类社会的主要信息方式。传统的视频信息已经无法涵盖新信息社会的信息多样性，高密度、高容量成为信息社会信息的基本特征。作为信息与人类的界面技术，光电显示技术在信息社会中的作用日益重要。各种多媒体显示器正是随着这一信息社会的需求而不断涌现，平板显示技术、投影显示技术得到了快速的发展，成了显示技术中的关键技术。新型光电显示技术一定是一种以高分辨率、高像素密度、大屏幕、像素式以及数字化为基本特征的显示技术。高分辨的图像需要大面积的显示，也就要求有大的显示光能量，因此对显示的光学技术的要求也越来越高。

随着平板显示技术的发展，20世纪90年代中后期开始，高分辨小尺寸的显示平板成为可能，液晶显示器（LCD）技术从扭曲向列（Twist Nematic，TN）模式向有源矩阵方式发展，形成的每个像素集成非晶硅薄膜晶体管（Thin Film Transistor，TFT）驱动的显示器。为了克服TN-LCD的视角问题，采用了光学补偿以及面内切换模式，扩大了TFT-LCD的视角，逐步形成各种尺寸的液晶显示器。90年代后期，液晶显示器首先在个人计算机监视器的应用上得到推广，继而形成市场的批量化生产，并在视频动态显示方面不断改进，技术更加成熟。

21世纪初，LCD开始进入大尺寸以及进入电视显示领域，市场制备成了40英寸的LCD高分辨显示器。液晶电视的发展为CRT电视以及等离子体显示屏电视画上了完美的句号。

早期的液晶电视，其成像原理是通过电视内部的CCFL灯管照明。由于受到灯管体积的限制，因此液晶电视厚度虽比PDP薄，但是还不理，不过相比于传统的CRT电视，已经让很多用户为之心动。进入21世纪，LCD的尺寸不断加大，背光源照明不断改进，LCD屏幕越来越薄、分辨率不断提高，还出现了弯曲屏等各种各样的屏幕形式，如图6.4所示。随着LED技术不断发展，白光LED迅速普及，LCD电视升级为LED背光源的液晶电视。除可以很大程度上减少液晶电视的厚度之外，LED电视在功耗方面的优势更加明显，比传统液晶电视功耗降低三成以上。因此LED背光源的液晶电视与显示器是市场中的主流信息显示产品。

图6.4 液晶电视机（平面与曲面）

1989年柯达公司的邓青云教授发明了有机发光二极管（OLED），开启了平板显示的有机时代。可以把OLED显示面板理解为一个超薄的三明治，有机发光薄膜就像三明治中间所加的肉片一样，在两侧加上电压，电流注入就可以使有机薄膜发光来照亮整个显示屏幕。OLED显示技术具有自发光的特性，该技术采用非常薄的有机材料涂层和玻璃基板，当有电流通过时，这些有机材料就会发光，而且OLED显示屏幕可视角度大，并且能够显著节省电能，从2003年开始这种显示设备首先在MP3播放器上得到了广泛应用，2010年以后OLED电视开始逐步出现，现在很多手机的高分辨屏幕都是OLED屏。OLED屏幕具备了许多LCD不可比拟的优势，因此它也一直被业内人士所看好。由于RGB色彩信号直接由OLED屏进行显示，OLED 电视最大的优点就是轻薄、可柔性化（见图 6.5）。

图 6.5　OLED 显示器（最薄的显示+柔性显示器）

量子点显示是随着纳米技术的研究与发展而出现的新型显示技术。对纳米的研究表明，当一些半导体纳米颗粒小到具有量子效应时，其光致发光或电致发光光谱直接取决于纳米颗粒的尺度，也就是说可以通过调节纳米颗粒的直径来选择发光波长而且是比较窄的光谱，这就使液晶显示的 LED 背光源有了更好的替代。同时这种纳米特性的发光材料也可以做成电致发光器件，直接做成显示屏，因此人们将基于量子点效应发光的显示器件称为量子点显示器。

除了前述的平板显示技术之外，传统的投影显示技术也在不断发展。20 世纪 80 年代以美国 Hughes 公司与日本 JVC 为首的企业开始应用高分辨小型 CRT 显示器实现大屏幕动态投影显示，20 世纪 90 年代中后期，日本 Epson 公司的以液晶（TFT—LCD）为图像发射器的 LCD 投影以及美国 TI 公司的以数字微镜器件为图像发生器的数字光处理（Digital Light Processing，DLP）投影是现代光电投影技术的主要代表技术，这促成了数字电影院的产生。这也使得光电投影显示技术成为现代平板显示技术中的一个重要的组成部分。

近年来，随着信息技术的发展，显示技术向超薄、超高分辨、曲面、三维显示方向发展，特别是虚拟现实（Virtual Reality，VR）显示技术开启了人机界面的新领域，改变了人们参与信息交流与互动的方式。虽然 VR 技术尚不成熟，还有很多问题尚待解决，但是已经引起业界的高度重视并快速发展，VR 技术的各种应用层出不穷。

综上，可以将人类社会出现的各种进入商品化的显示技术做一个小结。从总体显示形态与显示特点上，可以将显示技术分成三大类型：直视式显示、投影显示以及三维立体显示（见图 6.6）。直视式显示系统又可以依据显示的方式分成主动发光直视显示与被动发光直视显示两类：主动发光直视显示主要有 CRT、PDP、电致发光显示器（Electro Luminescent Display，ELD）、LED、OLED 以及 VFD 等；被动发光直视显示主要有 LCD、电致变色显示器（Electro Chromic Display，ECD）、电泳成像显示器（Electro Phoretic Image Display，EPID）、QLCD。其中像 PDP、OLED、LCD、ECD、EPID 等又称为平板显示器，平板显示技术一般具有分辨率高、显示平面化、大面积、厚度薄、亮度高以及易于数字化等优点。投影显示是获得大面积显示的主流技术，随着激光与 LED 光源技术的发展，投影显示正在呈现新的态势。三维立体显示包括现在流行的立体电影院显示、各种飞行器以及汽车中的抬头显示（HUD）、虚拟现实（VR）显示、全息与光场等真三维显示、体三维显示等，正显示出勃勃生机。

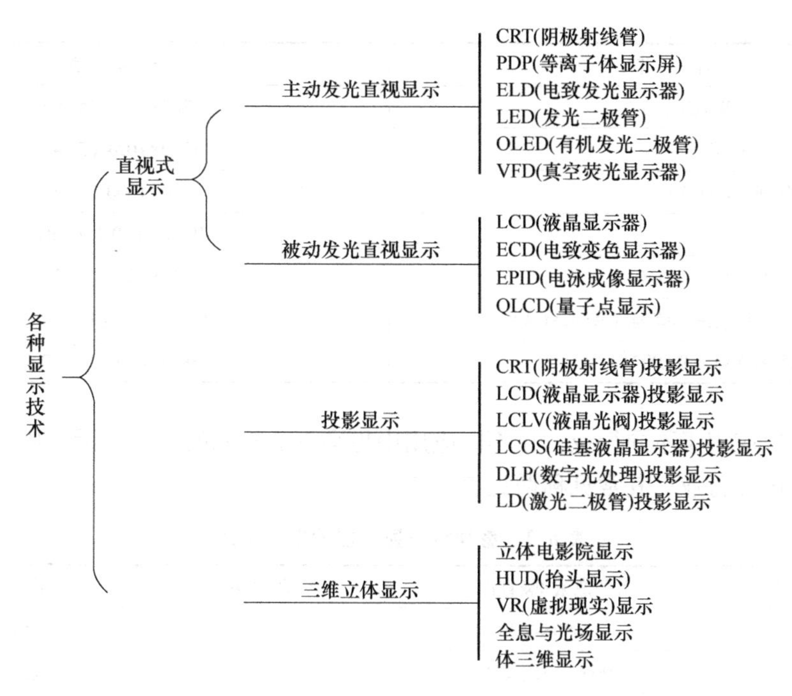

图 6.6 显示技术的分类

2. 显示技术的主要表征参数

虽然目前显示技术有多种多样，但是显示器还是有一些主要特征参数是共有的：如显示器的尺寸、显示器的分辨率、显示器的亮度与对比度、显示器的显示速度等。

(1) 显示器的尺寸 显示器的大小主要用显示器对角线的尺寸（英制）来表示：如 21 英寸显示器、45 英寸电视机等。另外显示器的显示画幅也有不同的比例形状，按照画幅的长宽之比可以分为：传统的监控器显示器采用 4:3 的长宽比，高清电视采用 16:9 的长宽比，电影院中的宽荧幕一般是 2:1 的长宽比，现在的 4K 超高清电视一般也是采用 2:1 的长宽比。

(2) 显示器的分辨率 显示器的显示像素数的不同表示不同的显示分辨率。早期显示器的分辨率是针对显像管这类模拟显示器而定的，所以是以显像管的扫描线的多少来表示的，一般为 480 线显像管、800 线显像管等。随着平板显示器的成熟，显像管已经逐步退出历史舞台，目前显示器主要是以液晶与 OLED 为主的平板数字式显示器，是像素化的显示器，因此其显示分辨率主要按照水平与竖直方向的像素数来表示，如 1024×768。

不同分辨率也有常用的技术称谓。显示器分辨率的称谓见表 6.1。

表 6.1 显示器分辨率的称谓

称 谓	分 辨 率
四分之一视频图形阵列（QVGA）	320×240
视频图形阵列（VGA）	1024×768
超视频图形阵列（SVGA）	800×600

（续）

称　谓	分 辨 率
宽的视频图形阵列（WVGA）	1280×768（15∶9）
超扩展图形阵列（SXGA）	1280×1024（5∶4）
极致扩展图形阵列（UXGA）	1600×1200（4∶3）
全高清（Full HD）	1920×1080（16∶9）
四分之一扩展图形阵列（QXGA）	2048×1536（4∶3）
宽的四分之一极致扩展图形阵列（WQUXGA）	3840×2400（16∶10）
宽的极致扩展图形阵列（WUXGA）	7680×4800（16∶10）

显示器可以应用于不同行业，在不同应用中也会形成不同的技术称谓，比如在显示最为重要的电视与电影行业，其常见称谓见表 6.2。

表 6.2　影视行业显示器的常见称谓

显示分辨率称谓	水平像素×竖直像素	其 他 名 称	设 备 名 称
8K	7680×4320	无	8K 视频
电影行业 4K	4096×［未指定值］	4K	电影投影仪
超高清（UHD）	3840×2160	4K、Ultra HD、Ultra-High Definition	电视
2K	2048×［未指定值］	无	投影仪
宽屏超级扩展图形阵列（WUXGA）	1920×1200	Widescreen Ultra Extended Graphics Array	显示器、投影仪
1080p	1920×1080	全高清（Full HD）、FHD、HD、High Definition、2K	电视、显示器
720p	1280×720	HD、High Definition	电视

（3）显示器的亮度与对比度

1）显示器的亮度主要是指显示器最亮能够产生的亮度。显示标准中规定显示器的亮度是指显示器能够将全部亮度灰阶都能表示出来的情况下，全白的那个灰阶色对应的亮度。

主动发光的显示器（如 LCD、OLED 平板显示器）的亮度一般采用发光亮度来表示，其单位为尼特（nit）。要在白天实现比较好的显示，显示器的亮度一般以 300~500nit 为宜。

对于投影显示技术，则采用输出光通量来表示显示的亮度能力，其单位是流明（lm）。因为投影显示的显示画幅尺寸是可调的，一般要获得比较好的显示效果需要 1000lm 以上，除非在比较暗的环境观看或比较小的画幅观看。

2）显示器对比度是指在正常灰度显示情况下，最暗与最亮的灰度的亮度之比（扣除环境光）。不同的显示技术对比度是不同的：印刷品的对比度一般为 5~10；液晶显示器的显示对比度在 500~1000；主动发光式的显示器的对比度更高，大多在 1000 以上。除了对比度，显示器还很关注动态显示性能即灰度的分级数，现在显示的高动态可以显示 1000 以上的动态范围。

（4）显示器的显示速度　显示器的图像刷新速度或显示速度是显示器性能的一个重要参数，要保持人眼“视觉暂留”不影响显示的动态显示，一般的速度应该高于30f/s，所以现在显示器的显示帧频大都为60Hz，即60f/s，这样保证显示器显示图像时没有闪烁感。为了具有更稳定的图像显示以及体视三维显示的需要，现在很多电视都将显示器的速度提升到120Hz或更高，这样就可以显示更稳定的图像。

总之，作为信息显示的主流技术，显示器在现代信息社会起着十分重要的作用，而且发展迅速且形成了各种特殊的显示形态，但是显示器的基本参数还是上述这些最基本的参数。当然针对不同应用，显示技术会有不同的特征技术参数，比如VR显示器的参数就比上述参数增加了很多，并且表现的形式有所不同。因此需要大家了解和认识不同的显示技术，同时知晓具体的显示应用，只有这样才能建立合适的显示系统。

6.2　平板显示

平板显示是随着数字化信息时代的发展而形成的信息显示技术，它以数字化处理为特征，以像素显示为基本特点，克服了传统模拟显示器固有的显示畸变缺陷，实现了数字化的驱动与显示，同时改变传统显像管体积较大的问题，使信息显示的屏幕呈现平板化、薄型化。

平板显示技术的主要代表有液晶显示器（LCD）显示、有机发光二极管（OELD）显示、发光二极管（LED）显示以及电子墨水显示等。最近量子点显示也在快速发展，此外还不断涌现出新的显示技术如MicroLED显示等。

6.2.1　液晶显示

顾名思义，液晶就是液态的晶体。液晶是由奥地利植物学家莱尼泽（Friedrich Reinitzer）在1888年发现的一种特殊物质，这种物质在常态下是处于固态和液态之间，不仅如此，它还兼具固态晶体物质和液态物质的双重特性。1968年，美国RCA公司沙诺夫研发中心的工程师们发现了液晶分子在外加电压的影响下，其分子的排列状态发生改变，液晶分子的长轴会沿电场方向偏转，进而使在液晶中传播光束的偏振产生偏转。利用该原理，RCA公司发明了世界第一台使用液晶显示的屏幕。从此，液晶显示开始被应用在各种电子产品中，从早期的计算器、电子表到现在的手机屏幕、医院所使用的仪器或是数字相机上的屏幕等。后来日本的SONY和SHARP两家公司买断了美国RCA公司的专利，并把液晶显示技术加以发展，极大提升了液晶显示的性能，逐步使液晶成为成功替代CRT显示的主流平板显示技术，并广泛应用到各种商业领域中。

LCD是基于液晶电光效应的显示器件。液晶分子中的电子结构都具备很强的电子共轭运动能力，所以当液晶分子受到外加电场的作用时，便很容易被极化而产生感应偶极子，该感应偶极子在电场作用下会偏转液晶分子，使偶极子的方向顺从电场方向，这也是液晶的电光双折射效应。一般电子产品中所用的液晶显示器就是利用液晶的电光效应，借由外部的电压控制电场，改变液晶分子的光折射特性，进而使液晶中传播的光束偏振状态发生变化，通过偏振态的检测实现亮暗差别（或者称为可视光学的对比），进而达到显像的目的。液晶显示器的工作原理是利用液晶的物理特性配合偏振检测器，在通电时光线大量通过器件；不通电时，器件阻止光线通过，从而实现显示的亮态与暗态转换。

最典型的LCD器件是扭曲向列型液晶显示器（TN-LCD），简称TN型液晶显示器。这种显示器的液晶组件构造如图6.7所示。向列型液晶夹在两片玻璃中间，玻璃的表面上镀有一层透明而导电的薄膜作为电极，这种薄膜通常是一种铟和锡的氧化物，简称ITO。然后再在有ITO的玻璃上镀表面配向剂，以使液晶顺着一个特定且平行于玻璃表面的方向排列。左边玻璃使液晶排成从上到下的扭曲排列状态，右边玻璃则使液晶排成垂直于图面的方向，这也是其被称为扭曲型液晶显示器的原因。利用电场可使液晶旋转的原理，在两电极上加上电压则会使得液晶偏振化方向转向与电场方向平行。因为液态晶的折射率随液晶的方向而改变，结果是光经过TN型液晶盒以后其偏振性会发生变化。可以选择适当的厚度使光的偏振化方向刚好改变，那么就可利用两个平行偏振片使得光完全不能通过。若外加足够大的电压使得液晶方向转成与电场方向平行，光的偏振性就不会改变，因此光可顺利通过第二个偏光器。于是，可利用电的开关达到控制光的明暗，因此会形成透光时为白、不透光时为黑。这样一个像素就构成了，当百万个像素构成时就形成像素式的平板显示器，如果像素具有红绿蓝三种颜色的像素，按照红绿蓝三色合成一个等效像素即构成彩色液晶平板显示。

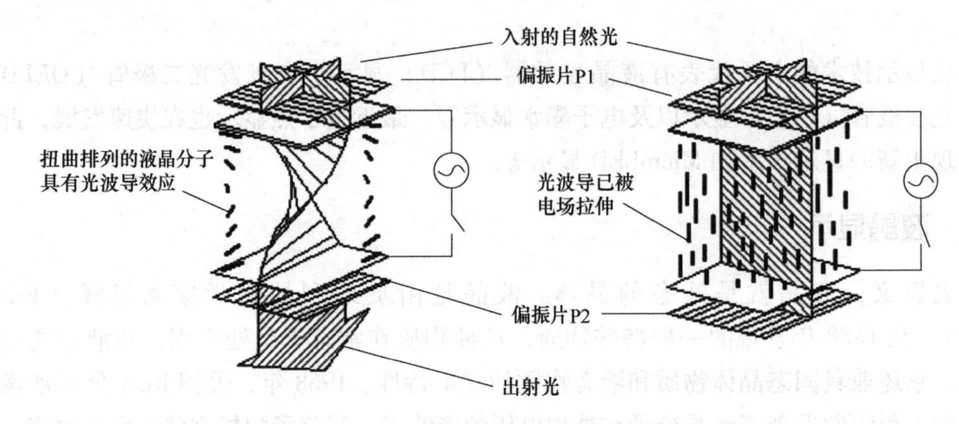

图6.7　单个像素液晶显示的工作机理

可以看出，LCD显示其本身并不发光，要实现显示，则要调制透过液晶层的光束，以形成像。所以LCD显示屏中除了液晶层，还应该有不同部分组成的分层结构，一般由背光模块、偏振片、玻璃基板、薄膜晶体管层（或网格电极层）、定向薄膜层、液晶层、透明电极层（或透明电极网格层）、彩色滤光片层等组成。最后面的一层是由荧光灯或LED灯与导光板组成的可以发射光线的背光层。背光层发出的光线在穿过第一层偏振过滤层之后进入包含成千上万液晶像素的液晶层。液晶层中的液晶都被包含在细小的电极单元格（或薄膜晶体管）结构中，一个或多个单元格构成屏幕上的一个像素。当LCD加上显示电信号时，相应像素的液晶分子就会产生扭曲，从而将穿越其中的光线进行有规则的折射，然后经过上面的像素彩色滤光片层构成彩色，再通过第二层偏振片的过滤在屏幕上显示出来。液晶显示器的结构原理图如图6.8所示。

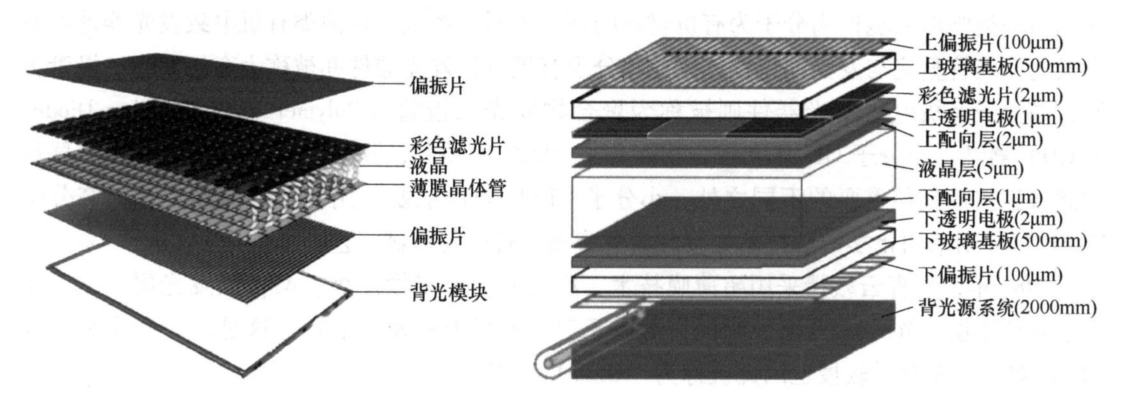

图 6.8 液晶显示器的结构原理图

在彩色 LCD 面板中，每一个像素都是由三个液晶单元格构成的，其中每一个单元格前面都分别有红色、绿色或蓝色的滤光器。这样，通过不同单元格的光线就可以在屏幕上显示出不同的颜色。

早期简单的字符显示可以采用网格电极直接驱动的方式，随着显示信息的日趋复杂，现在几乎所有的 LCD 都使用薄膜晶体管（TFT）来驱动寻址激活液晶层中的液晶单元，故称之为主动驱动矩阵式液晶显示或薄膜晶体管液晶显示（TFT-LCD）。TFT-LCD 技术能够显示更加清晰、明亮的图像。TFT-LCD 的写入机理是：以行扫描信号和列寻址信号控制作用于被写入像素电极上的薄膜晶体管有源电路，使有源电路产生足够大的通断比（Ron/Roff），从而间接控制像素电极间呈 TN 型的液晶分子排列，达到显示的目的。该写入的特点就是经 TFT 有源电路间接控制的 TN 型器件显示像素，可实现高路数多路显示和视频图像显示。

目前随着液晶显示技术的发展与成熟，新的技术不断涌现。首先从液晶的工作原理可以看出，液晶实际上是一个光调制器，它就像电影胶片一样，将照射其上的光束拦成各种图像或文字信息，所以 LCD 背照明光源的光照特性很重要。以往的液晶显示采用荧光灯管配合导光板作为背景光源，因此显示器寿命比较短，显示色域较小。随着 LED 的发展，人们开始充分利用 LED 的长寿命与窄光谱来实现寿命的提升与色域的扩大，同时减小液晶显示器的厚度。近年来，半导体二极管激光的发展以及量子点发光技术的发展使得超窄光谱多种颜色光源变为可能，另外多色光源（不仅有红绿蓝三色，还有更多中间色的光源）背照明的出现极大地增强了液晶显示的性能特别是它的显示色域。

6.2.2 有机发光二极管显示

有机发光二极管（OLED）显示是一种新型的主动发光显示技术，与 LCD 显示不同，它是由一个一个有机二极管发光单元按照像素方式排列组成的显示器件。OLED 由柯达公司美籍华裔教授邓青云于 1983 年在实验室中发现，当时就引起了人们的广泛关注，全球迅速展开了对 OLED 的研究。在此之前，人们一致认为只有无机物才是电致发光的好选择，因为有机物结构复杂、缺陷多，难以作为高效的发光材料。实践表明，OLED 显示技术具有高效发光、广视角、几乎无穷高的对比度、较低耗电、极高反应速度等优点。

OLED 使用的有机发光材料有两大系列：一类是以小分子为有机材料的 OLED 器件系

统，另一类则以共轭性高分子为有机材料的高分子器件系统。这两类有机电致发光器件都具有发光二极管整流与发光的特性，因此小分子有机电致发光器件亦被称为有机发光二极管器件，高分子有机电致发光器件则被称为聚合物发光二极管（Polymer Light Emitting Diode，PLED）器件。小分子 OLED 和聚合物高分子 PLED 的差异，除了发光材料不同之外，器件的制备工艺也是很重要的不同之处。小分子 OLED 器件主要采用真空热蒸发工艺，高分子 PLED 器件则采用化学镀膜技术如旋转涂覆或喷涂打印与印刷工艺。

1987 年，邓青云教授采用超薄膜技术，用透明导电膜做阳极、Alq_3 做发光层、三芳胺做空穴传输层、Mg/Ag 合金做阴极，制成了双层有机电致发光器件，这是第一个小分子的 OLED 器件，邓青云教授也因此被称为“OLED 之父”。

1990 年，Burroughes 等人发现了以共轭高分子 PPV 为发光层的 PLED，从此在全世界范围内掀起了 PLED 研究的热潮（见图 6.9）。小分子 OLED 及高分子 PLED 在材料特性上可以说是各有千秋，但如从作为监视器的寿命及电气特性、生产安定性上来看，小分子 OLED 处于领先地位，当前投入量产的主流 OLED 组件大都使用小分子有机发光材料；而 PLED 在柔性器件上具有更大的优势。

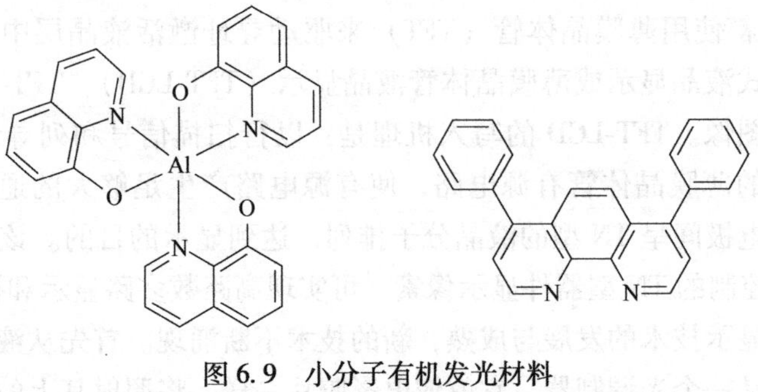

图 6.9　小分子有机发光材料

OLED 的基本结构是由一薄而透明导电的铟锡氧化物（ITO）薄膜作为电极阳极，一金属薄膜作为电极阴极，将小分子薄膜结构层包在这两个电极中间，形成如三明治的结构。小分子结构层中包括空穴传输层、有机发光层与电子传输层。当外部加上适当电压时，正极空穴与阴极电荷就会在发光层中结合而产生光亮，依其配方不同产生红、绿和蓝（RGB）三原色，构成基本色彩（见图 6.10）。OLED 的特性是自身发光，不像 TFT-LCD 需要背光，因此可视度和亮度均高；其次是电压需求低且省电效率高，加上反应快、重量轻、厚度薄、构造简单、成本低等，因此 OLED 被视为 21 世纪最具前途的产品之一。

有机材料的特性深深地影响元件的光电特性表现。在阳极材料的选择上，材料本身必须是具有高功函数与高的透光性，所以具有 4.5～5.3eV 的高功函数、性质稳定且透光的 ITO 透明导电膜便被广泛应用于阳极。在阴极部分，为了增加元件的发光效率，电子的注入通常需要低功函数的银（Ag）、铝（Al）、钙（Ca）、铟（In）、锂（Li）与镁（Mg）等金属，或低功函数的复合金属如镁银（Mg-Ag）来制作阴极。

有机发光层的材料须具备固态下有较强荧光、载子传输性能好、热稳定性和化学稳定性佳、量子效率高且能够真空蒸镀的特性，一般 Alq 被广泛用于绿光，Balq 和 DPVBi 则被广

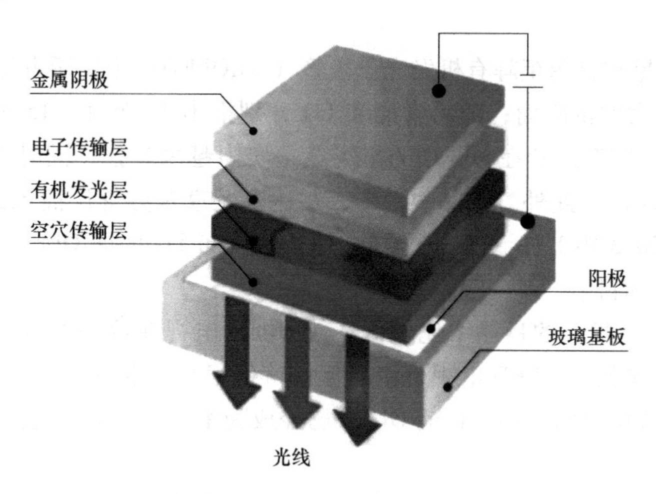

图 6.10 OLED 的基本结构

泛应用于蓝光。有机小分子发光材料 Alq_3 是很好的绿光发光小分子材料，它的绿光色纯度、发光效率和稳定性都很好。人们通过给主体发光材料掺杂，已得到了色纯度、发光效率和稳定性都比较好的蓝光和红光。小分子材料厂商主要有伊士曼、柯达、出光兴产、东洋 INK 制造、三菱化学等。

高分子发光材料的优点是可以通过化学修饰调节其发光波长，从蓝到绿到红的覆盖整个可见光范围的各种颜色均有生产，但其寿命只有小分子发光材料的十分之一，所以对高分子聚合物，发光材料的发光效率和寿命都有待提高。高分子材料厂商主要有 CDT、陶式化学、住友化学等。

利用三色发光材料独立发光，混合形成彩色显示是目前采用最多的 OLED 彩色显示模式。它是利用精密的金属荫罩与 CCD 像素对位技术，首先制备红、绿、蓝三基色发光中心，然后调节三种颜色组合的混色比产生真彩色，使三色 OLED 元件独立发光构成一个像素。随着 OLED 显示器的彩色化、高分辨率和大面积化，金属荫罩刻蚀技术直接影响着显示板画面的质量，所以对金属荫罩图形尺寸精度及定位精度提出了更加苛刻的要求。

OLED 的驱动方式分为主动式驱动（有源驱动）和被动式驱动（无源驱动）。有源驱动的每个像素配备具有开关功能的低温多晶硅薄膜晶体管，而且每个像素配备一个电荷存储电容、外围驱动电路和显示阵列，整个系统集成在同一玻璃基板上。与 LCD 相同的 TFT 结构无法用于 OLED，这是因为 LCD 采用电压驱动，而 OLED 却依赖电流驱动，其亮度与电流成正比，因此除了进行开/关切换动作的选址 TFT 之外，还需要能让足够电流通过的导通阻抗较低的小型驱动 TFT。有源驱动具有存储效应，可进行 100%负载驱动，这种驱动不受扫描电极数的限制，可以对各像素独立进行选择性调节，易于实现高亮度和高分辨率。有源驱动由于可以对亮度的红色和蓝色像素独立进行灰度调节驱动，更有利于 OLED 彩色化实现。

OLED 技术起源于欧美，OLED 产业化后，行业向亚洲转移。涉足 OLED 产业的产品已经开始从小尺寸的无源 OLED 器件开始向大尺寸的 OLED 显示屏、柔性显示屏方向发展，实现大尺寸 OLED 电视规模产业化量产的只有少数几家公司，主要集中在东亚，如日本、韩国、中国等地区。目前 OLED 显示对 LCD 显示构成一定威胁，特别是在手机等中小尺寸屏幕的高端显示器上。

2011 年前，三星在有源矩阵有机发光二极管（AMOLED）市场所占份额曾达 90%以上，是 AMOLED 面板最大的供应商；随后索尼和 LG 分别推出 11 英寸、15 英寸的 AMOLED 电视，日本、韩国、中国等厂商在 OLED 的市场竞争实力越来越强，同时也在 AMOLED 方面取得了更高的竞争地位。此外，奇晶、TMD、友达以及京东方等厂商也都加快了 AMOLED 技术开发的脚步。2013 年 1 月，LG 电子在全球首次发布 LG 曲面 OLED 电视，这标志全球进入了大尺寸 OLED 时代。

OLED 在大尺寸面板上的良品率比较低，使 OLED 电视在价格上居高不下。尽管三星、LG 两者之间的竞争拉低了 OLED 电视价格，但售价仍很高（相对于 LCD 电视而言），是少数高端用户或发烧级用户的产品。目前 OLED 已经成为手机显示屏的主要选择，是高端手机的必选。

作为新一代的电视技术，OLED 可以使电视屏幕变得更薄（目前可使电视机身厚度降至约 4mm），甚至可以做成曲面。虽然 OLED 产业在近几年取得了高速的发展，大有取代 LCD 之势，但是 OLED 发展仍然面临机遇与挑战并存的局面。作为一种前景光明的显示技术，如何提高成品率、降低成本、进入大规模的民用市场将是 OLED 产业面临的重大挑战。

6.2.3 发光二极管显示

发光二极管（LED）显示屏是一种平板显示器，由一个个小的 LED 模块面板组成。半导体发光二极管是由镓（Ga）与砷（As）、磷（P）、氮（N）、铟（In）的化合物制成的二极管，当从两侧电极注入电荷后，在电场的作用下，电子与空穴复合时能辐射出可见光，因而可以用来制成发光二极管。不同的半导体材料可以制备出不同发光颜色的 LED：磷砷化镓二极管发红光、磷化镓二极管发绿光、碳化硅二极管发黄光、铟镓氮二极管发蓝光。目前应用最广的 LED 是氮化镓蓝光激发荧光粉产生的白光 LED，常在电路及仪器中作为指示灯或者组成文字或数字显示。LED 显示屏一般用来显示文字、图像、视频、录像信号等各种信息。

LED 的发光颜色和发光效率与制作 LED 的材料和工艺有关，LED 工作电压低（仅 1.2~4.0V），能主动发光，有很高亮度且亮度又能用电压（或电流）调节，本身又耐冲击、抗振动、寿命长（10 万小时），所以在大型的显示设备特别是户外的大屏显示中尚无其他的显示方式能与 LED 显示方式匹敌（见图 6.11）。

图 6.11 LED 显示屏

在 LED 显示屏中，按照显示颜色的多少分为单色屏、多色屏与彩色屏三种。一般将红、绿、蓝三种 LED 晶片或灯管放在一起作为一个像素的显示屏称为三基色屏或全彩屏。LED

屏因为像素尺寸大、亮度亮，原来主要适合于远距离观看的户外大屏显示。近年来随着LED发光效率的提高以及亮度控制技术的发展，LED的像素封装技术有了很大的发展，像素大小快速减小，因此也开始逐步进入室内的显示应用。制作室内LED屏的像素尺寸一般是1.5~12mm，常常采用把几种能产生不同基色的LED管芯封装成一体；室外LED屏的像素尺寸多为6~41.5mm，每个像素由若干个各种单色LED组成，常见的成品称为像素筒，双色像素筒一般由2红1绿组成，三色像素筒由1红1绿1蓝组成。一般地，像素的组成有2红1绿1蓝（2R1G1B）、1红1绿1蓝（1R1G1B）等，依据产生屏幕的彩色色温的要求，可以构造不同的LED彩色显示屏（见图6.12）。用（蓝）480nm、（绿）515nm和（红）637nm作为LED显示的三基色，可以提供逼真的全色性能，而且具有较大的颜色范围，与国际电视系统委员会（NTSC）规定的电视颜色范围基本相符。

一般用P值来描述LED显示的分辨率大小，P是像素之间的间距的意思。比如P4就是LED灯像素之间距离为4mm，P10就是灯珠之间距离为10mm。LED屏幕的表贴像素点数是真正显示像素数目，如P1.58对应400689点/m^2，P1.9对应277000点/m^2，P2对应250000点/m^2，P3对应111111点/m^2，P6对应27777点/m^2，P10对应10000点/m^2。

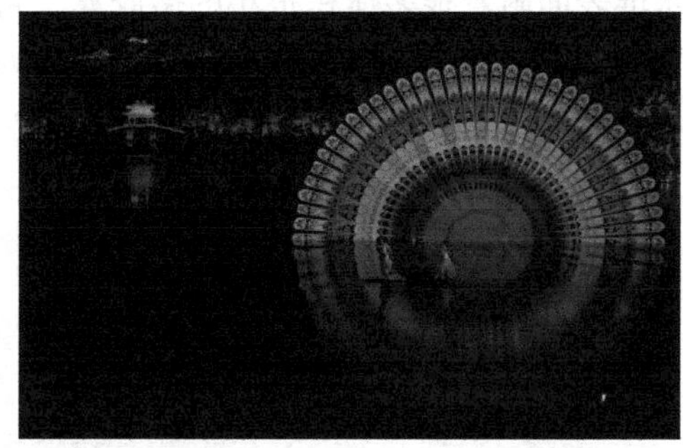

图6.12 高分辨全彩色LED显示屏

无论用LED制作单色、双色或三色屏，欲显示图像需要构成像素的每个LED的发光亮度都必须能调节，其调节的精细程度就是显示屏的灰度等级。灰度等级越高，显示的图像就越细腻，色彩也越丰富，相应的显示控制系统也越复杂。一般256级灰度的图像的颜色过渡已十分柔和，而16级灰度的图像的颜色过渡界线十分明显。所以，彩色LED屏当前都要求做成256~4096级灰度的（见图6.13）。

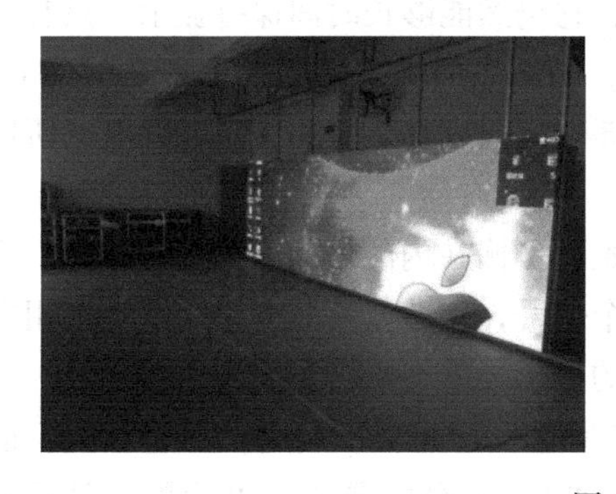

图6.13 LED显示屏幕

6.2.4 电子墨水显示

电子墨水显示是一种被动发光式的显示技术。像多数传统墨水一样，电子墨水通过改变颜色深浅实现与传统墨水印刷同样的显示效果。电子墨水显示可以制备到许多物体的表面，从弯曲塑料、聚酯膜、纸到布。和传统墨水的差异是电子墨水在通电时改变颜色，并且可以显示变化的图像，像计算器或手机使用的就是这样的显示。

从结构上看，电子墨水就像一瓶普通墨水，由悬浮在电子墨水液体中几百万个细小的微胶囊组成。每个胶囊内部是染料微粒和颜料微粒的混合物，这些细小的微粒带电，可以受外部的电荷作用，产生染料微粒与颜料微粒在胶囊内部位置的变化，从而形成显示。更为形象地，可以把微胶囊想象成一个塑料水球，水球内包含几十个乒乓球，水球内充入的是带颜色的颜料水。如果从顶部看水球，可以看到许多白色乒乓球悬浮在颜料颜色的液体中，于是水球看起来呈白色。如果从底部看水球，看到的只是颜料水，于是水球看起来呈黑色。如果把几千个水球放到一个容器，并使这些乒乓球在水球的顶和底之间运动，就能看到容器在改变颜色，这就是电子墨水工作的基本原理。在实际器件中，这些水球是100μm宽的微胶囊。电子墨水屏表面附着很多体积很小的微胶囊，封装了带有负电的黑色颗粒和带有正电的白色颗粒，通过改变电荷使不同颜色的颗粒有序排列，从而呈现出黑白分明的可视化效果。在1平方英寸里大约包含10万个微胶囊，由此形成一定分辨率的黑白显示，如图6.14所示。

图6.14　电子墨水屏

电子墨水具有记忆性能，加电显示后即使去掉电，它仍然能够长时间保持显示，只有再加电才能去除显示。因此省电是电子墨水的一大特性，刷新以后文字会长期停留在屏幕上，阅读时可以取掉电池。换句话说，在阅读电子书时不耗电，只有在翻页刷新时才耗电，所以电池寿命会很长。

电子墨水可以打印在包括墙壁、广告牌、产品标签和T恤在内的任何表面上。未来，房主将很快可以通过向喷涂在墙壁上的电子墨水发送一个信号，立即改变其电子壁纸。利用电子墨水的灵活性，还可为一些电子设备开发出可卷起的显示屏。

电子墨水显示与其他主动发光显示相比，其优势是它观看起来不刺眼，尽管灰度少但非常类似于印刷的效果，易适合阅读显示。目前施乐和E-Ink公司是生产电子墨水显示屏的主要公司，电子墨水的产品已经能形成多色且有灰度的显示，无法实现真彩色显示。目前已经有 200 点/英寸分辨率的电子墨水显示屏，相当于普通 LCD 显示屏分辨率的两倍以上。

6.3 投影显示

6.3.1 投影显示原理

投影显示就是利用光学投影放大成像的方法，将一个小的图片图像放大投影到一个屏幕上，形成大屏幕的显示技术方式。最传统的投影显示就是电影院中的电影放映机，电影放映机已经有 100 多年的历史，随着数字技术的发展，目前已经从胶片放映机向数字式电影放映机方向发展。

现代投影显示技术是一种集光、机、电一体化综合性技术，从原理结构上可以看成是由光源、电路驱动和信号处理、光学引擎、屏幕等几部分构成（见图 6.15）。光学引擎包括照明分色系统、合成系统、投影物镜和空间光调制器。

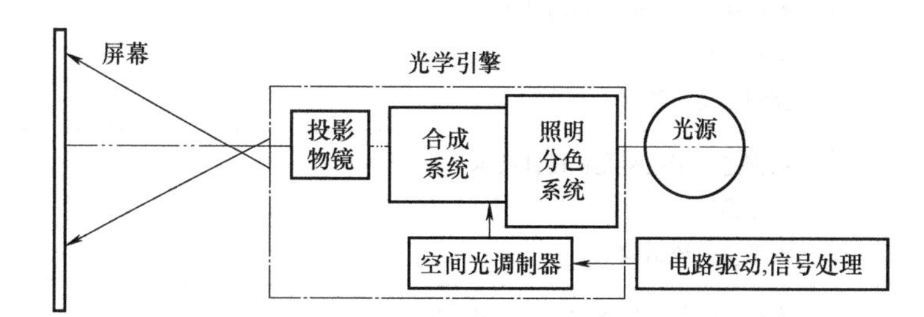

图 6.15　空间光调制器型投影显示系统的原理结构框图

在投影显示中，从投影器与观众的位置关系上可以分成前投影显示与背投影显示两种：前投影显示是指投影器将图像投影至屏幕上，屏幕将图像光线漫反射，观众通过观看屏幕的漫反射光线而看到图像，观众与投影器在屏幕的同一侧；背投影显示则是指投影器将图像投影到屏幕上，观察者观看透过屏幕的图像漫射光。前投影的优势是屏幕可以弯曲以产生必要的屏幕增益，且无须屏幕后的投影空间；背投影的优势在于环境光的影响小，显示系统更加紧凑。

投影显示技术往往依据产生图像的空间光调制器（或发光器）的名称来命名。目前主要代表是 LCD 作为图像产生源的 LCD 投影显示技术、数字微镜空间光调制器作为图像产生源的数字光处理（Digital Light Processing，DLP）投影显示技术、硅基液晶显示器（Liquid Crystal On Silicon，LCOS）作为图像产生源的 LCOS 投影显示技术、二维扫描器配合激光束构成的投影显示，这些投影显示技术构成了新一代的多媒体电光投影显示领域，极大地推进了信息技术与信息社会的发展，改变着人类的生活。

现代投影显示系统的结构与涉及的技术方向见表 6.3。通常人们将空间光调制器作为图像产生源的投影系统称为微显投影显示系统。

表 6.3　现代投影显示系统的结构与涉及的技术方向

单元子系统	涉及的技术方向
图像发生器	激光+二维扫描器 空间光调制器型图像发生器：液晶光阀，LCD、LCOS、微机械电子集成器件
光学系统	聚光系统 照明系统 偏振分离、合成以及再生系统 光谱分光、合光系统 投影成像系统 屏幕系统
灯源	卤素灯 高亮度气体放电灯：氙灯、镝灯、金属卤化物灯、高压汞灯等 激光 LED
电子系统	数字与视频信号处理技术 高分辨率空间光调制器的驱动技术 外部视频、信号的界面技术 电源系统 控制系统与技术
精密机构系统	精密定位于成型光机设计技术 散热设计 投影仪系统结构
显示与检测系统	人机交互与人机界面技术、显示效果 显示的检测技术

从上述分析可知，现代投影显示技术是一个综合型的技术发展载体，涉及材料科学、半导体科学、光学、电子学、精密机械、热学、系统工程等多学科领域的知识。

6.3.2　LCD 投影显示

LCD 投影显示是利用液晶显示器件对照射其的偏振光的调制作用，并利用光学放大来实现投影显示。一般采用三片小尺寸高分辨透射式 LCD（0.45 英寸、0.7 英寸、0.9 英寸）分别调制红、绿、蓝三色光束形成三色图像，再经光学元件正方合色棱镜合色，由投影物镜投影成像的。采用高压气体放电灯为光源的三片 LCD 投影系统原理图如图 6.16 所示。

该系统中高压气体放电灯（UHP 灯）发出的光线通过紫外红外滤光片，滤掉红外线和紫外线（红外线和紫外线对 LCD 片有损害）。透过两片复眼透镜镜片将光线均匀化，并将 UHP 灯产生的圆锥形光校正为和投影图像近似的矩形光线。在两片镜子之间的微小棱镜阵列用来将照明光束预偏振，形成偏振、均匀且与 LED 板形状相一致的矩形照明光斑。光束被随后的分光镜分为红、绿、蓝三原色并被分别反射到相应的液晶片上。在到达液晶片之前光线还需要透过一个凸透镜和偏振片，凸透镜的作用是将光线集中，偏振片则将光束的偏振

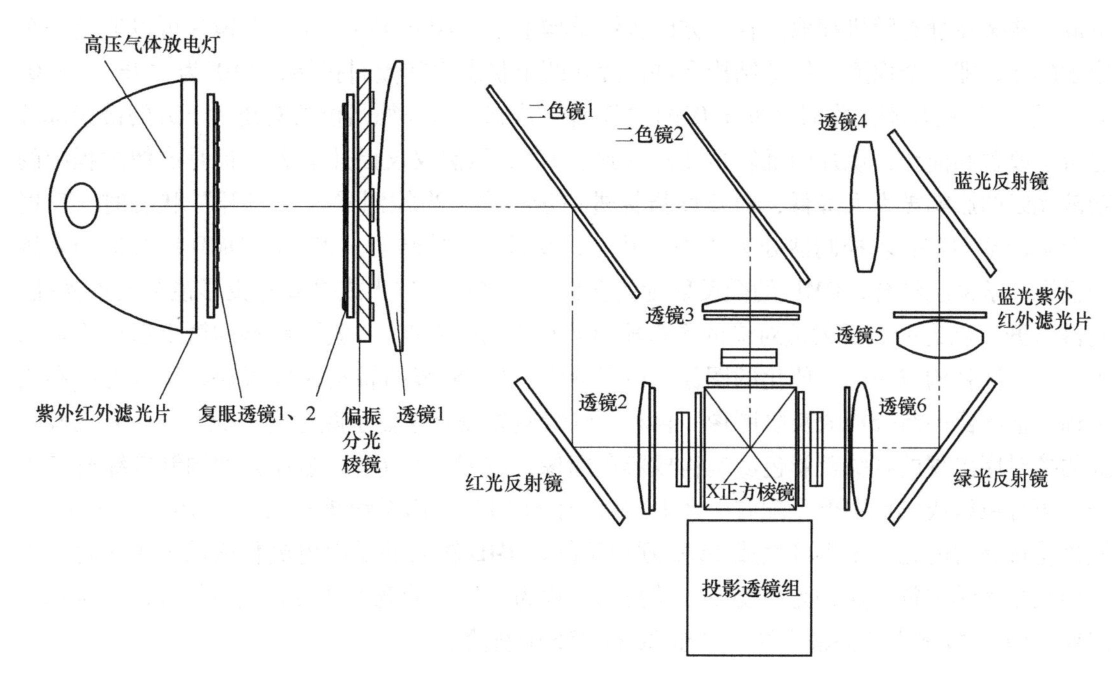

图 6.16 以高压气体放电灯为光源的三片 LCD 投影系统原理图

度进一步提高，提高图像对比度。最后光线经过液晶片，通过电路板驱动，液晶片上的各像素点有序开闭，经过检偏器产生了图像，并通过每原色光的调校产生了丰富的色彩。最后三路光线最终由 X 正方棱镜汇聚在一起，由镜头投射成像。

除了三片式 LCD 投影显示外，初期也有采用单片式彩色 LCD 进行投影成像的，这样的投影系统往往比较庞大、效率低、亮度低。LCD 投影由于采用透射液晶板，其投影显示的亮度相对较高，图像对比度主要取决于偏振度，相对不是很高。随着 LCD 分辨率的提高，液晶板的开口率会下降，所以光束的能量利用率也会下降。

为了提升投影显示的亮度与色彩，目前 LCD 投影显示逐步将 UHP 灯过渡到 LED 投影与激光为光源的投影显示上。因为激光的发散角较小，所以光学扩展量小，光束利用率高；同时激光为窄谱光源，颜色饱和性比较好，可以构造成超色域的显示。

6.3.3 DLP 投影显示

数字光处理（DLP）投影显示是一项全数字化的显示技术，它能够使投影系统将影像和图形展现得淋漓尽致。DLP 投影显示技术对光进行精密控制，以重复显示全数字化的图像，这些图像在任何光线中都明亮夺目，在任何分辨率下都清晰分明。DLP 投影技术是基于德州仪器开发的基于微机电系统（Micro-Electro-Mechanical System，MEMS）技术的空间光调制器——数字微镜器件（Digital Micromirror Devices，DMD）基础之上的投影显示技术，是人类第一个得以大批量成功应用的 MEMS 器件。

DLP 投影显示技术是利用 DMD 对入射光束的空间调制来实现的。DMD 可被简单描述成一个由半导体光开关控制的微机电反射镜阵列，由成千上万个微小的方形 14μm×14μm 镜片组成，构架在静态随机存取内存上方的铰链结构上（见图 6. 17）。每一个镜片可以通断一个像素的光，即一个像素。铰链结构允许镜片在两个状态之间倾斜扭转，+10°为“开”，-10°为“关”，当镜片不工作时则处于 0°的“停泊”状态。后来德州仪器对镜片下方的链接部分进行了改善和简化，镜片的翻转角度提升到了 12°。虽然仅仅提升了 2°，但是成像过程中的杂散光线的影响被大大降低，对比度指标进一步提高。当控制器处于“开”状态时，反射镜会旋转至+12°；若控制器处于“关”状态，反射镜会旋转至-12°。将 DMD 以及适当光源和投影光学系统结合，DMD 的微反射镜就会把入射光反射进入或是离开投影镜头的透光孔，使得“开”状态的微反射镜对应的像素输出非常明亮的光点，“关”状态的微反射镜不输出光亮，这样就构成一幅二值化的图像。由于 DMD 微反射镜的转动速度很快，所以可以利用多幅二值图像的组合构成灰阶图像。再利用红绿蓝先按时序显示颜色再合成原理，利用旋转式的按时序出现的红绿蓝彩色滤镜构成彩色图像，或用三片 DMD 芯片分别调制红绿蓝三束光，再合束构成彩色图像。配有一片 DMD 芯片的 DLP 投影系统被称为单片 DLP 投影系统，经色轮过滤后的光，至少可生成 1670 万种颜色。DMD 输入的是由电流代表的电子字符，输出的则是光学字符，这种光调变或开关技术又称为二位脉冲宽度调变，它会把 8 位字符送至 DMD 的每个数字光开关输入端，产生 28 或 256 个灰阶。

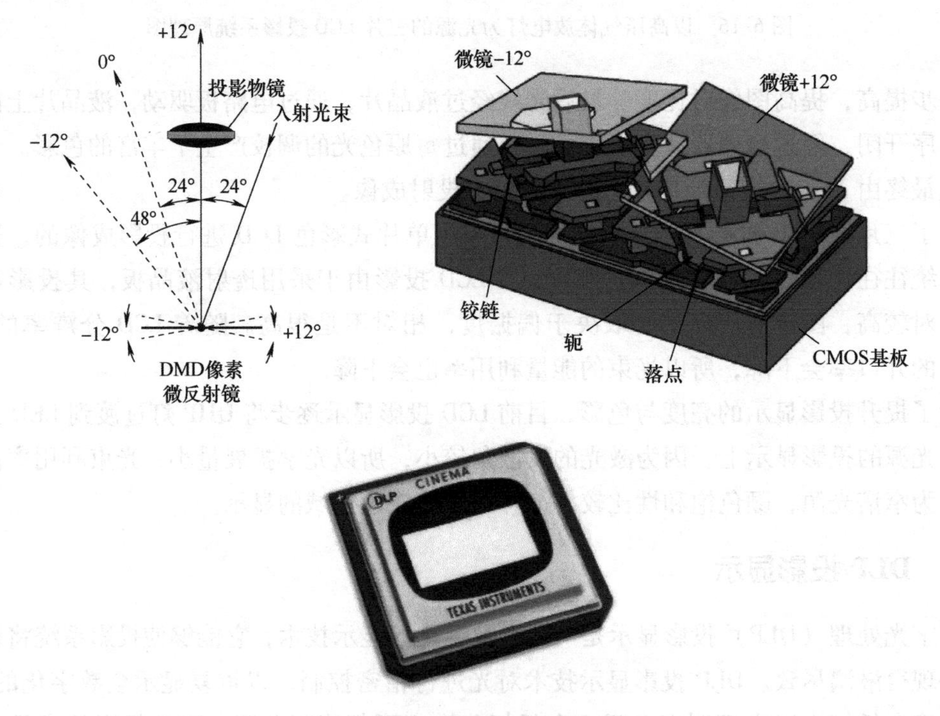

图 6. 17　848×600 数字微镜器件

图 6. 17 所示为一个 848×600 像素的数字微镜器件。器件中部反射部分包括 508800 个细小的、可倾斜的镜片，用一个玻璃窗口密封和保护镜片。经过 10 多年的发展，DMD 芯片不仅尺寸上从 0. 55 英寸增加到 0. 95 英寸，技术上也从 SDR DMD 芯片组发展到了 DDR 芯片组，同时分辨率最高已经可以达到 4K，德州仪器将 DMD 芯片称为世界上最精密的光学元器件。

从技术角度看，DLP投影显示系统包括电子电路、机械和光学三个部分。其中电子电路部分为控制电路，机械部分为控制镜片转动的结构部分，光学器件部分便是指镜片部分。单片式DMD投影显示系统，采用时序红绿蓝三色光分别照射DMD形成时序红绿蓝图像投影在屏幕上，利用人眼的视觉“暂留效应”将快速闪动的三原色光混在一起，于是在投影的图像上看到混合后的彩色图像。早期人们用气体放电灯为光源，利用红绿蓝三色色轮将光束调制成红绿蓝三色时序图像，DMD时序显示红绿蓝图像，最终在屏幕合成出彩色图像。由于DMD速度很快，其最高帧频可以达到20000f/s以上，因此每三种颜色按每个颜色256灰阶来计算，DLP是最理想的完全数字化的投影显示。DLP投影显示系统如图6.18所示。

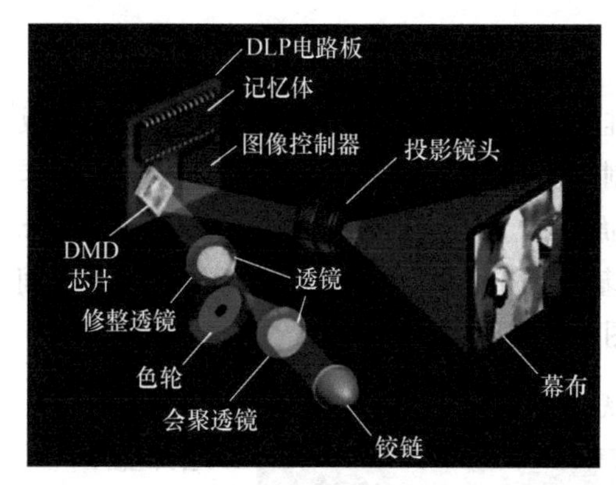

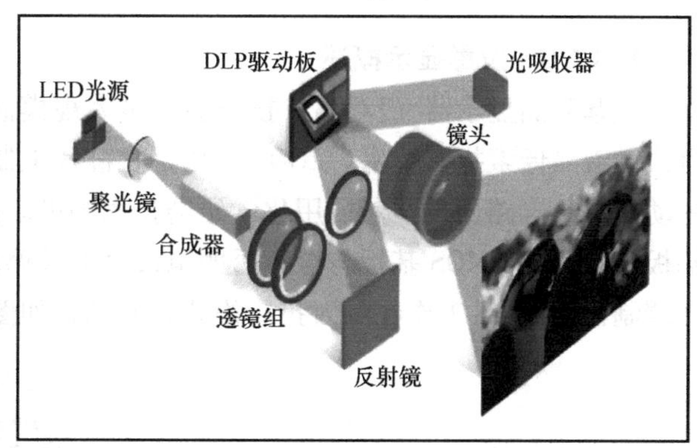

图6.18 DLP投影显示系统基本原理

随着21世纪LED光源的发展，现在的DLP投影大量采用LED作为光源，由于可以采用红绿蓝三色LED，这样DLP系统不再需要色轮，只要三色LED与DMD的三色时序同步即可。采用LED可以极大地提高灯源的寿命，也就是延长了投影的显示寿命。

为了获得更好的彩色效果与更高的亮度，在数字电影院中，DLP采用三片式DMD投影显示系统，即采用红绿蓝三色DLP，利用光学合成彩色图像进行高品质的图像显示。德州仪器推出0.98-DLP影院DMD芯片与结构。三片式DLP系统如图6.19所示。

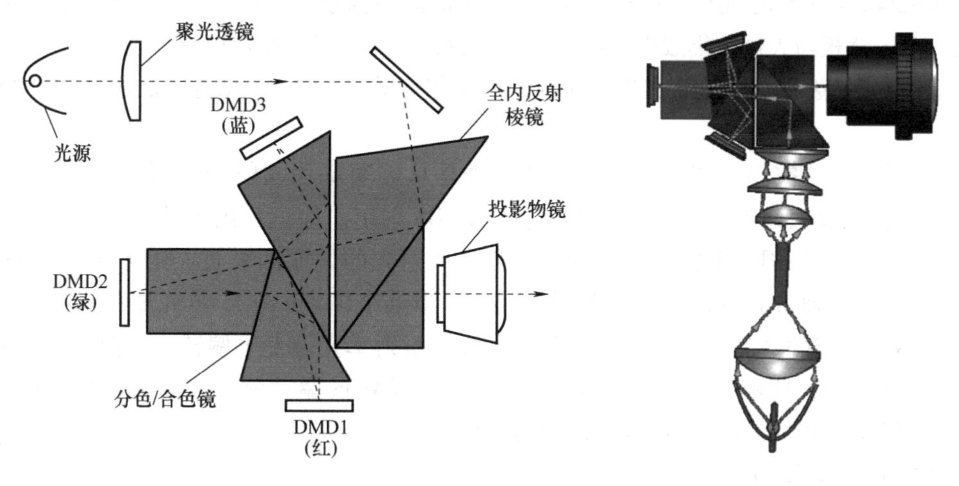

图6.19 三片式DLP系统基本原理

目前 DMD 本身的光学有效面积也大大增强，已经占到整个芯片表面积的 90%以上，有效提升了光学利用率。DMD 的分辨率已经达到 4K 水平，成为数字影院的最佳投影显示设备。

值得一提的是：DMD 芯片是当前调制速度最快的空间光调制器，而且根据其微镜表面镀制的光学反射薄膜的反射带，它可以工作在可见区，作为投影显示的空间光调制器；也可以工作在紫外区，作为可编程光刻的光刻机的图像发生器，成为三维打印机的核心部件。作为微型数字光学处理器件，DMD 不仅是 DLP 投影机的核心组件，而且也被广泛应用在印刷、科研等诸多需要数字光开关的领域，成了 MEMS 最成功的产品之一。

6.3.4 LCOS 投影显示

1. LCOS 投影显示概述

硅基液晶显示器（LCOS）投影显示是大规模硅基集成电路发展的产物，属于新型的反射式微液晶像素投影技术。LCOS 结构是在硅片上制备半导体二极管，按照半导体制程制作驱动 CMOS 电路面板，然后用化学研磨技术磨平表面并镀上铝当作反射镜，从而形成 CMOS 基板，之后将 CMOS 基板与含有透明电极之上玻璃基板贴合，再灌入液晶进行封装组成空间光调制器。LCOS 工作在反射投影模式，其结构如图 6.20 所示。

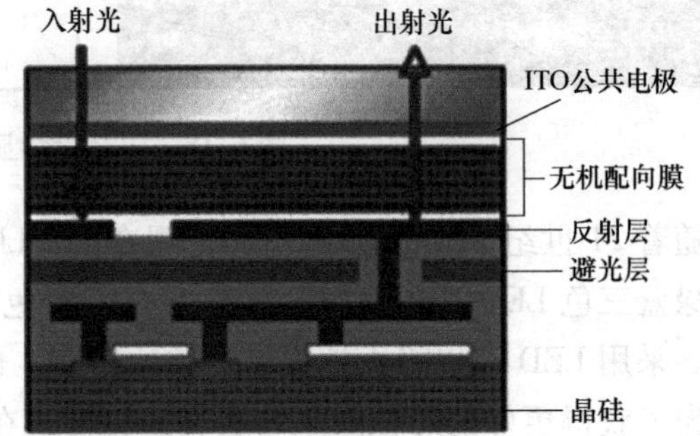

图 6.20 LCOS 结构图

简单来说，LCOS 是利用 CMOS 阵列来形成对液晶微像素驱动的反射式空间光调制器。由于它的 CMOS 背板与大规模集成电路制备工艺一致，因此只需要在背板流片制备的基础上加一条液晶灌装与封装线，即可以实现对 LCOS 的批量生产，所以是可能的低成本的空间光调制器。

LCOS 是反射式空间光调制器，其工作原理是从玻璃基片入射的偏振光进入液晶层后，经 CMOS 背板的反射镜反射，再经过液晶层从 LCOS 射出。注意：出射的光束与入射光束偏振面相同，这时如果用一个偏振器，其偏振面与入射光的偏振面垂直，则无光透过偏振片。LCOS 像素信息是通过其背板 COMS 单元加载的，当某个像素 CMOS 单元加载时，就可以改变这个 COMS 对应的液晶单元，使这个单元的液晶折射率光轴发生偏转，进而使得出射的光束偏振面旋转 90°，这样光就可以透过偏振片，利用 CMOS 驱动就可以获得一幅图像。利用 LCOS 对反射光的调制，可以设计出投影显示技术。

2. LCOS 投影仪的分类

LCOS 投影仪分为单片式和三片式两种：单片式 LCOS 投影显示系统采用了与 DLP 投影

显示技术类似的时序彩色合成成像方式；三片式 LCOS 投影显示系统是指使用红绿蓝三原色通过棱镜分离再汇聚的成像方式，这种方式的成像质量更高，目前的主流产品普遍采用了这种成像方式。

1）单片式 LCOS 投影显示系统：采用高压短弧气体放电灯为光源，经过光学系统准直、偏振复用、光斑变形后，由偏振分光棱镜反射入射到 LCOS，经 LCOS 偏振调制后的图像经偏振分光棱镜透射检偏，由投影物镜投影成像。颜色的产生，可以在照明光路中加入与 DLP 投影仪一样的三色色轮来实现，三色色轮的转动速度与 LCOS 的红绿蓝三色图像切换速度同步；或者采用大功率的红绿蓝三色 LED 照明，三色 LED 的驱动频率与 LCOS 同步来实现，后者具有更高的光能利用率。单片式 LCOS 光学引擎架构如图 6.21 所示。

2）三片式 LCOS 投影显示系统：首先将高压短弧气体放电灯发出的白色光束，经过光学系统准直、偏振复用、光斑变形后，通过分光系统分成红绿蓝三原色的光线，然后每一个原色光线照射到一个偏振分光棱镜，并经各自棱镜偏振分光反射照射到各自的反射式 LCOS 芯片上，系统通过控制 LCOS 面板上液晶分子的状态来改变该块芯片每个像素点反射光线的强弱，最后经过 LCOS 反射调制后带有图像的光束经偏振分光棱镜透射检偏，提取出红绿蓝三色图像，再通过合色光学系统汇聚成一束光线，经过投影机镜头照射到屏幕上，从而形成彩色的图像。三片式 LCOS 光学引擎架构如图 6.22 所示。

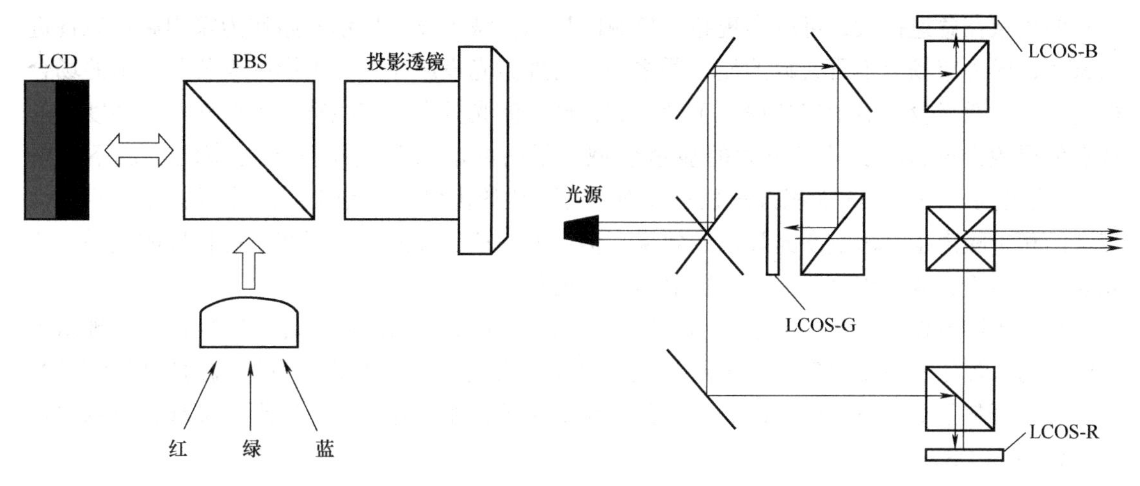

图 6.21　单片式 LCOS 光学引擎架构

图 6.22　三片式 LCOS 光学引擎架构

这种成像系统在光源光线参与成像的利用率上能够达到单片式成像系统的一倍左右。因此以同样的光源和电力消耗，该系统可以产生更加明亮的最终画面。同时，由于避免了单片式 DLP 时序成像的缺陷，三片式 LCOS 投影显示系统也能产生更加饱和、丰满的色彩，并且不会出现困扰单片式 DLP 成像系统的彩虹画面问题。

3. LCOS 投影显示技术优势

LCOS 技术在分辨率、开口率和图像细密性等方面的优势均超过了 DLP 和 LCD 技术。LCOS 可视为 LCD 的一种，但传统的 LCD 是做在玻璃基板上，而 LCOS 则是长在硅片上。与 LCOS 相对比的典型产品是最常用在投影机上的高温多晶硅 LCD。后者通常用穿透式投射的方式进行显示，光利用效率只有10%左右，解析度不易提高；LCOS则采用反射式投射，光利用效率可达40%以上，且其最大的优势是可利用最广泛使用、最便宜的CMOS制成，形成高分辨的显示器；并且反射式可以将像素的反射镜面积扩大，以提高像素的开口率，显示高细腻的图像显示。因此LCOS成为投影显示中像素密度最高的显示器，这也意味着，同样的分辨率下，LCOS器件的尺寸最小，所以特别适用于便携式投影显示。

相比LCD技术，LCOS技术具有色彩鲜艳、灰度优秀、画面明亮、分辨率高、网格化情况较少等特点。随着技术的不断进步，现在已经开发出了主要应用于大型数字高清影院的1.7英寸、4K（3840×2048）超高分辨率显示芯片，并成为高端影院投影机产品采用的主要技术。

目前，LCOS芯片的分辨率已经可以覆盖2K、3K、4K、8K等水平的产品。而由于DLP技术微电子机械学结构的原因，导致其分辨率难以达到4K以上，因此分辨率是三片式LCOS投影产品优势所在。LCOS是反射式偏振光的空间光调制，光学系统复杂一些，因此投影系统能量利用率比较低，对比度也不是很高，存在对比度与亮度之间的矛盾。

LCD、DLP与LCOS三种主要的投影显示技术中，DLP在高质量的图像显示中占据主要市场，LCOS在大面积显示中的比重最低。目前办公用的投影大都是DLP投影或LCD投影。投影机产品如图6.23所示。

近年来随着投影光源技术的发展，投影仪的光源从早期的氙灯、金属卤化物灯等高压气体放电灯逐步发展到固态光源LED光源，又从LED光源向激光光源方向发展，这使得投影显示的色域在急速扩大，可以实现超大色域的显示。激光投影显示开始作为家用影音装备进入家庭，成为市场上不可或缺的显示器之一，另外激光投影在大型电影院等公共显示的场合得到普及。激光投影显示充分得益于激光的特性：激光具有的窄线宽、方向性好、亮度高的特点使得激光投影显示具有极大的显示色域、很高的能量利用率（激光束的拉赫不变量小）、亮度高，因此在大面积投影显示方面具有独特的优势。但是也应当注意：激光相干性带来的相干噪声也会影响激光显示的效果，但人们在这方面的努力正在取得积极的成果，激光显示的质量大幅度提高，成为大屏显示质量的代表。

近年来随着便携式信息电子产品的增多，LCOS在微型投影仪（见图6.24）上展现出很强的活力，如手机投影仪等正在大量涌现。另外，头戴式与便携式信息终端的出现为LCOS投影显示开拓了更为宽广的空间，大量的抬头显示器开始使用LCOS投影，头戴式显示器也大量使用LCOS投影。

图6.23　投影机产品

图6.24　LCOS微型投影仪

6.4 三维显示

三维显示是人类孜孜不倦追求的理想显示技术。人类一直在追寻一种能够将景物显示得如同人们观看周边的客观三维景物一样的显示技术，正因为如此，三维显示至今仍是一种人类不断探究与发展的新技术。

传统的二维显示技术遗失了真实物理世界的深度信息，因此无法准确表达三维空间关系，而且只能呈现单个角度上的物体的表面特性。为了真实地再现客观三维世界，人们努力用各种方法在空间里呈现出虚拟的三维场景。在传统二维显示的基础上，三维显示通过提供各种生理和心理调节线索产生深度暗示，通过大脑对这些深度暗示进行融合，提供更加符合人眼观看特性的再现方式，三维显示成为下一代显示技术的重要发展方向。随着 2009 年开始的以《阿凡达》等为代表的新一代三维影视浪潮的兴起，三维显示技术逐渐为千家万户所了解和接受。这种立体电影是通过给人的双眼提供体视对图像来实现立体感知的，但一般需要佩戴眼镜等辅助工具，给人们带来了很大不便。目前，不需要佩戴任何眼镜的三维显示主要包括视差型三维显示、全息三维显示、体三维显示、集成成像三维显示、光场三维显示等。近年来虚拟现实（VR）显示迅速发展，借助头盔，人们可以随动方式观看到完整的全景体视效果，实际上是一种全景光场三维再现。这些技术的发展将极大地促进信息技术与人类社会的发展，在游戏娱乐、商品展示、空中交通管制、医学图像分析处理、计算机辅助设计、电子沙盘等诸多领域具有广阔的应用前景。

6.4.1 视差型三维显示

视差型三维显示是目前最为普遍的立体显示技术，它通过特定分离方式使对应于观察者的左、右视图分别提供给观察者的左、右眼观察，利用双眼的视觉融像产生立体感知。这种三维显示主要利用了双目视差这一暗示来使观察者观察到具有深度信息的三维图像。双目视差是人们产生立体视觉的最主要的暗示之一，是感知空间物体前后相对距离的重要线索，它借助人的双眼的位置分离，从而在视网膜上形成略有差异的图像，经大脑皮层融合后便会感知到具有深度信息的三维图像。视差三维技术最早出现在 19 世纪，1833 年英国国王学院的查尔斯·惠斯通（Charles Wheatstone）利用反射镜制备出世界上第一个双目视差的立体镜，观看到了手绘的立体图像。

视差型三维显示产生立体视觉的基本原理如图 6.25 所示。L 为左眼观察到的图像，R 为右眼观察到的图像。A_1、A_2 分别是空间物体 A 在图像 L 和图像 R 上所显示的对应点，B_1、B_2 分别是空间物体 B 在图像 L 和图像 R 上所显示的对应点。图像 L 和图像 R 中空间物体 A 和 B 的对应图像相对位置偏移决定了物体 A 和 B 的空间相对位置关系。

视差型立体显示分成两大类：一类是人们需要借助于特殊眼镜（或其他助视工具）才能获得立体感知，主要有互补色、时序和偏振三种方式；另一类是裸眼即可观察的自动体视三维显示技术——自体视三维显示。借助眼镜的视差型立体显示目前已经广泛应用于 3D 电影等商业领域，并获得很大的成功（见图 6.26）。但是这种三维显示方式由于需要佩戴眼镜，给人们观看带来很多不便，而且长时间观看会使人产生视觉疲劳等不良反应。

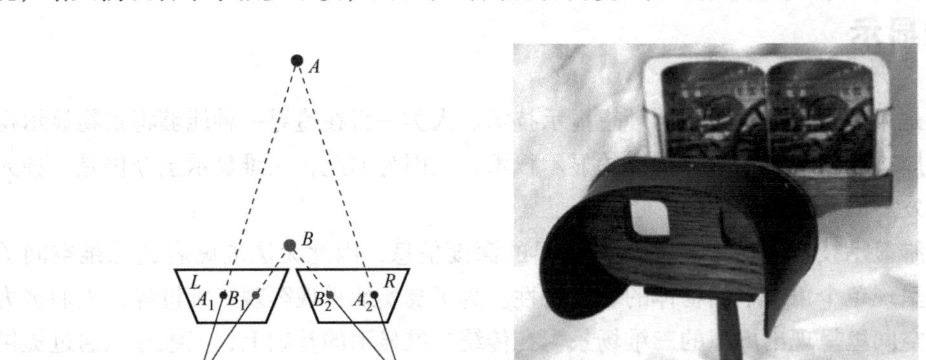

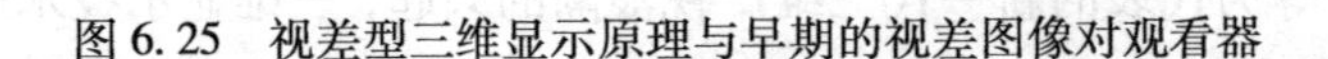
图 6.25　视差型三维显示原理与早期的视差图像对观看器

图 6.26　应用于 3D 电影等商业领域

自体视三维显示将观察者所佩戴的眼镜等助视工具移至显示器端，给观察者减轻了负担，摆脱了立体眼镜、头盔等助视工具的烦恼。自体视三维显示一般是在传统二维显示的基础上，加入视差栅栏或柱面镜阵列等分光元件，将三维场景的不同视角图像分别投射到分立的不同观察视区，观察者的左右眼位于左右不同的视区，分别观察到相对应的视角图像，经大脑融合形成三维图像的立体感。最初的自体视三维显示与借助眼镜的视差型立体显示相同，只提供两个视角的图像给观察者的左右眼分别观看，因此三维显示观察范围较小。

为了实现多人较大范围的观看，人们提出了一种多视角的自体视三维显示，一般可以提供个位数个视角数量。飞利浦、三星、LG、超多维科技等国内外知名企业已成功研制出了大尺寸高分辨的液晶三维显示器，在国际展会上展出并已经逐步商业化。这种多视角三维显示主要分为基于柱面镜阵列或视差栅栏的多视角三维显示、基于多投影机的多视角三维显示等。

（1）基于柱面镜阵列或视差栅栏的多视角三维显示　多视角三维显示一般采用空间分

布的多个像素来分别显示多个视角的二维图像。早期的多视角三维显示多在平板显示器前放置竖直排列的柱面镜阵列或视差栅栏来实现，每一个竖直放置的柱面镜或视差栅栏的每一个狭缝对应了平板显示器上的每一块子图像区域，每个子图像又由多个视角的二维图像相对应的子图像拼接而成，其显示原理如图 6. 27 所示。图 6. 27a 为基于柱面镜阵列的多视角三维显示原理图，图 6. 27b 为基于视差栅栏的多视角三维显示原理图。

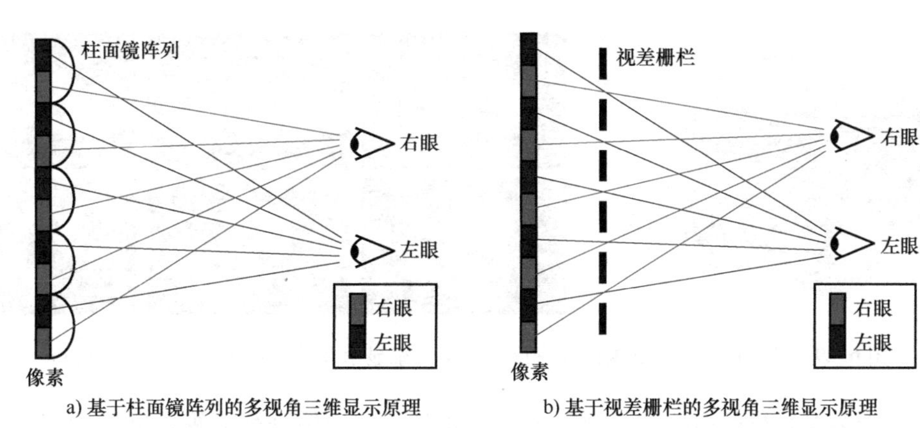

a) 基于柱面镜阵列的多视角三维显示原理　　b) 基于视差栅栏的多视角三维显示原理

图 6. 27　多视角三维显示原理图

这种显示方法采用水平空间分布的多个像素来分别显示多个视角的二维图像，在采用的平板显示器的分辨率确定的情况下，视角数越多，每个视角图像的水平分辨率就越低，水平方向的像素间隔变大，其显示图像质量就会变差。为了提高观察到的水平方向图像分辨率，人们提出了利用倾斜柱面镜阵列来替代竖直排列的柱面镜阵列。

飞利浦公司的 Berkel 将液晶显示器和倾斜放置的柱透镜阵列组合，成功实现了具有 7 个视角的三维显示，合理地分配了水平和竖直方向的像素，大大提高了可观察区域，这使得多视角三维显示更加贴近商业应用领域。2007 年，飞利浦公司利用超宽液晶显示屏和倾斜光栅推出了具有 9 个视角的自体视多视角大尺寸三维显示器（见图 6. 28a）。该显示器屏幕为 42 英寸，宽高比为 16∶9，屏幕分辨率为 1920×1080，单视角图像分辨率为 640×360。同年，LG 公司也基于这种方法，采用高分辨率的 15 英寸液晶显示器实现了 60 个视角的多视角三维显示（见图 6. 28b），屏幕分辨率为 3200×2400，单视角图像分辨率为 266×480。

a) 飞利浦公司的9个视角三维显示

b) LG公司的60个视角三维显示

图 6. 28　Philips 和 LG 公司的多视角三维显示

为了显示更多视角和实现更自然的三维视觉感知，2006 年东京农工大学提出了高密度方向显示（超多视角三维显示），精确地控制了每个视角图像的出射方向和角度。系统由两个液晶显示器（分辨率为 3840×2400）以及对应的倾斜柱面镜阵列和一块半透半反镜构成，实现了水平方向 27.6°视角范围内 72 个视角的三维显示，单视角图像分辨率为 640×400，如图 6.29 所示。

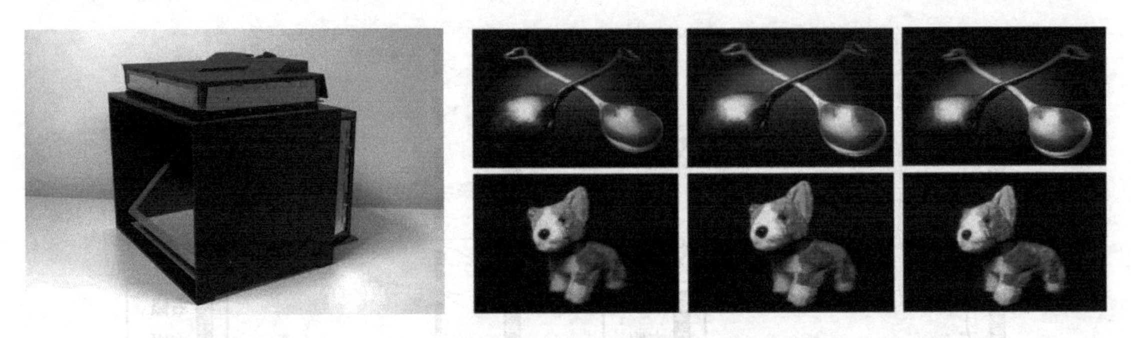

图 6.29　基于倾斜柱面光栅的高密度多视角三维显示及其显示图像（72 个视角）

（2）基于多投影机的多视角三维显示　上述基于柱面镜阵列或视差栅栏的多视角三维显示的信息量完全取决于所采用的平板显示器提供的分辨率，视角数量与单视角图像分辨率相互制约，很难获得大范围高分辨率的三维图像。而采用多投影机加上特殊结构散射屏的方式可以很容易地增加使用投影机的数量，从而有效地提升三维显示效果。

20 世纪 90 年代开始，剑桥大学的 Dodgson 等采用了多投影机和特殊结构散射屏实现了多视角三维显示，并对观察图像区域以及分辨率提高等问题做了相关的研究。系统中，投影机阵列水平排放，采用的屏幕为双柱面透镜阵列或全息光学元件。每个投影机均投影图像到屏幕上，经过屏幕的每个投影机对应一个视角的图像，采用的投影机数即为视角数量，系统结构如图 6.30a 所示。系统采用了多个 CRT 投影光学模组，通过液晶开关时序复用的方式，实现了 28 个视角 25 英寸的多视角彩色三维显示，单视角图像分辨率为 512×384。

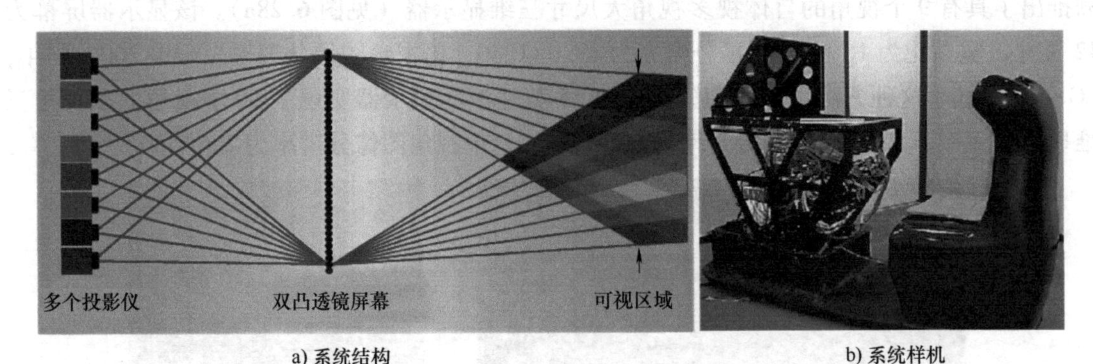

a) 系统结构　　b) 系统样机

图 6.30　多投影机的多视角三维显示

6.4.2　全息三维显示

全息显示（Holographic Display）是一种真实空间三维显示技术。全息三维显示技术是于

1947年由英国科学家丹尼斯·盖博（D. Gabor）提出的，具体原理是利用光的干涉原理将物体发出的特定光波以干涉条纹的形式记录下来，再利用光的衍射原理在一定条件下将物光波还原，如图6.31所示。由于这种技术保留了物光波的全部振幅和相位信息，人们在观察全息三维像时就会得到与观察原物时完全相同的视觉效果，保留了所有的视觉感知暗示。

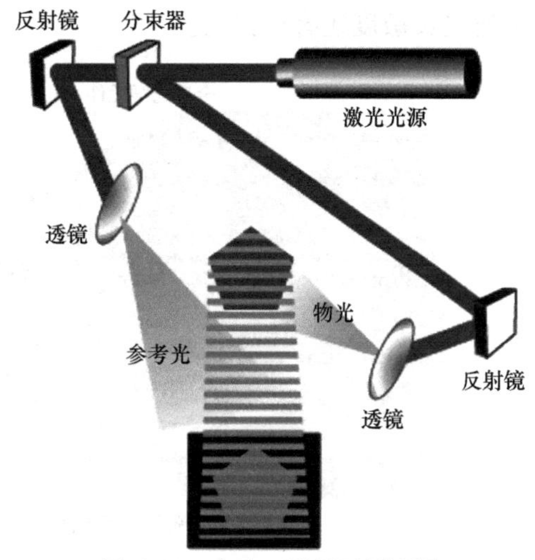

图6.31　全息三维显示原理图

全息显示技术主要可分为静态全息显示技术和动态全息显示技术两类。当前，静态全息显示技术已经广泛应用于商标防伪、遥感、商品展示、干涉计量等领域。而动态全息显示技术需要一个高分辨率的可动态刷新的信息存储媒介（空间光调制器），空间光调制器的像素尺寸决定了其最大的衍射角，但由于现有空间光调制器的像素尺寸还不够小，所以空间光调制器的衍射角大小限制了可观察的视场范围。复杂场景全息三维显示需要海量的数据，对空间光调制器、计算机的处理速度、存储容量和传输带宽提出了更高的要求。近年来，随着计算机和光电子集成技术的进一步发展，使得动态全息三维显示成为研究热点。研究重点主要放在如何缩小像素尺寸到可见光波长量级、如何制备高密度像素的显示器以及如何实现全息图的实时计算机生成等。

美国Zebra公司于1998年研制了全世界第一台数码全息打印机，利用杜邦的光聚合物材料，可制作全视差、真彩色、大视角反射全息图，显示效果如图6.32所示。

图6.32　Zebra公司的ZScape系统

2008年美国亚利桑那州立大学的Blanche研究小组在*Nature*期刊上发表了一篇关于可更新的全息三维显示的论文，该论文从材料角度对三维全息动态可更新显示机理进行了探索。该小组研究了在聚合物光折变薄膜上，利用数码全息打印方法记录一张4in×4in的显示用数码全息图（见图6.33），其保持时间为数小时，当被写入新的图像，原来的图像则完全被擦除。2010年该小组在*Nature*上又发表了论文进行了改进，聚合物光折变薄膜可实现秒级的全息记录与回放，但目前实验条件还比较苛刻，大面积记录材料的制作还比较困难，记录材料的感光灵敏度还有待提高。

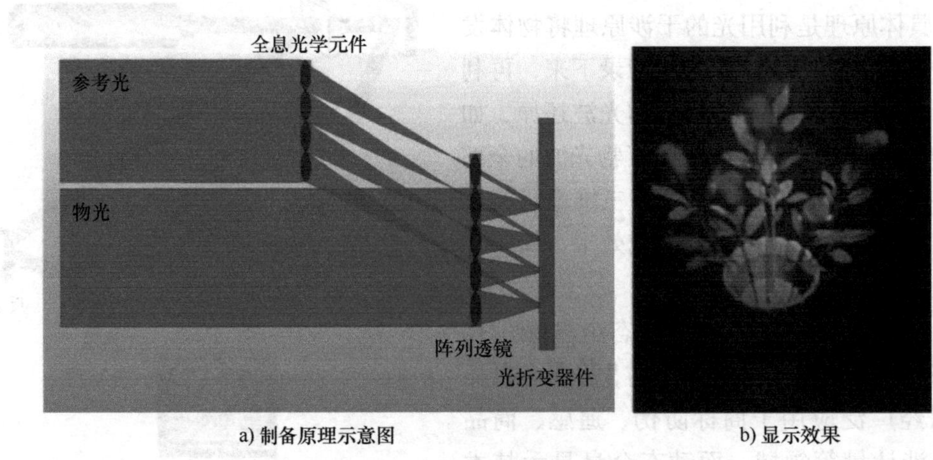

a) 制备原理示意图　　b) 显示效果

图 6.33　聚合物光折变薄膜制备和全息再现

为了增大全息图像的尺寸和观察视角范围，近年来国内外许多高校和研究机构进行了相关研究，提出了水平拼接技术、水平扫描技术以及分辨率重构技术等方法。通过多个光源从不同角度入射在频谱面进行滤波和拼接从而将像面的分辨率重新分配，形成水平方向高分辨率的图像用于全息显示。

而在计算全息的算法研究领域，为了提高计算全息的效率并减少运算时间，多种新型算法不断涌现，比如光线采样面法、快速位移菲涅耳衍射法等。随着计算机并行计算的发展，图形显卡的中央处理芯片也逐步被应用到计算全息领域，通过并行计算提高了运算的效率，为实时全息显示提供了一种新的思路。

6.4.3　体三维显示

真实三维场景在空间上是由许多空间点、线、面集合构成的，而这些都可以离散化为三维空间点的集合。体三维显示（Volumetric 3D Display）是一种采用重建三维空间点来实现三维显示的显示方式，它通过控制三维空间内分布的各个空间点的亮度来实现体空间物体的三维显示。体三维显示包括静止型和扫描型两大类。

1. 静止型体三维显示

静止型体三维显示技术利用发光介质（包括气体、液体或者特殊玻璃、空间排布的液晶片等固定结构）配合投影光源的精密扫描与空间寻址，激发三维体元的光学特性，产生三维显示效果。

1912 年，E. Luzy 提出了可以通过使用两个波长不同的光源来激励位于透明体积内的光活性介质，在两光束的交汇处会因双频两步上转换效应而产生荧光，从而在这一点形成空间体素，使得在空间形成荧光三维显示成为可能。1996 年，Downing 采用三对高功率红外激光束激励掺杂了镨、铒、铥的氟化物玻璃以对应产生红、绿、蓝色体素，最终在厘米级小立方体范围内实现了彩色三维显示，实验装置和显示效果如图 6.34 所示。但是这类显示缺乏合适的激励源和具有充分光转换效率的发光介质，体素激活需时序扫描且重建体素数量较少，因此无法表述复杂的三维图像信息，而且由于上述诸多技术的限制不易实现高分辨率、高亮度的真三维显示。

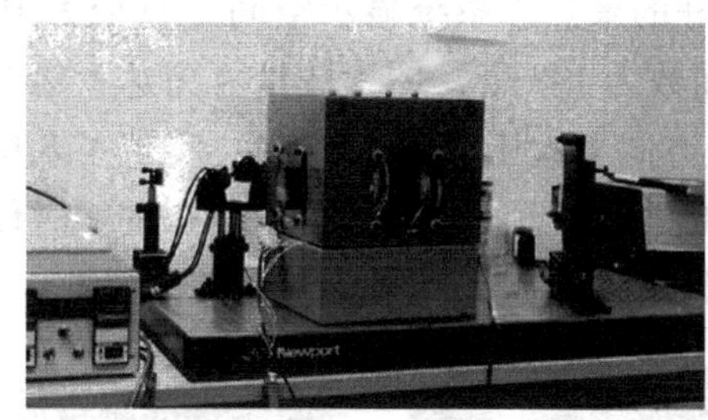

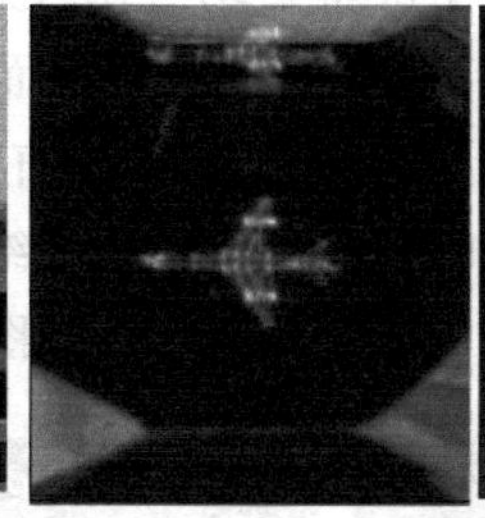

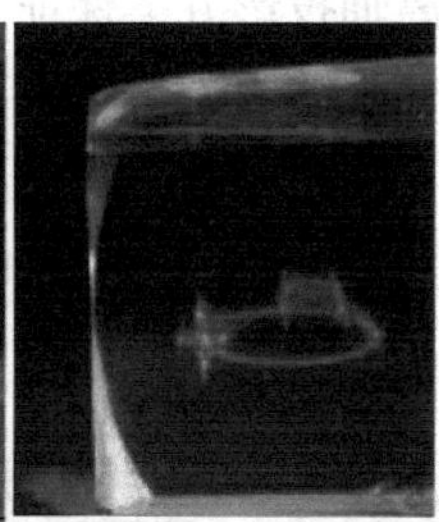

a) 实验装置图　　b) 显示效果图

图 6.34　基于荧光激发的彩色体三维显示

除了采用激光束在空间激发荧光来实现体三维显示外，利用多层 LCD 显示屏实现三维显示的方法也在 1998 年由 Leung 首次提出。通过将三维场景的切片图像时序地显示在不同层的 LCD 屏上，以在多层 LCD 显示屏所占据的体空间内呈现三维图像。LightSpace 公司推出了 DepthCube 三维显示器（见图 6.35），显示空间为 15.6in×11.8in×4.1in，体素数量为 15.3M 个，颜色为 15 位。DepthCube 主要由多平面光学元件和高速投影机两部分组成。多平面光学元件是由具有空气间隔的 20 片液晶散射屏组成。采用的液晶散射屏有漫射和透明两种状态，且切换时间很短，在亚毫秒量级。当液晶散射屏为漫射状态时可以作为投影屏幕，而当液晶散射屏为透明状态时（透过率高达 96%）可以作为透明介质。高速投影机时序地将三维场景不同截面的切片图像投影到不同位置漫射状态的液晶散射屏上，实现了在多层液晶散射屏的体空间上三维扫描，重建了三维图像。这种技术的最大优点是没有任何旋转或平移装置，机构非常稳定，刷新频率也很高。

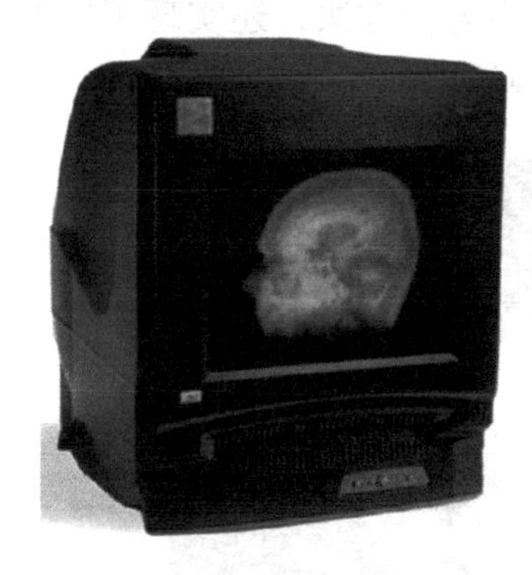

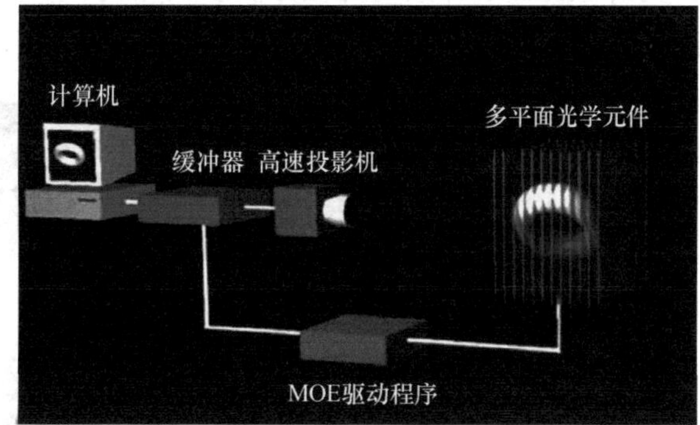

a) DepthCube装置图　　b) 系统原理图

图 6.35　DepthCube 体三维显示

2. 扫描型体三维显示

扫描型体三维显示技术是通过高速转动或移动各种形状的屏幕，配合高速的显示器件实现空间三维体素寻址，利用人眼视觉“暂留效应”形成三维显示效果。

2002 年美国 Actually Systems 公司经研制出了 Perspecta 3D System 体三维显示平台，如

图 6.36所示。该系统利用高速 DLP 投影仪，将二维切片图像时序投射到快速旋转的漫射屏上，在扫描体空间内再现了三维图像。高速 DLP 投影仪采用了基于 DMD 的三片式投影引擎，采用离轴投影方案保证了屏幕上均有比较好的聚焦。系统显示空间是直径为 10in 的球形区域，二维截面分辨率为 768×768，一周截面数为 198 个，体素数量可高达 1 亿个，刷新率为 30Hz，系统水平方向上 360°可周视，垂直方向上大于 180°俯仰视，实现了 8 位 256 色体显示。这套系统是国际上唯一商品化的体三维显示装置。系统实现了数据的实时传输、显示，成功开发了应用操作接口，主要用于医学图像分析。

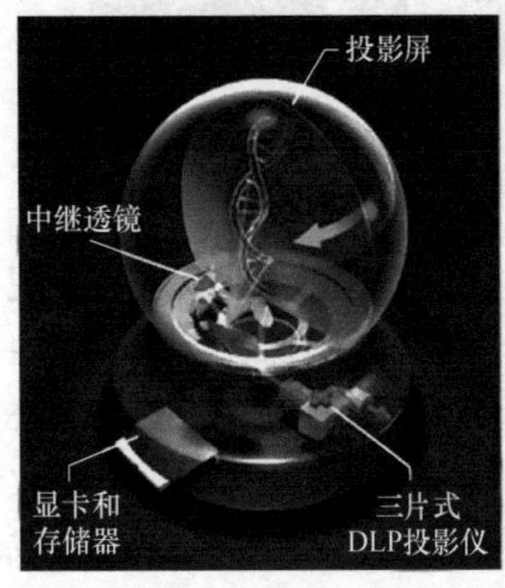

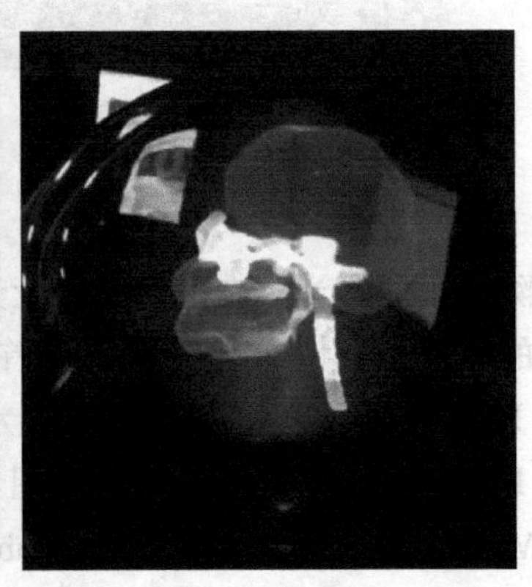

图 6.36　Perspecta 3D System 体三维显示

2003 年，浙江大学研制了高密度快速寻址 LED 显示屏，它采用主动发光的 LED 阵列作为旋转屏，实现了全球最大尺寸（直径 800mm，高 600mm）的彩色体三维显示，系统结构和显示效果如图 6.37 所示，彩色 LED 阵列的分辨率为 320×256，每周显示 512 个径向截面图像，显示空间达 800mm×650mm，显示色彩为 64 色，刷新频率为 16Hz，重建体素数量高达 8M 个。另外还提出了体素均匀化方法以及亮度、颜色均匀化方法，还实现了三维数据的实时传输，其传输速率可以达到 2.5Gbit/s，并且可以实现简单的交互互动。

图 6.37　基于旋转 LED 的体三维显示

由于体三维显示仅仅重建了空间点的位置信息，而忽略了空间点向不同方向发光的分布特性，体三维显示所呈现的三维场景都是透明的，没有空间遮挡关系，所以在仅需要呈现透明三维场景时譬如医学图像分析、计算机辅助设计等领域有比较大的商业前景，但还是很难重建复杂的真实三维场景。

6.4.4　集成成像三维显示

集成成像三维显示（Integral Imaging 3D Display）是近年来备受关注的自体视三维显示技术，可以同时提供水平和竖直视差。如图6.38所示，集成成像将多视角显示中的柱面透镜阵列换为微透镜阵列，微透镜阵列被放置在传统二维显示器的前面，每一个单透镜将二维显示器上对应的子图像成像到相应的位置，从而实现了同时具有水平视差和竖直视差的三维视差图像。类似地，将微透镜阵列置于图像传感器前，就可用于采集集成成像的三维图像，可将不同视角的物方二维图像信息与深度信息同时记录在对应的子图像阵列中。通过简单的图像处理可以轻松地实现实时采集和实时显示。

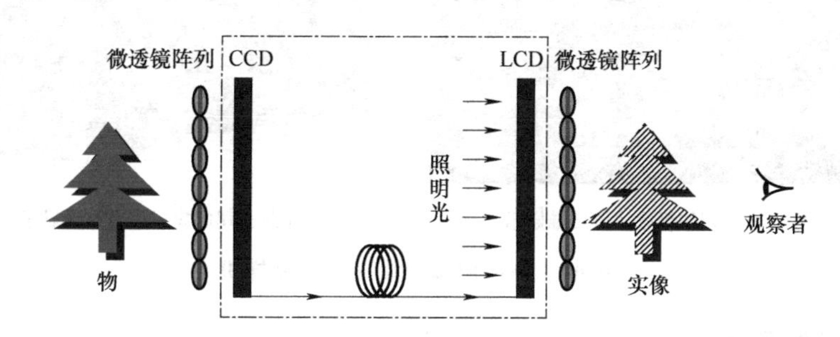

图6.38　集成成像三维采集和显示原理

传统的集成成像三维显示一般可观察视角区域较小、重建图像深度区域小、微透镜阵列的加工精度要求比较高以及图像分辨率较低，这制约了集成成像三维显示的商业化。日本、韩国等国家的许多研究机构做了相关的研究来改善这些弊端。采用弯曲的微透镜阵列以及像面可以扩大观察视角区域，日本大阪市立大学的Takahashiet等人采用了平的全息光学元件（Holographic Optical Elements，HOE）实现了弯曲的微透镜阵列的效果，如图6.39所示。系统采用了17×13的透镜阵列排布，将水平观察视场角从17°提高到70°。

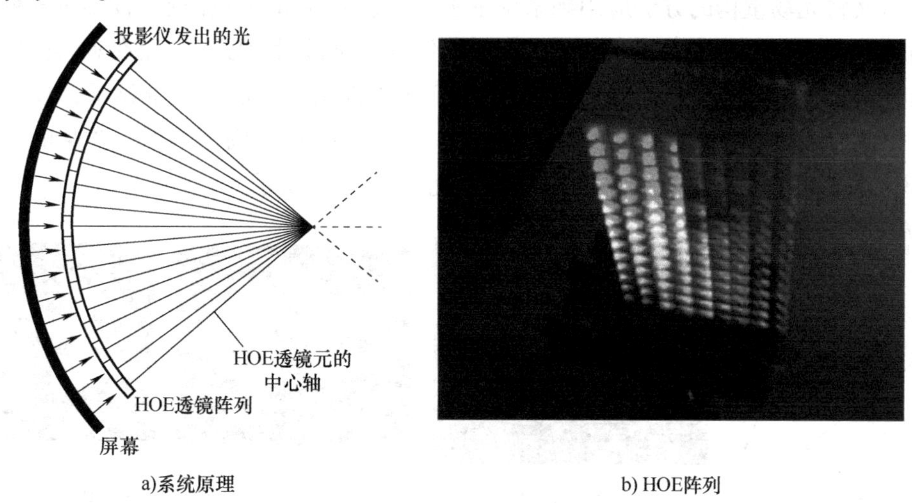

图6.39　基于HOE的集成成像三维显示

日本 NHK 公司技术研究所一直致力于研发集成成像三维显示系统，以大幅改善立体影像的画质。2010 年，NHK 公司公开展示了一款样机，如图 6.40a 所示，该样机的微透镜阵列为 400×250，每个子透镜的直径为 1mm。同年，东芝移动显示公司研制出一款 21 英寸的高清集成成像 3D 显示样机，如图 6.40b 所示，该样机使用了超高分辨率的低温多晶硅液晶屏，实现了 3D 模式下 480cd/m^2 的亮度和水平±15°的视角范围。

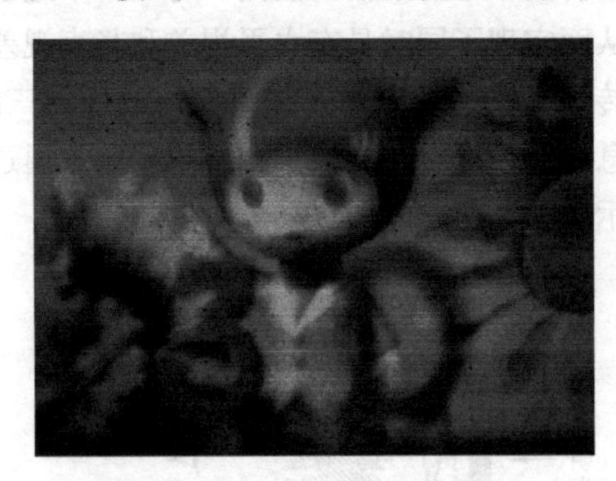

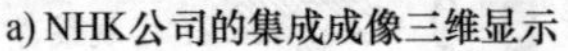

a) NHK公司的集成成像三维显示

b) 东芝公司的集成成像三维显示

图 6.40　集成成像三维显示产品样机

6.4.5　光场三维显示

光场三维显示（Light Field 3D Display）技术是近几年才被提出的一种新型三维显示方法。与全息显示类似，这种技术试图记录和重构三维物体上各个点源朝向各个方向发出的光线（即 360°范围光场），因此它不仅可以真实再现三维场景的空间特性，而且能够正确表现不同物体之间的相互遮挡关系，已经成为近年来的研究热点。利用该技术观察者从不同角度可观察到不同的画面，并且长时间观看不会产生不良生理反应。为了减少信息量，光场重构时一般压缩某一维度的信息如竖直方向的光场变化信息，从而能够实现水平 360°可视的动态空间三维显示。

Holografika 公司于 2006 年首先推出了 HoloVizio 三维显示系统，先采用多视角三维显示的方法，后又将光场重构的方法应用到系统中去。系统主要由特殊排列的投影机阵列和全息散射屏组成，全息散射屏限制了不同方向入射光线的二维散射角度，从而在观察区域形成一系列具有连续视差的图像。HoloVizio 系统实现了 50M 像素的大屏幕三维显示，投影机阵列由 60 台 XGA 投影机组成，显示屏对角宽度为 1.8m，视角范围为 50°，单视角分辨率为 1344×768，水平角分辨率为 0.8°，HoloVizio 系统如图 6.41 所示。

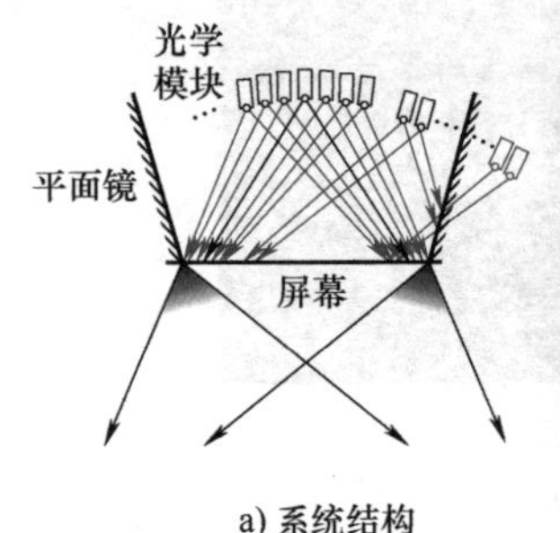

a) 系统结构

b) 系统样机

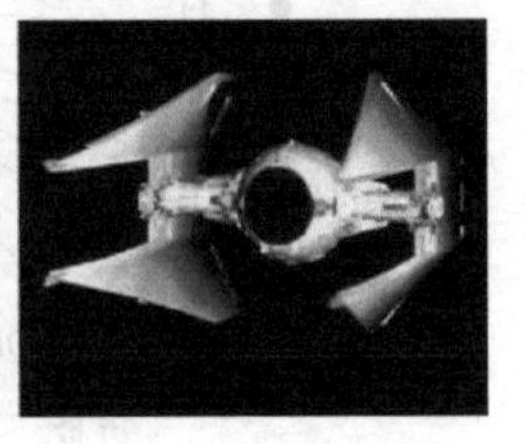

c) 显示图像效果图

图 6.41　HoloVizio 系统

美国南加州大学的 Jones 等人于 2007 年提出了 360°可交互的光场三维显示，如图 6.42 所示。它通过高速投影机将图像投影到高速旋转的倾斜全息散射屏上，实现了一周 288 个视角、15Hz 刷新频率的高密度光场三维显示。系统也可以通过外部的交互装置能实现与显示三维图像的交互，但这个系统仅能提供单色的三维图像，没有实现真彩色三维显示。基于这种方案进行了硬件和算法上的改进，2009 年他们又实现了基于人眼跟踪一对多的三维视频会议系统，实现了三维图像的准实时获取并显示，而且可适应不同高度的多人同时观看。

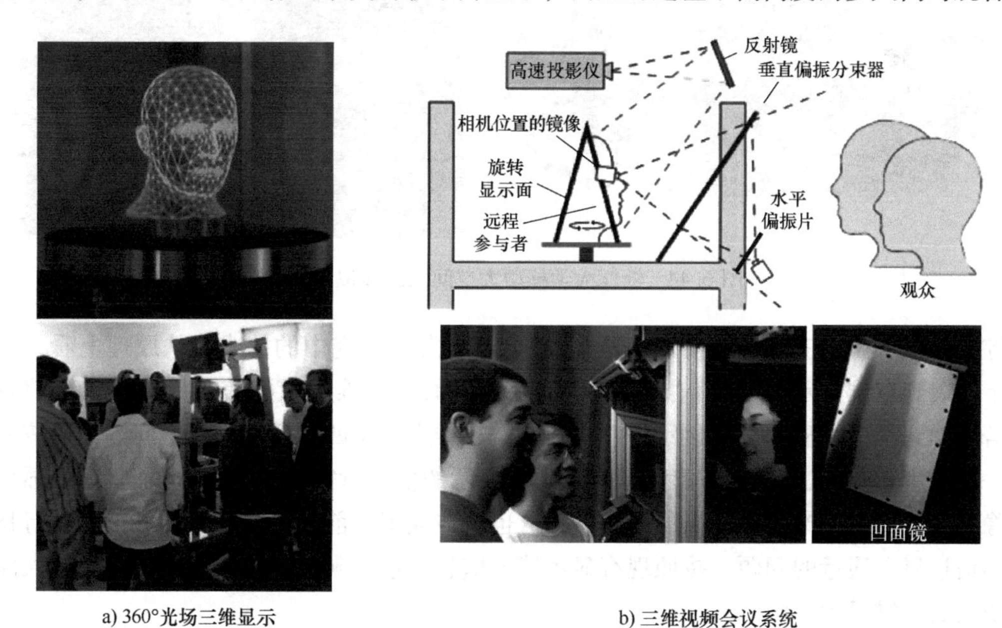

a) 360°光场三维显示　　b) 三维视频会议系统

图 6.42　南加州大学光场三维显示

2012 年，浙江大学率先在国际上实现了全彩色的光场真三维显示，他们研制了全球首台 27000 帧高速的 RGB 三通道全彩色投影显示器，并提出了空气悬浮三维光场形成方法，该方法采用微结构扫描屏，在国际上首次实现了真实空间三维光场全彩色悬浮式的显示（见图 6.43）。

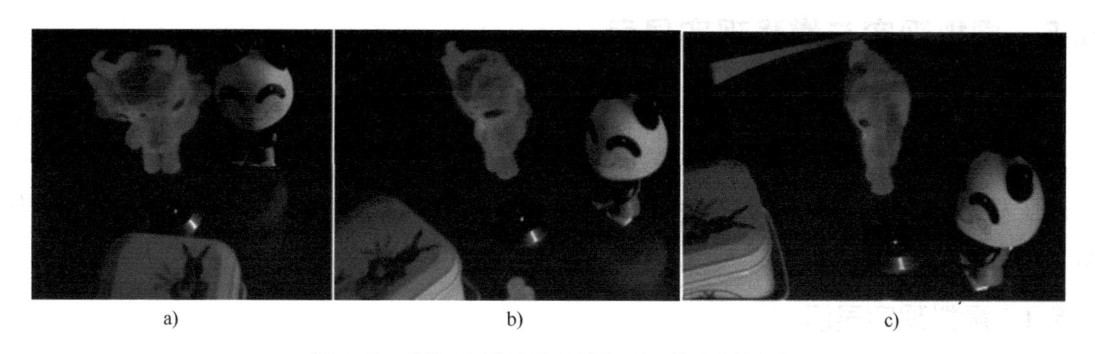

a)　　b)　　c)

图 6.43　浙江大学悬浮全彩色真三维光场显示

2015 年，浙江大学又建立了全球最大的圆柱形光场 360°可视三维显示装置（直径 4m），该显示装置由 360 台投影仪阵列形成的图像源配合微结构显示屏，实现了全球最大尺寸最高三维体素的三维光场显示，并由此提出了虚拟剧场的概念（见图 6.44）。此举为未来三维电影院的发展奠定原型基础，将光场三维显示推向大型化。

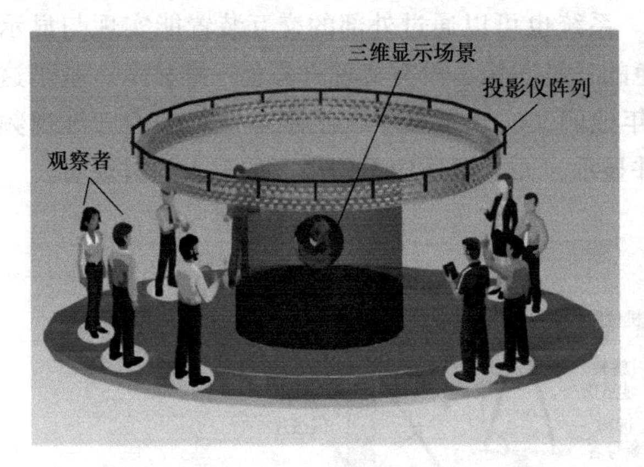

图 6.44　浙江大学柱型大空间三维虚拟剧场

综上可以看出，三维显示技术还是 21 世纪不断发展研究中的技术。从原理上看，从二维显示发展到三维显示，显示信息量的增加是惊人的。二维显示的信息量具有二维信息空间，若增加到了三维显示，其显示信息空间不是三维度而是四维度的信息空间。如果按照现在每一个维度 1000 点的显示像素为基本，那么显示的信息量需要增加 10^6。而目前的显示器或图像发生器都无法产生如此高的信息量，这也就造成了当前三维显示必须靠很多并行技术来提高信息显示通量的问题。按照现有显示器的信息通量的限制，人类还无法实现超大面积高品质的真三维显示。

三维显示技术是人类不断追求的技术，也是未来显示技术发展的重要趋势。当前三维显示的基本研究与发展思路主要集中在光场三维显示与全息三维显示两种技术途径上。实际上三维显示的瓶颈是当前显示器的信息量不足，无法呈现真三维显示所需要的信息量这一核心问题，这也是显示器厂商不断推出高分辨显示屏的动力之一。随着平面显示器 4K 屏、8K 屏以及近年来 10K 屏的出现，相信真正的高品质的三维显示必将出现在人们的眼前。

6.5　虚拟现实与增强现实显示

虚拟现实与增强现实都是近年来兴起的新型显示技术，为人们所广泛关注。虽然与前面的显示技术相比，这两种技术其实仅仅是显示技术的综合应用，也就是将前面的显示技术进行改造发展并结合更多的传感器与网络通信技术，集成出的具有强大信息表征功能的新型信息终端系统。

6.5.1　虚拟现实显示

1. 虚拟现实技术的概述

虚拟现实（Virtual Reality，VR）技术是利用计算机模拟产生一个三维空间的虚拟世界，提供虚拟环境的视觉、听觉、触觉等感官模拟，让使用者如同身临其境一般，可以及时、无限制地观察三维空间内的事物。使用者进行位置移动时，计算机可以立即进行复杂的运算，将精确的三维世界影像传回产生临场感。虚拟现实中人们看到的场景和人物全是假的，它把人的意识代入一个虚拟的世界。

虚拟现实这个概念虽然在20世纪60年代就已经形成概念，但是在20世纪80年代中期，由美国的杰伦·拉尼尔（Jaron Lanier）正式提出“Virtual Reality”一词。

20世纪80年代，美国宇航局（NASA）及美国国防部组织了一系列有关虚拟现实技术的研究，开发了用于火星探测的虚拟环境视觉显示器，为地面研究人员构造了火星表面的三维虚拟环境，取得了令人瞩目的研究成果，从而引起了人们对虚拟现实技术的广泛关注。进入20世纪90年代，迅速发展的计算机硬件技术与不断改进的计算机软件系统相匹配，使得基于大型数据集合的声音和图像的实时动画制作成为可能；人机交互系统的设计不断创新，新颖、实用的输入/输出设备不断地进入市场。这些都为虚拟现实系统的发展打下了良好的基础。例如，宇航员利用虚拟现实系统成功完成了从航天飞机的运输舱内取出新的望远镜面板的工作，而用虚拟现实技术设计波音777获得成功是近年来引起科技界瞩目的又一件工作。正是因为虚拟现实系统有极其广泛的应用领域如娱乐、军事、航天、设计、生产制造、信息管理、商贸、建筑、医疗保险、危险及恶劣环境下的遥操作、教育与培训、信息可视化以及远程通信等，人们对迅速发展中的虚拟现实系统的广阔应用前景充满了憧憬。

2. 虚拟现实系统的构成

虚拟现实系统一般以头戴式体视显示器为主体，结合位置传感器、方向传感器、环境传感器以及三维声音系统组成。如图6.45所示。

图6.45 虚拟现实系统

用户通过传感装置直接对虚拟环境进行操作，并得到实时三维显示和其他反馈信息（如触觉、力觉反馈等）。当系统与外部世界通过传感装置构成反馈闭环时，在用户的控制下，用户与虚拟环境间的交互可以对外部世界产生作用（如遥操作等）。系统各模块的作用是：

1）检测模块：检测用户的操作命令，并通过传感器模块作用于虚拟环境。

2）反馈模块：接受来自传感器模块信息，为用户提供实时反馈。

3）传感器模块：一方面接受来自用户的操作命令，并将其作用于虚拟环境；另一方面将操作后产生的结果以各种反馈的形式提供给用户。

4）控制模块：对传感器进行控制，使其对用户、虚拟环境和现实世界产生作用。

5）建模模块：获取现实世界组成部分的三维表示，并由此构成对应的虚拟环境。

现在的虚拟现实系统主要有两类。一类是简单的VR盒系统，该系统仅仅提供一个体视的眼镜架与声音系统，图像源则采用手机的显示器，通过下载VR节目来观看，传感器均是利用手机的方位传感器。这一类系统十分简单，普及面广，但是效果不是十分理想，主要是受到手机显示屏分辨率有限并且手机传感器与图像的处理匹配速度有限所致。另一类是专用的虚拟现实系统，其典型是以Facebook的虚拟现实系统和Oculus VR头盔为代表的集成VR头盔系统，该系统集成了显示器、传感器以及快速处理器在头盔上，形成强大的虚拟环境产生系统，如图6.46所示。

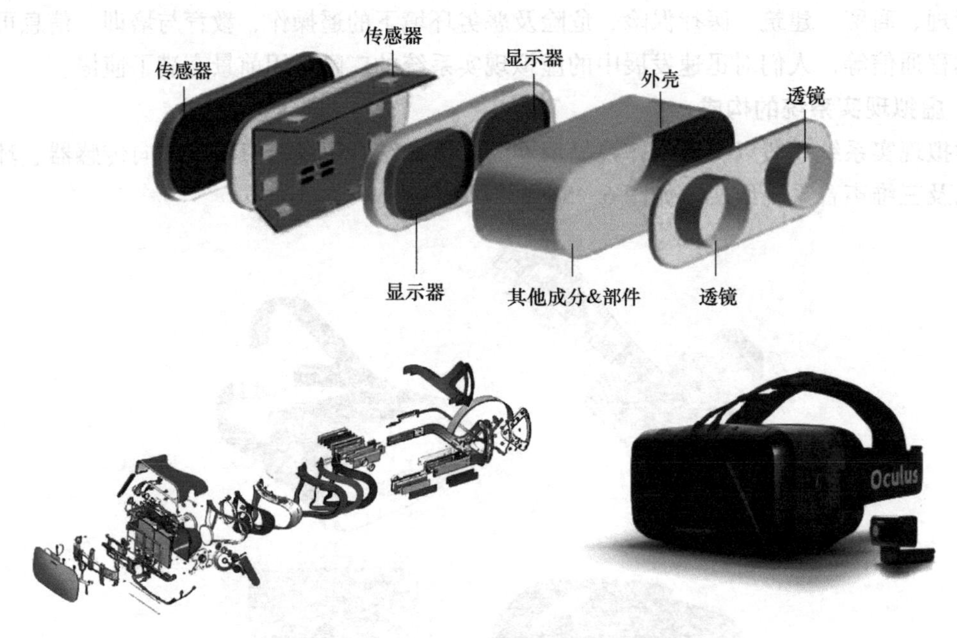

图6.46　专用的虚拟现实系统

3. 虚拟现实技术的特征

虚拟现实系统还处于不断发展的阶段，有人说虚拟现实开启了计算机的下一个革命性的界面时代。虚拟现实的研究主要涉及：通过计算机图形方式建立实时的三维视觉效果、建立对虚拟世界的观察界面、用虚拟现实技术加强诸如科学计算技术等方面的应用。虚拟现实技术因此具有以下四个重要特征：

1）多感知性：多感知性是指除了一般计算机所具有的视觉感知外，还有听觉感知、力觉感知、触觉感知、运动感知，甚至包括味觉感知、嗅觉感知等。理想的虚拟现实系统应该具有人所具有的所有感知功能。

2）存在感：存在感又称临场感，是指用户感到作为主角存在于模拟环境中的真实程度。理想的模拟环境应该达到使用户难以分辨真假的程度。

3）交互性：交互性是指用户对模拟环境内物体的可操作程度和从环境得到反馈的自然程度（包括实时性）。例如，用户可以用手去直接抓取环境中的物体，这时手有握着东西的感觉，并可以感觉物体的重量，视场中的物体也随着手的移动而移动。

4）自主性：自主性是指虚拟环境中物体依据物理定律动作的程度。例如，当受到力的推动时，物体会向力的方向移动或翻倒或从桌面落到地面等（见图6.47）。

图6.47　自主性虚拟现实系统

4. 虚拟现实的关键技术

虚拟现实的关键技术可以包括以下几个方面：

1）动态环境建模技术：虚拟环境的建立是虚拟现实技术的核心内容。动态环境建模技术的目的是获取实际环境的三维数据，并根据应用的需要，利用获取的三维数据建立相应的虚拟环境模型。三维数据的获取可以采用CAD技术（有规则的环境），而更多的环境则需要采用非接触式的视觉建模技术，两者的有机结合可以有效地提高数据获取的效率。

2）实时三维图形生成技术：三维图形的生成技术已经较为成熟，其关键是如何实现“实时”生成。为了达到实时的目的，至少要保证图形的刷新率不低于15f/s，最好是高于30f/s。在不降低图形的质量和复杂度的前提下，如何提高刷新频率将是该技术的研究内容。

3）立体显示和传感器技术：虚拟现实的交互能力依赖于立体显示和传感器技术的发展。现有的虚拟现实技术还远远不能满足系统的需要，比如数据手套有延迟大、分辨率低、作用范围小、使用不便等缺点；虚拟现实设备的跟踪精度和跟踪范围也有待提高，因此有必要开发新的三维显示技术。

4）应用系统开发工具：虚拟现实应用的关键是寻找合适的场合和对象，即如何发挥想象力和创造力。选择适当的应用对象可以大幅度地提高生产效率、减轻劳动强度、提高产品开发质量。为了达到这一目的，必须研究虚拟现实的开发工具，比如虚拟现实系统开发平台、分布式虚拟现实技术等。

5）系统集成技术：由于虚拟现实中包括大量的感知信息和模型，因此系统的集成技术起着至关重要的作用。集成技术包括信息的同步技术、模型的标定技术、数据转换技术、数据管理模型、识别和合成技术等。

虚拟现实技术的应用前景是很广阔的，比如国内的云舞科技已经逐步形成横跨虚拟现实旅游、古迹复原、游戏、购物、医疗、移动互联网、闲暇体验中心、新闻影视、大数据分析等行业模块，逐步形成相互支持、相互推动的 VR 高科技大产业生态环境。

6.5.2 增强现实显示

增强现实（Augmented Reality，AR）技术是一种将真实世界信息和虚拟世界信息“无缝”集成的新技术，是通过计算机等技术把原本在现实世界的一定时间和空间范围内很难体验到的实体信息（视觉、声音、味道、触觉等），模拟仿真后再叠加，将虚拟的信息应用到真实世界，被人类感官所感知，从而达到超越现实的感官体验。真实的环境和虚拟的物体实时地叠加到了同一个画面或空间同时存在。

增强现实技术实际上是传统显示技术增加了环境获取与环境感知技术，并将两者信息有效叠加，再通过网络与通信手段获得更多使用者关注的信息。因此从显示技术上没有太大的变化，只不过显示系统是由显示器与环境感知器组成，可以是相机，也可以是其他传感器。

如图 6.48 所示的系统就是用传统手机镜头拍摄环境，上网搜索时将搜索内容显示与场景同时显示在屏幕上，不仅展现了真实世界的信息，而且将虚拟的信息同时显示出来，两种信息相互补充、叠加。在视觉化的增强现实中，用户利用头盔显示器把真实世界与计算机图形多重合成在一起，便可以看到真实的世界围绕着它。

图 6.48　增强现实技术

增强现实要努力实现的不仅是将图像实时添加到真实的环境中，而且还要更改这些图像以适应用户的头部及眼睛的转动，以便图像始终在用户视角范围内。最突出的例子就是微软公司的 HoloLens 眼镜（见图 6.49）。HoloLens 眼镜使增强现实系统正常工作所需的三个组件是头戴式显示器、跟踪系统和移动计算能力。增强现实的 HoloLens 就是将这三个组件集成到一个系统中，放置在一个特定的头戴眼镜的设备中，该设备能以无线方式将信息

图 6.49　微软的 HoloLens 眼镜

转播到类似于普通眼镜的显示器上。

增强现实技术包含了多媒体、三维建模、实时视频显示及控制、多传感器融合、实时跟踪及注册、场景融合等新技术与新手段。增强现实提供了在一般情况下不同于人类可以感知的信息，其一些应用场景如图 6.50 所示。

图 6.50 HoloLens 的各种应用

思考与讨论题

1. 显示技术是依据光的什么特性来实现的？有没有其他不经过人眼的显示方式或方法？
2. 试设计一种显示方法，使人眼能够观看到光波的传播或者表征出物体发出光的波面。
3. 请用光场的表征方法说明各种显示技术，其再现光场的参数空间上有什么相同与不同之处，这些不同会造成哪些显示上的不同？
4. 试设计一种显示内容可以触摸，有触碰感觉的显示技术。

参考文献

[1] 应根裕，胡文波，邱勇. 平板显示技术 [M]. 北京：人民邮电出版社，2002.

[2] 刘旭，李海峰. 现代投影显示技术 [M]. 杭州：浙江大学出版社，2010.

[3] LIU X, LI H F. The Progress of Light-Field 3-D Displays [J]. Information Display, 2016, 11: 6-14.

[4] 王琼华. 3D 显示技术与器件 [M]. 北京：科学出版社，2011.

[5] Riccardo P. A Systematic Review of Augmented Reality Applications in Maintenance [J]. Robotics and Computer-Integrated Manufacturing, 2018, 49: 215-228.

[6] 侯颖. 增强现实技术综述 [J]. 计算机测量与控制，2017，25 (2)：1-7.

第 7 章　光存储技术

光存储技术是应用光束与材料的相互作用，利用光束聚焦的微小性来实现材料微小区域的特性改变，进而实现高密度的信息存储技术。该技术在信息社会的建立方面起到了极为重要的推动作用，并开启了数字存储的新阶段。

光存储技术是采用激光照射介质，激光与介质相互作用导致介质的性质发生变化而将信息存储下来的记录方式。在读出这些存储的信息时，是用激光扫描存储介质，识别出存储单元性质的变化，进而获得存储的信息。在实际操作中，通常都是以二进制数据形式存储信息，所以存储时先要将信息转化为二进制数据链，写入时则将主机送来的数据编码通过光调制器转换成相应激光的光信号的编码信息，照射相应存储介质，进而记录这些信息。本章主要介绍光存储技术的基本原理、光盘存储技术、存储形式与发展状况。

7.1　光存储的基本原理与光盘存储技术

7.1.1　光存储的基本原理

最基本的光存储媒介就是光盘。光盘是利用激光束进行读/写的存储媒介，它的高密度存储特性是利用了激光束在聚焦情况下可以获得很小的光斑这一特点，使得光存储理论上可以实现衍射极限甚至衍射极限以下很小的记录点。

光盘是一种辅助存储器，可以存放各种文字、声音、图形、图像和动画等多媒体数字信息。光盘的全称是高密度光盘（Compact Disc，CD），它是不同于完全磁性载体的光学存储介质，采用聚焦激光束处理记录介质的方法存储和再生信息，又称为激光光盘。

最早人们使用的是不可擦除光盘存储，即这种光盘出厂之后只能读取，不能写入存储。随后人们发展出了可擦除光盘存储，同时光盘存储的密度也在不断提高，出现了数字通用光盘（Digital Versatile Disk，DVD），接着又从红光 DVD 向蓝光 DVD 发展。国际标准化组织（ISO）成立了专责制定有关运动图像压缩编码标准的动态图像专家组（Moving Picture Experts Group，MPEG），制定了多项光存储的标准，其中 MPEG1 是 VCD 的视频图像压缩标准、MPEG2 是 DVD 的视频图像压缩标准、MPEG4 是网络视频图像压缩标准。DVD-2 光盘拥有 4.7GB 的大容量，可储存 133 分钟的高分辨率 MPEG4 全动态影视节目，包括多个杜比数字环绕声音轨道。

光盘存储的基本原理是光盘上刻蚀一系列的小孔，激光读出这些小孔时，反射光强随激光扫描从无孔区域向有孔区域时反射率不同而发生变化。人们用这个变化编制出0或1，从而进行存储。如图7.1所示。

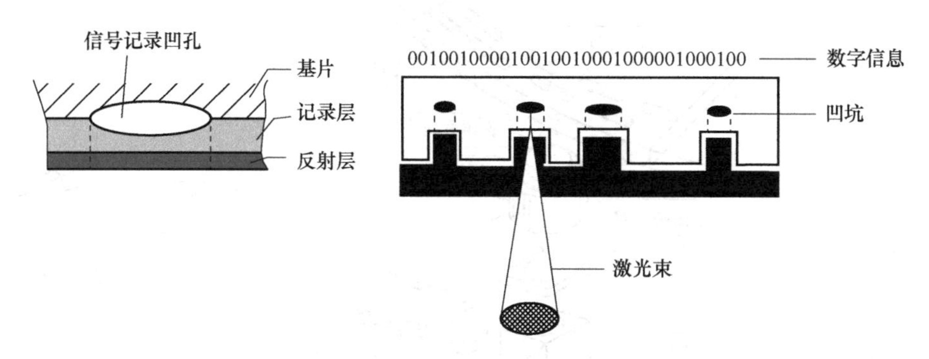

图7.1 光盘的编码与工作原理图

从记录的角度，光盘分成两类：一类是只读型光盘，包括CD-Audio、CD-Video、CD-ROM、DVD-Audio、DVD-Video、DVD-ROM等；另一类是可记录型光盘，包括CD-R、CD-RW、DVD-R、DVD+R、DVD+RW、DVD-RAM、Double layer DVD+R等各种类型。

常见的CD光盘非常薄，只有1.2mm厚，却包括了多层结构。从图7.2中可以看出，CD光盘主要分为五层，包括基底、反射层、介电层、记录层、覆盖层等。

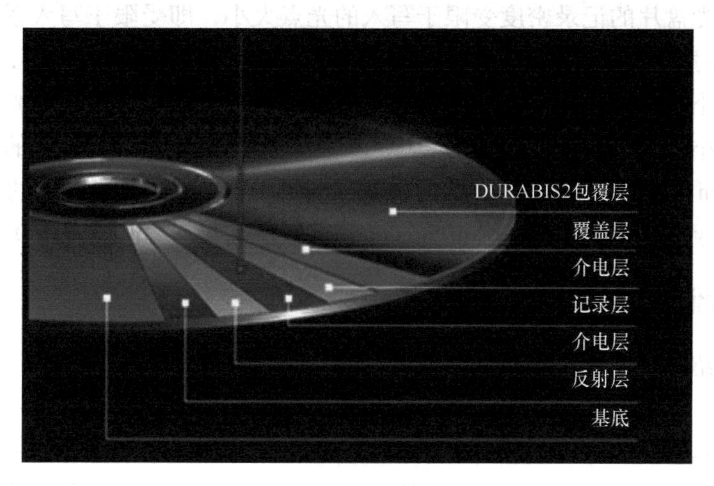

图7.2 光盘CD-R的基本结构

对于只读光盘，基底主要使用的材料是聚碳酸酯（PC），记录层是刻录信号的地方，记录层上信息小孔是模压出来固定的，只起到改变反射光信号的作用。而对于可记录型光盘，其光盘基本结构中记录层是烧录或刻录信号的媒介层，一般采用在基底上涂抹上专用的有机染料，以供激光记录信息。由于激光烧录前后的反射率不同，经由激光读取不同长度的信号时，通过反射率的变化形成0与1信号，借以读取信息。有机染料有三大类：花菁（Cyanine）、酞菁（Phthalocyanine）及偶氮（AZO）。

根据光盘结构、存储密度的不同，光盘读出的设备主要分为CD、DVD、蓝光光盘以及相应光盘的可擦除机等几种类型，这几种类型的光盘读出与刻录系统虽有不同，在结构上有所区别，但主要结构原理是一致的。图 7.3 是典型的 CD-ROM 的读出机原理图。

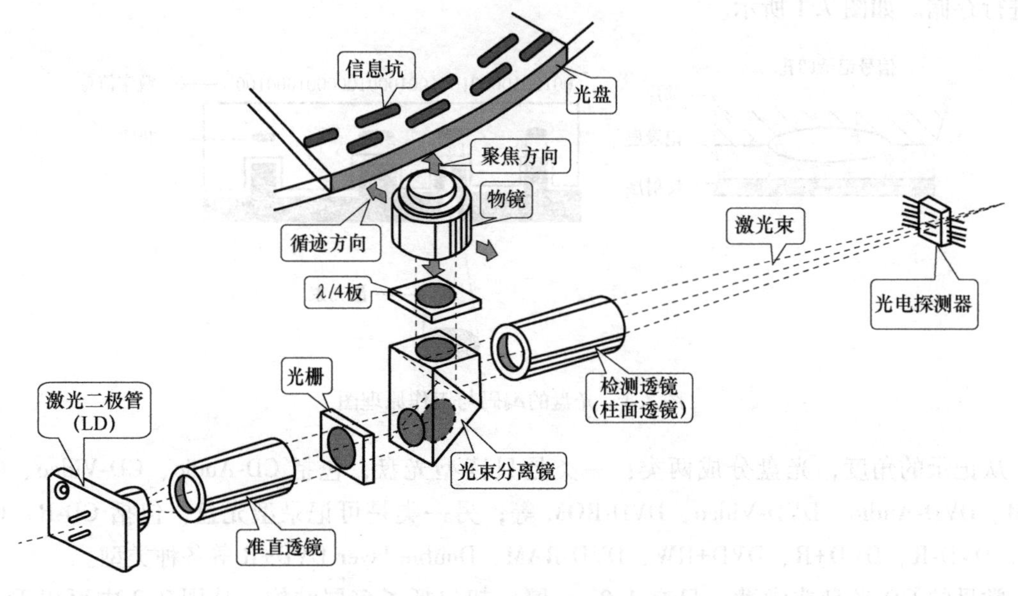

图 7.3　CD-ROM 的读出机原理图

一般而言，光盘片的记录密度受限于写入的光点大小，即受限于写入系统光学的衍射极限，主要取决于写入激光的波长 λ 和写入物镜的数值孔径 NA。波长越短，数值孔径越大，聚焦的光斑就越小。所以光盘技术要提高记录密度，一般可使用短波长激光或提高物镜的数值孔径使光点缩小，从整个光盘发展历程中可以看到激光波长与数值孔径的变化与发展。一般 CD 采用 780nm 的激光，NA 为 0.45 的物镜；到了 DVD 就采用 650nm 的激光，数值孔径 NA 提升到 0.6；再到蓝光 DVD 采用 405nm 激光，数值孔径 NA 也提升到 0.85。

7.1.2　光盘存储技术

下面逐一介绍各种光盘存储媒介。

1. CD

CD 是最早的光盘，是只读型光盘。CD 或称为 CD-R，CD-R 只写一次，因为它使用“烧蚀”技术在记录层中产生一种永久性的、物理的标记。实际制备中是采用记录介质为涂有光刻胶的玻璃盘基，在调制后的激光束的照射下，再经过曝光、显影、脱胶等过程，正像母盘上就出现凹凸的信号结构。之后利用蒸发和电镀技术得到金属负像母盘，最后用注塑法或光聚合法在金属母盘上复制光盘。这种光盘已经存储了信息，供光盘驱动器的激光照射在凹坑上，利用凹坑与周围介质反射率差别读出信息。该类光盘可以作为长时间的信息存储媒介，一般作为音乐等的存储媒介。该类光盘使用的激光波长为 780nm，数值孔径为 0.45，道间距为 1.6μm，存储容量为 650MB。

这种光盘的驱动器称为 CD-ROM 驱动器，在 CD 存储与 CD 音频播放机中使用。这种技术在出现后就被迅速标准化，并大面积应用于音频市场。随后不久，飞利浦和索尼推出了一种可读写的（CD-RW）光盘，在其产品中安装这种“多次读写”芯片。该存储技术在记录中采用了相变技术，其原理是：高功率调制后的激光束照射记录介质，形成非晶相记录点，非晶相记录点的反射率与未被照射的晶态部分有明显的差异；用低功率激光照射存储单元，利用反射光的差异读出信息；非晶相记录点在低功率、宽脉冲激光照射下又变回到晶态，以进行信息的擦除。通过这种方法实现多次读写。图 7.4 显示不同存储方式的光盘。

图 7.4　各种记录媒介的光盘

同时为了提高光盘对数据的读取速度，人们也发展出各种倍速的光盘驱动器，从早期的只读式光盘驱动到 CD-RW 光盘驱动器，再到各种高倍速的光盘驱动器如 8 倍速、12 倍速等驱动器，推进了光盘存储技术的发展。

2. DVD

DVD 的出现是光盘存储的高速发展期。当时在业界第一个标准组织——光存储技术协会中有过一次争论，争论的一方是索尼和飞利浦组成的阵营，另一方是东芝、日立和松下。他们所争论的问题是关于一种新型的、高容量的与 CD 媒质采用何种形式的光盘系统。争论的结果是东芝联盟一方“赢了”，他们把这种新格式命名为数字通用光盘（Digital Versatile Disk，DVD）。

DVD 相比 CD 的记录密度有了重大提升，轨道间距从 1.6μm 减小到 0.74μm，记录小孔的间距也缩小一半多，如图 7.5 所示。

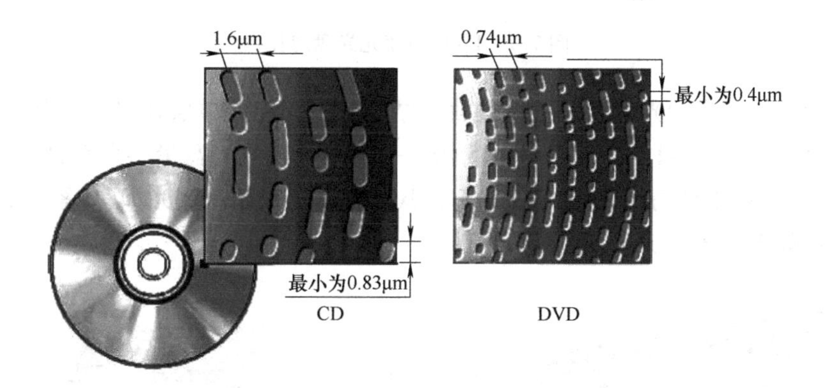

图 7.5　DVD 与 CD 的存储记录孔大小比较

利用相变技术，出现了可写型 DVD-RW 格式，这是一种更专用的可读写格式。索尼、飞利浦等很快又发展出多次写存的 DVD+RW 格式。至此 DVD 盘的格局基本形成（见图 7.6）。

第二代 DVD 使用的激光波长为 635/650nm，数值孔径为 0.6，道间距为 0.74μm，单面存储容量为 4.7GB，双面双层结构的容量为 17GB。

图 7.6　经典的 DVD 光盘

3. 蓝光 DVD（BD）

蓝光（Blu-ray）这一名称是所用激光的颜色“蓝色”（blue）与“光线”（ray）两个词组合而成。一张单层蓝光光盘尺寸与 DVD 大致相同，但是可保存 27GB 的数据——可以存储两小时以上的高清晰视频或大约 13 小时的标准视频。与红色激光的 DVD 不同，蓝光光盘使用蓝色激光（该格式也因此得名）。与红色激光（波长为 650nm）相比，蓝色激光波长（405nm）更短。较小的光束聚焦更精确，能够读取只有 0.15μm 长的凹槽中记录的信息——这个长度还不到 DVD 上凹槽长度的二分之一。此外，蓝光光盘还将轨距从 0.74μm 缩小到 0.32μm。蓝光光盘的厚度与 DVD 大致相同（1.2mm），但是两种光盘存储数据的方式并不相同。在 DVD 中，数据存放在两个聚碳酸酯层之间，每层有 0.6mm 厚。此外，如果 DVD 表面不够平，导致不能准确地保持与光束垂直，可能导致盘片倾斜问题，激光束会因此变形，所有这些问题都导致对生产工艺有极高的要求。图 7.7 中给出了 DVD 与蓝光光盘的结构比较。

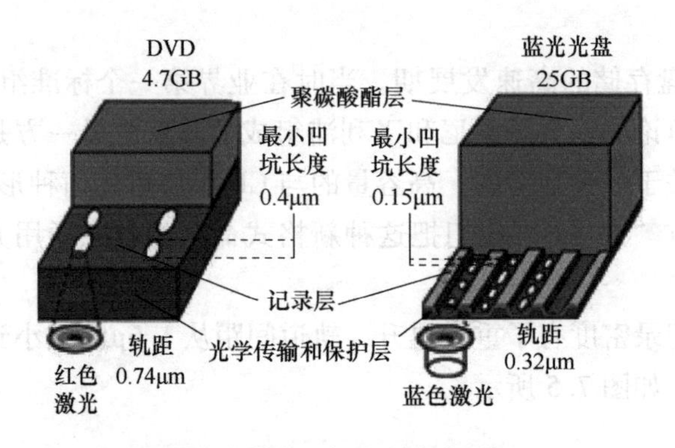

图 7.7　DVD 与蓝光光盘对比

更小的凹槽、更小的光束以及更短的轨距结合起来，能使单层蓝光光盘保存 25GB 以上的信息——大约是 DVD 可储存信息量的 5 倍。一张双层蓝光光盘最多可存储 50GB 的信息，足以保存约 4.5 小时的高清晰视频或 20 多个小时的标准视频。蓝光 DVD 系统、蓝光光盘、读头与驱动器如图 7.8 所示。

图 7.8　蓝光 DVD 系统、蓝光光盘、读头与驱动器

可以将 CD、DVD 与蓝光 DVD 的光盘结构做一个比较，如图 7.9 所示，可以看出三者在存储密度上的显著变化。

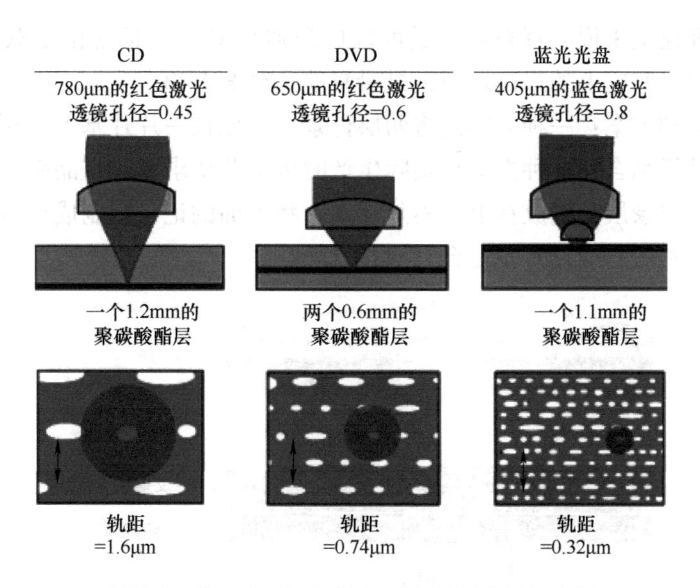

图 7.9 CD、DVD 与蓝光 DVD 的光盘结构比较

由于各种光盘的存在需要读出器对上兼容，因此对各种读出系统的要求越来越高，出现了复合式读出系统，图 7.10 所示为集成了 CD、DVD 与 BD 的综合读出系统。

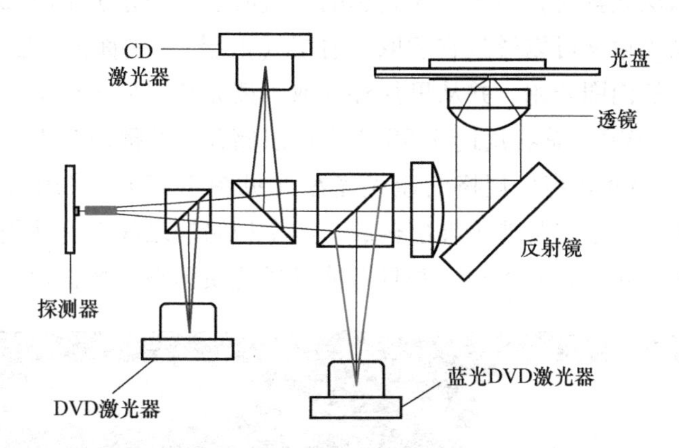

图 7.10 集成了 CD、DVD 与 BD 的综合读出系统

4. 多层光存储

由于写入光已经接近衍射极限，要想将光盘的存储量进一步提高，就得采用多层结构以提高每个光盘可以存储信息的容量。因此多层光存储就应运而生了。多层光存储是在单层存储的基础上，增加记录媒介的层数，同时要注意配合读出系统的读取头结构的调制实现对多盘信息的读取。

最先出现的多层结构是 DVD 双层结构。DVD 光盘依记录方式区分，有单面单层、单面双层、双面单层、双面双层的规格。根据容量的不同，可将 DVD 分成四种规格，分别是 DVD-5、DVD-9、DVD-10 与 DVD-18 等。DVD-5 的规格是单面单层，所以标准的资料记录量为 4. 7GB。DVD-9 的规格是单面双层，也就是将资料层增加到两层，中间夹入一个半透明反射层，如此一来在读取第二层资料时不需要将 DVD 盘片翻面，直接切换激光读取头的聚焦位置就可以了。理论上来说，资料记录量可以提升到 9.4GB，但是由于双层的构造会干扰信号的稳定度，所以实际上的最高资料记录量只能达到 8.5GB。

双层光盘有两种方案：一种方案是将两层记录层都放在一片片基上，而另一片是空白片基，然后将它们进行黏合，这种方案在实际生产时因工艺要求高、良品率低而不被采用；另一种方案是将两层记录层分别放在上下两片片基，将上面的记录层制成反射层，下面的记录层制成半透明层，然后将两片片基黏合（见图 7.11）。

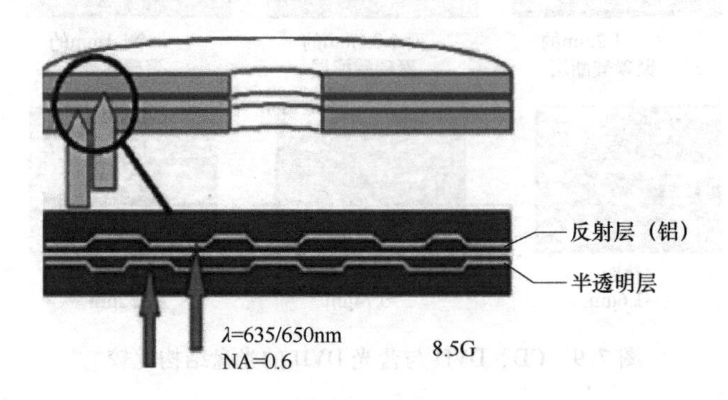

图 7.11　DVD-9 双层结构的信息存储模式

激光头在读取双层光盘时，激光束先到达的半透明层（下层）称为 0 层（Layer 0，L0），可以读取数据。但激光束又可以透过它读取反射层（上层），又称为 1 层（Layer 1，L1）的数据。读 0 层时总是从内圈开始，并从里往外读取，读完 0 层后再读 1 层。

单面双层的光盘 DVD-9 总容量达 7.98GB，可以储存大约播放 241 分钟的视频数据。

双层蓝光 DVD 为 50GB 容量规格的蓝光光盘（见图 7.12），采用的是单面双层刻录技术，每个记录层由实际记录层与非传导层构成，两个记录层之间夹有间隔涂层。这一设计使两个记录层能够互不干扰，独立读写，并且皆能发送优质清晰的数据信号。

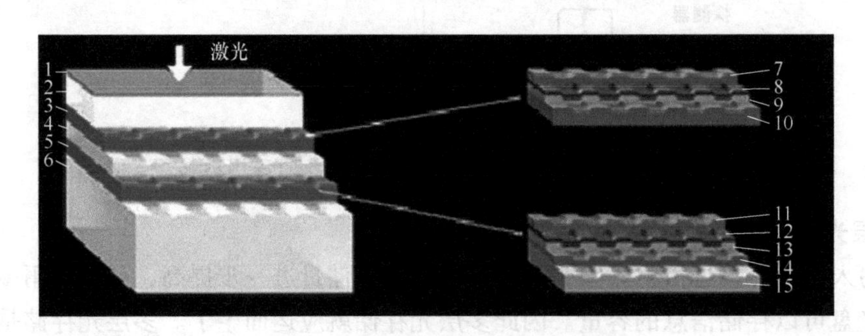

图 7.12　双层蓝光 DVD 结构示意图

1—DURABIS2 超硬层　2—覆盖层　3—L1 绝缘层　4—间隔层　5—LO 绝缘层　6—树脂基板
7—绝缘层　8—硅层　9—铜合金层　10—绝缘层　11—绝缘层　12—硅层　13—铜合金层
14—绝缘层　15—反射层

除了双层光盘之外，还有多层光盘存储器。图 7.13 所示为一种特殊的多层光盘，它具有一层的 BD 信息层和两层的 DVD 信息层，这是一种复合的多层光盘结构。

多阶光存储是另外一种提高存储容量的技术与方法。传统的光存储系统采用二元数据序

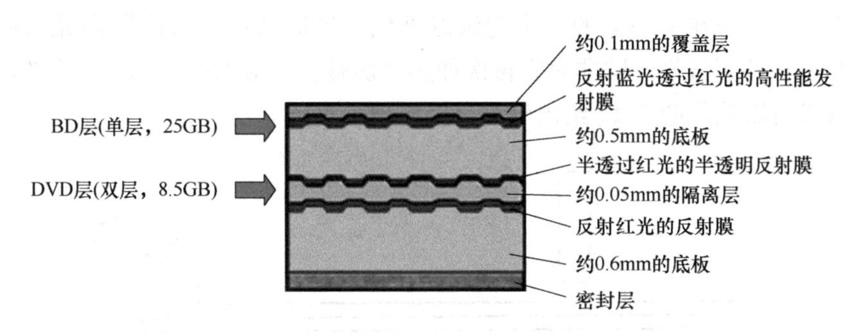

图 7.13 多层光盘存储器

列存储在记录介质中，记录符只有两种不同的物理状态，比如只读光盘中交替变化的坑岸形貌。多阶光存储是读出信号呈现多阶特性或者直接采用多阶记录介质，多阶光存储分为信号多阶光存储和介质多阶光存储，这样的存储对系统的稳定性与信号的信噪比提出了更高的要求，当然存储介质的物理特性也需要特殊的功能。

下面可以将光盘的种类做一个简单梳理：

1）CD-R：一次性的 CD，容量是 700MB。

2）CD-RW：可反复刻录的 CD，容量是 700MB。

3）DVD-R：一次性的 DVD，容量是 4.7GB。

4）DVD+R：一次性的 DVD，但越刻越快，容量是 4.7GB。

5）DVD-RW：可反复刻录的 DVD，容量是 4.7GB。

6）DVD+RW：可反复刻录的 DVD，但越刻越快，容量是 4.7GB。

7）DVD+R9（DL）：一次性刻录的单面双层 DVD，但越刻越快，容量是 8.4GB。

8）DVD-RAM：可反复刻录 10 万次的 DVD，相当于光盘式硬盘，容量是 4.7GB。

9）DVD 的容量是 4.5GB（双层 8.5GB）。

10）BD 的容量在 25GB 以上（双层 50GB）。

5. 磁光（MO）存储

磁光存储是基于强激光聚焦产生到磁光记录介质薄膜上，通过热磁效应写入或擦除介质磁性，再利用磁光克尔效应读出记录的信息。光学中的磁光克尔效应是指当一束单色线偏振光照射在磁光介质薄膜表面时，部分光线将发生透射，透射光线的偏振面与入射光的偏振面相比有一转角，这个转角叫作磁光法拉第转角；而反射光线的偏振面与入射光的偏振面相比也有一转角，这个转角叫作磁光克尔转角（θ_k）；这种效应叫作磁光克尔效应（见图 7.14）。

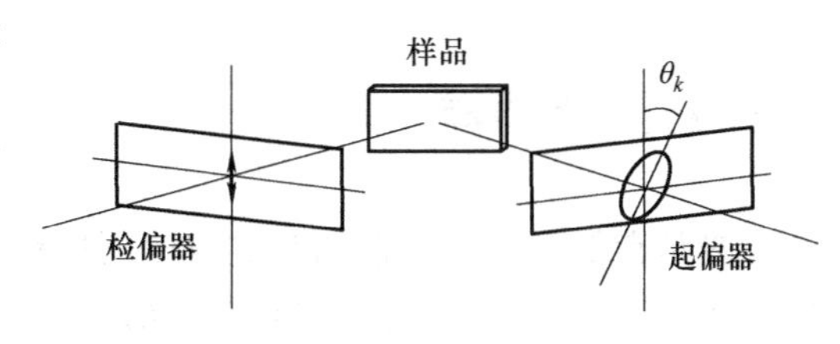

图 7.14 磁光克尔效应

20 世纪 90 年代中期，5.25 英寸磁光盘（即 MO 盘，3.5 英寸的 MO 盘只出现在日本）系统取代了 12 英寸写一次可读多次光盘的统治地位。在 MO 盘驱动器中有一个电磁头来极化记录层上的磁点，它只有在温度很高时才会改变。所以 MO 盘的工作方式是：MO 盘的一面上有一个激光二极管把极点加热到临界温度

(称为“居里点”)，而在另一面的磁头把该点极化。当该极点“旋离”激光头后，该点会迅速冷却下来并保持了极性，除非对它再次加热和加磁。一般的磁铁摩擦甚至核磁共振扫描仪都对 MO 盘没有影响。图 7.15 给出磁光存储原理示意图。

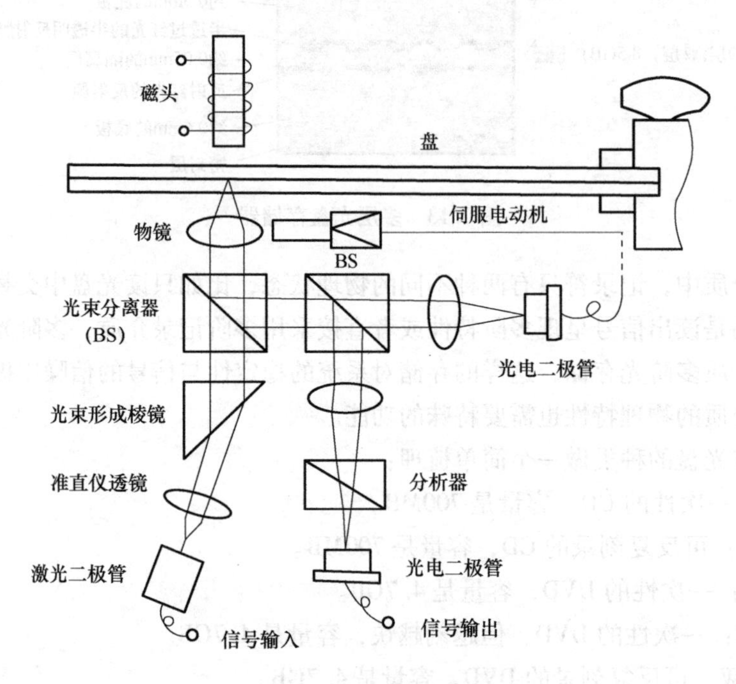

图 7.15　磁光存储原理示意图

磁光存储技术的发展在 20 世纪 90 年代也几乎每隔 18 个月就能把容量提高一倍。MO 盘的容量从 1.3GB、2.6GB、5.2GB 一直发展到 21 世纪初的 9.4GB（4.7GB/面）。9.4GB 可能是 5.25 英寸 MO 盘的极限了。因为如果进一步缩小或密排记录点，就会导致无法接受的高错误率；如果把激光二极管的波长从红光一端转到蓝光一端，可将容量提高 4 倍。

由于其他可擦除光存储技术的发展，在随后一段时间内，磁光存储几乎进入停滞阶段。同时巨磁阻技术促使磁存储的密度有了很大发展，特别是芯片存储的闪存技术呈现出快速发展的趋势，成为主导 21 世纪初的主流存储技术。

7.2　光盘驱动器

光盘是存储媒介，光盘的存储与读出过程是通过光盘驱动器来实现的。不同的光盘需要不同的光盘驱动器，存储的容量与驱动器的性能密切相关。

光盘驱动器（简称光驱）可以分为早期的只读式光盘驱动器和可刻录可擦除光盘驱动器两大类；也可以按照容量与格式的不同，分为 CD 驱动器、DVD 驱动器、蓝光驱动器等几类。

刻录类光盘驱动器，按照刻录的密度可以分为四种：CD 刻录机（包含 CD-RW 刻录机）、DVD 刻录机（包含 DVD-RW 刻录机）、HD-DVD 刻录机、蓝光（BD）刻录机。大部分刻录机除支持整盘（Disk at Once）刻写方式外，还支持轨道（Track at Once）刻写方式。

使用整盘刻录方式时，用户必须要将所有数据一次性写入 CD-R 盘，如果准备的数据较少，刻录一张盘势必会造成很大的浪费；而用轨道刻写方式就可以避免这种浪费，这种方式允许一张 CD-R 盘在有多余空间的情况下进行多次刻录。

可擦除光盘驱动器，是适用于刻录与擦除多次反复进行的光盘系统，所以具有最大的方便性。

之所以出现如此之多的驱动器，是因为 20 世纪 90 年代人类进入信息社会，信息量暴增，因此需要大量存储的设备，而当时磁存储的磁盘容量小，所以光存储发展迅速，不断有新型存储结构与格式的光盘出现，因此不同的光盘驱动器也相应地生产出来。下面逐一介绍各种光盘驱动器。

1. 只读式光盘驱动器

只读式光盘（CD-ROM）驱动器是最简单的光盘驱动器，也是最早期的光盘驱动器，其结构如图 7. 16 所示。该类光驱只有一个激光读出头结构，主要是用于读出已经存在光盘上的信息。

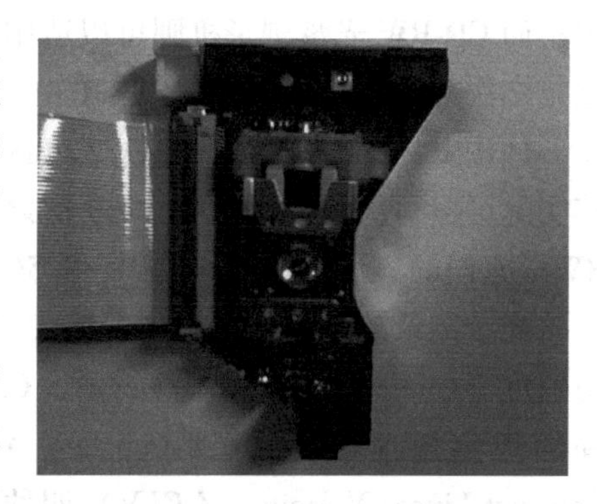

图 7. 16　光驱的激光读头

2. 可写光盘驱动器

可写光盘（CD-R）驱动器是刻录 CD-R 盘片时所用的光盘驱动器。其工作原理是：刻录机发出高功率的激光聚焦在 CD-R 盘片记录层部位上，使这个部位的有机染料层产生化学反应，从而使得这个部位不能反射驱动器读出激光所发出的光，这相当于传统 CD 上的“凹面”；没有被高功率激光照到的地方仍然可以依反射层反射激光，这相当于传统 CD 上的“非凹面”，这样刻制的光盘与普通 CD-ROM 的读取原理基本相同。

CD-R 使用有机染料作为记录层主要材料。比较常见的是绿盘和金盘，它们分别使用青蓝色与金黄色两种有机染料制作记录层。另外，市场上还出现了一种蓝盘，它使用了一种叫作 AZO 的有机染料，用银作为反射层。CD-R 驱动器如图 7. 17 所示。

图 7. 17　CD-R 驱动器

在刻录 CD-R 盘片时，通过大功率激光照射 CD-R 盘片的染料层，在染料层上形成一个个平面（Land）和凹坑（Pit），光驱在读取这些平面和凹坑时就能够将其转换为 0 和 1。由于这种变化是一次性的，不能恢复到原来的状态，所以 CD-R 盘片只能写入一次，不能重复写入。

3. 可擦除光盘驱动器

可擦除光盘（CD-RW）驱动器就是可多次刻录擦除的光盘记录媒介的光盘驱动器。它是刻录后可以使用软件擦除数据并再次使用的光盘。

可擦除光盘驱动器的工作原理是：这种光盘片的结构有六层，信息记录在相变合金属薄膜层，该层具有高反射率的晶体结构。在刻录时光盘驱动器使用最高功率的激光于刻录数据的位置加热，将小区域的合金物质熔化，然后凝结成非结晶的组织，使它无法像原先那样拥有良好的反射性，至于晶体结构的恢复，只要用中等功率的激光就可以产生足够的温度，将非结晶的组织还原成可刻录的晶体结构，进而可以重新刻录。同时这类光盘驱动器也可以用于CD-R光盘的刻录。CD-R模式和CD-RW模式两种刻录的不同在于：CD-R模式实际上是可擦除但不可重写，而CD-RW模式是可擦除也可再重写。

光驱可以用来刻录光盘，但并不是所有的光驱都可以刻录光盘，可以刻录光盘的光驱又称为光盘刻录机，比如CD-R、CD-RW、DVD-R、DVD+R、DVD-RW、DVD+RW都是光盘刻录机，都可以用来刻录光盘。CD-R光盘刻录机只能适用于CD-R光盘，而且只能刻录一次；而CD-RW光盘刻录机则可以适用于CD-R和CD-RW光盘。使用CD-RW光盘时，可以重复多次刻录资料；若使用CD-R光盘，只能刻录一次。

理论上擦写CD-RW光盘次数可达1000次，但由于存放环境和磨损度等外界因素制约，其实际可擦写次数不会达到1000次之多。一般的可擦除光盘有DVD-RW、DVD-RDL、CD-RW，它们的容量分别为4.7GB、8.5GB、700MB左右。

光盘刻录的运动方式与刻录模式决定了硬件与控制软件的不同。在硬件技术上分为恒定角速度（Constant Angular Velocity，CAV）、恒定线速度（Constant Linear Velocity，CLV）、局部恒定角速度（Partial-Constant Augular Velocity，P-CAV）、区域恒定线速度（Zone-Constant Linear Velocity，Z-CLV）四种类型，下面予以简单介绍：

1）CAV：CAV的特点是转速恒定（单位时间内盘片旋转的角度恒定），传输率持续攀升。由于光盘从内向外刻录，因此在光盘的外围，由于单位转动时间（也就是转过的角度）内光头的记录区域越来越大，而信息号点的单位长度不变，所以数据传输率就会越来越高。CAV的优点就是主转马达无须变速，容易控制；但在刻录时，由于单位时间内划分的记录区长度越来越大，而要在相同的时间内记录更多的数据，肯定要实时控制激光功率的提高以满足更高倍速刻录的要求，因此对激光功率控制精度的要求会比较高。

2）CLV：CLV方式的特点则是数据传输率恒定（单位时间内光头相对于光盘移动的距离恒定），这样需要主轴马达的转速逐渐减小。由于在单位时间内光头走过的长度一致，数据传输率固定，因此从理论上讲，激光刻录功率无须变化，但它需要马达控制电路有较高的控制精度。不过，刻录光盘都有预制好抖动轨道以提供马达转速的控制信号，因此控制起来并不算复杂。

3）P-CAV：P-CAV刻录可以看成是CAV与CLV的一种组合，一开始采用CAV方式，马达转速不变，数据传输率持续提高，到指定点的切换点时，则转变为CLV方式，马达转速下降，数据传输率保持恒定。从某种角度上说，P-CAV是为CLV服务的，前面的CAV方式是为摆脱光盘内圈周长小对CLV造成的限制，而到后期随着刻录半径的加大，CLV就有发挥的空间了，因此最后切换回CLV以保证最佳的效率。显然，如果条件允许，尽量早地切换至CLV方式，速度就会越快。

4）Z-CLV：Z-CLV的特点就是若干个台阶将刻录区划分成不同的区域，在每个区域内采用CLV方式，而在区域结合点进行速率与转速的变化。Z-CLV技术的出现，就是为了绕开光盘内圈对CLV的限制，先以低速起步，分阶段地进行提速。能提速的原理已经在P-CAV的介绍中说明了。显然，最高速率的平台越长越好，最低速率的平台越短越好，而且从理论上讲，台阶越为密集，Z-CLV 的效率就会更高，因为它更有效地利用了光盘周长逐渐增加的变化，但是由于切换速率时，要对数据处理和马达控制有较大的变动，因此从实际应用效果上说，台阶越多，控制起来越复杂。

应该提及的是：DVD 的出现使得人类实现了标清视频级的信息存储，影视的传播与推广使得 DVD 的普及率极高，这一点极大推进了光存储 DVD 技术的发展。自从出现 DVD 刻录机，由于 DVD 技术标准曲折坎坷的发展过程，才出现了 DVD-RAM 、DVD-R/RW、DVD+R/RW 以及 DVD±R/RW 等众多 DVD 刻录机产品共存的现象。

除了拥有更大容量之外，大多数的 DVD 刻录机都支持市面上所有常见盘片的刻录，也就是说它们不但能刻录 DVD±R/RW，而且能刻录 CD-R/RW。以 4 倍速的 DVD-RW 刻录机为例，刻满一张 4. 7GB 的 DVD-R 光盘耗时还不到 15 分钟。DVD 刻录机原理图如图 7. 18 所示。

蓝光 DVD 刻录机是指基于蓝光 DVD 技术标准的刻录机。蓝光 DVD 是由索尼、松下、日立、先锋、夏普、LG 电子、三星、汤姆逊和飞利浦九家电子巨头在 2002 年 2 月 19 日共同推出的新一代 DVD 光盘标准。蓝光光盘的一个最大优势是容量大，单面单层的容量就高达 23. 3GB/25GB/27GB。一张 27GB 的蓝光光盘可以存储 2 小时的高清电视节目或者超过 13 小时的标清电视节目。蓝光光盘的外形和现有 CD 或 DVD 相同，直径是 120mm，厚度是 1. 2mm（见图 7. 19）。但是在光盘结构方面，蓝光光盘彻底脱离了 DVD 光盘“0. 6mm+0. 6mm”设计，采用了全新的“1. 1mm 盘基+0. 1mm 保护层”结构，并配合高数值孔径值保证极低的光盘倾斜误差。0. 1mm 覆盖保护层结构对倾斜角的容差较大，不需要倾斜伺服，从而减少了盘片在转动过程中由于倾斜而造成的读写失常，使数据读取更加容易。但由于覆盖层变薄，光盘的耐损抗污性能随之降低，为了保护光盘表面，光盘外面必须加装光盘盒。

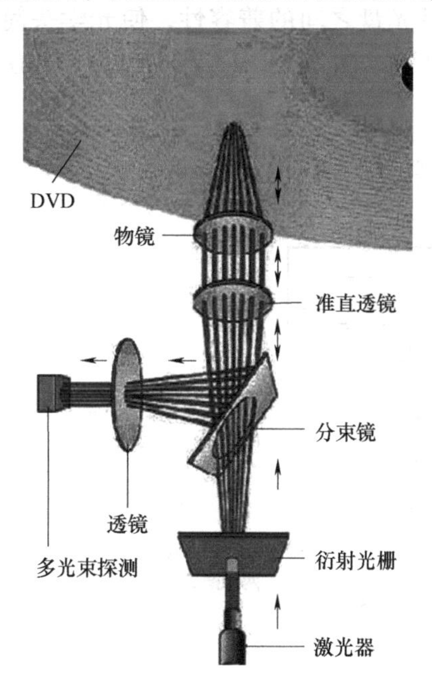

图 7. 18　DVD 刻录机原理图

图 7. 19　蓝光 DVD 光盘

为了提高存储容量，蓝光技术使用了波长为405nm的蓝色激光和数值孔径为0.85的光圈，来取代DVD所用的波长为650nm的红色激光和数值孔径为0.6的光圈，这大大缩小了用于读取和刻录数据的激光光线的聚焦点直径的大小，也减小了光盘数据记录层上用于记录数据的记录点的大小。图7.20所示为双头结构的驱动器读头。

图7.20　双头结构的驱动器读头

在蓝光光盘上，数据记录轨道间的距离由DVD的0.74μm减少至0.32μm，这意味着在相同的盘片面积上可以容纳更多的数据记录轨道。在存储方式上，蓝光光盘仍然使用了槽内记录方式，但寻址方面则采用了摆动寻址方式。独特的安全系统是蓝光光盘另一个与众不同的特点，蓝光光盘采用128bit高级加密标准（Advanced Encryption Standard，AES）加密钥匙，AES能让每6KB数据就执行更新一次防盗加密钥匙。如果反防盗锁入侵蓝光光盘，它只能盗取6KB数据。

从技术角度来看，尽管HD-DVD也采用了405nm蓝紫色激光，但它更注重与DVD标准的兼容性。比如，HD-DVD使用数值孔径为0.65的物镜来读/写数据，同时保护基板的厚度也是0.6mm。

蓝光DVD的容量可以达到DVD的五倍。另外，HD-DVD也是通过缩短数据记录轨道间距来增加轨道数目，从而提高记录密度。在存储方式上，HD-DVD采用了与DVD-RAM相同的槽岸记录方式，它与蓝光的槽内记录方式不一样：槽岸记录方式可达到单面容量30GB；而槽内记录的优点是能够较容易实现只读光盘和可刻录光盘之间的兼容性，使光学头简单化，省略了槽岸间的切换，但它面临着27GB的容量极限。图7.21是集合了蓝光DVD与HD-DVD的高密度存储读出系统示意图。

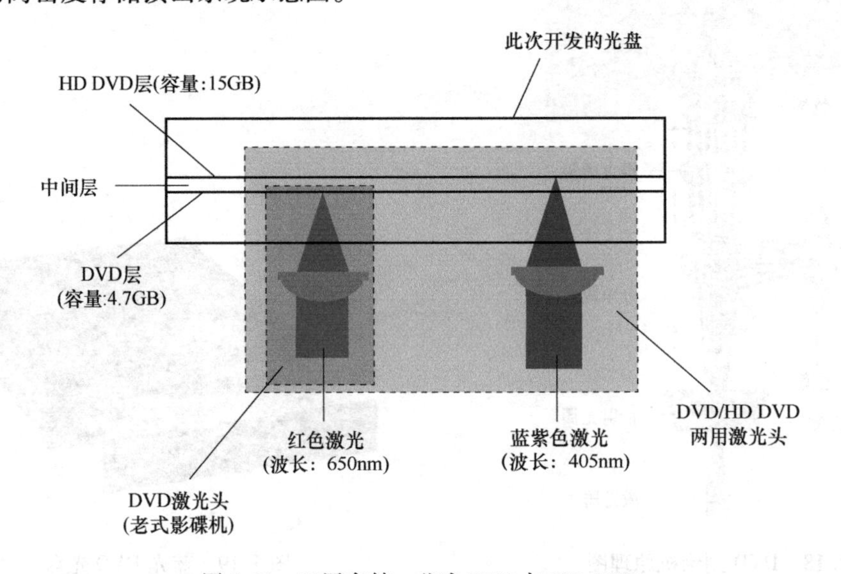

图7.21　双层存储，蓝光DVD与HD-DVD

7.3 其他重要的光存储技术与发展

光存储是一种不断发展的技术，除了前面所涉及的之外，还有一种全息存储，它是基于全息效应器存储数据的，是在一个三维空间而不是通常的二维空间，因此单位体积数据的存储量远大于传统的二维存储，并且数据检索速度要比传统的存储技术快几百倍。

随着技术的进步，人们对信息的需求越来越多，对大量信息的存储要求越来越高，“下一代 DVD”的标准之争越演越烈。因此新一代的光存储技术呼之欲出，其中全息存储是最受人们关注的技术之一。

7.3.1 全息光存储技术

全息存储是受全息照相的启发而研制的，当人们明白全息照相的技术原理时，对于全息存储就可以更好地理解。在拍摄全息照片时，对应的拍摄设备并不是普通照相机，而是一台激光器。该激光器产生的激光束被分光镜一分为二：其中一束被命名为物光束，直接照射到被拍摄的物体；另一束则被称为参考光束，直接照射到感光胶片上。当物光束照射到所拍摄物体之后，形成的反射光束同样会照射到胶片上，此时物体的完整信息就能被胶片记录下来，全息照相的摄制过程就完成了。全息照片上实际上由一系列的条纹组成，并不能直接看出图像，但用一束激光去照射照片时，真实的原始立体图像就会栩栩如生地展现出来。全息存储的光学过程如图 7.22 所示。

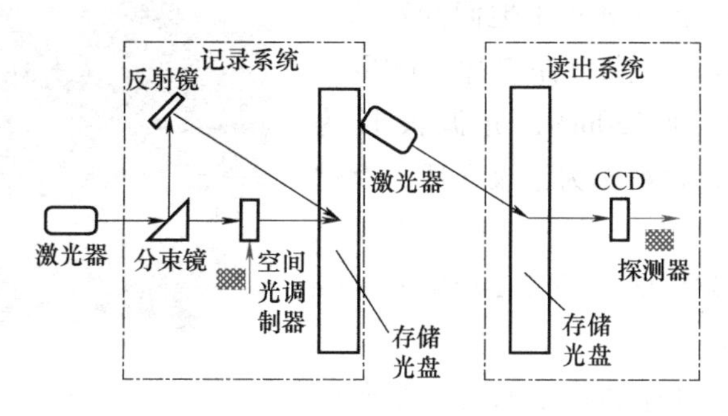

图 7.22 全息存储的光学过程

全息存储技术基于光的干涉效应，因此可以多角度复用并实现三维存储，从而使光存储的信息容量与密度空前提高，会让几十吉字节容量的“下一代 DVD 光盘”相形见绌，将全息技术运用在存储上面，能在一个方糖块的体积大小上保存 1000GB（ITB）的信息容量。1975 年日本的日立公司就已经将全息技术引进光存储中，并实现了将每一帧的视频图像转换成 1mm 的全息图记录在一个直径为 305mm 的光盘上，并且采用多角度复用技术，但是真正数字式的全息存储还是在 20 世纪 90 年代末到 2010 年之间发展起来的具备实用特征的存储技术。而在实际存储系统中，光学系统是采用如图 7.23 所示来配置的。

全息存储技术同样需要激光束的帮忙，研发人员要为它配备一套高效率的全息照相系

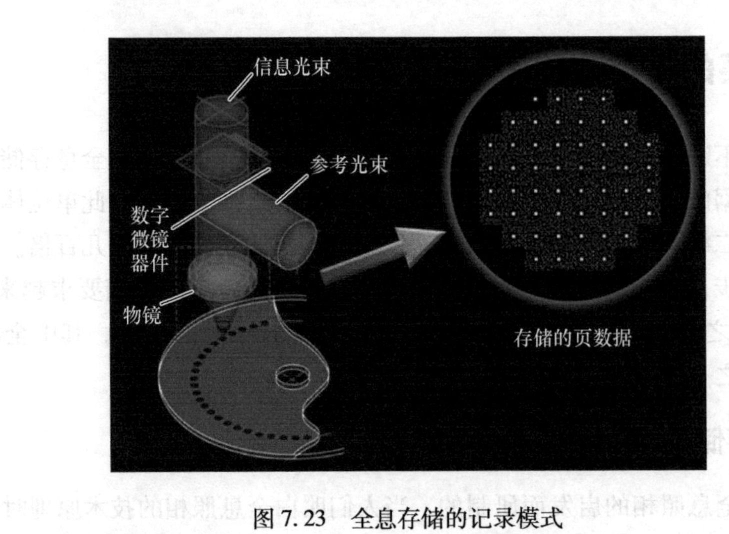

图 7.23　全息存储的记录模式

统。首先利用一束激光照射晶体内部不透明的小方格，记录成为原始图案后，再使用一束激光聚焦形成信号源，另外还需要一束参考激光作为校准。当信号源光束和参考光束在晶体中相遇后，晶体中就会展现出多折射角度的图案，这样在晶体中就形成了光栅。一个光栅可以储存一批数据，称为一页。使用全息存储技术制成的存储器称为全息存储器，全息存储器在存储和读取数据时都是以页为单位。

致力于研发全息存储技术的 InPhase 公司在 2002 年至 2010 年期间向公众展示了他们开发的一系列全息存储驱动器以及全息存储碟片。InPhase 公司的全息光盘直径为 130mm，光源波长为 407nm，采用光敏聚合物材料作为记录介质，存储密度为 560Gbit/in^2，其写入数据传输率为69MB/s，其读出数据传输率为 198MB/s。图 7.24 为 InPhase 公司的全息存储驱动器。

图 7.24　InPhase 公司的全息存储驱动器

2010 年以后，光全息存储技术的发展受到闪存存储技术高速发展的巨大挑战，人们期待更为高密度、长寿命的存储介质，以适应信息存储爆炸式发展的需求。

7.3.2　光存储的新技术

以蓝光光盘为代表的第三代高密度光盘产品逐步占领市场，与其相关的各种高清光盘也开始成为热点卖品。当蓝光的相关技术日趋成熟时，第四代光存储技术已悄然兴起。第四代光存储技术以全息技术为代表，包括近场光学存储、近场与超分辨存储、驱动器技术、系统与应用、多维存储等相关的技术。下面对第四代光存储的其他相关技术予以简单介绍。

1. 近场与超分辨存储

近场与超分辨存储是根据超越远场衍射极限的原理，通过研究基于近场光学的固态沉没透镜，从而获得高分辨度光学成像的一种存储技术。近几十年来，LG公司基于近场光学的固态沉没透镜的研究有了很大的发展。

基于固态沉没透镜的近场光存储系统是悬浮式的，基于固态沉没透镜光盘的轨道间距为170nm，数值孔径分别取1.45和1.85。近场光存储样例的写入与读出特性由悬浮式伺服近场光存储系统检测。

2. 等离子表面激元存储

明尼苏达大学的研究人员对应用在等离子数据存储中的纳米结构及其制造技术做了深入的研究。他们展示了一种应用在高密度等离子数据存储中，用于制造金属纳米结构的模板脱模方法。各种不同的纳米数量级的突起与孔洞的排列组合，为多维信息存储提供了最基本的单元。这种技术运用了一种简单的光存储技术，存储基本原理是把聚焦受限衍射点照射在附有金属存储单元的聚合物基底上。此种金属存储单元由纳米级突起和孔洞组成，宽度不超过100nm。通过设置这些纳米级特征，存储单元可记录多维数据。

这种模板脱模制造成的纳米级结构的表面很光滑，为等离子数据存储提供了更好的发展空间。明尼苏达大学研究人员所研究的高生产率的制造方法，有望成为下一代数据存储方式。

3. 多维光存储技术

澳大利亚Min Gu教授研究小组展示了他们的最新研究成果——利用纳米棒的纵向表面等离子谐振效应独特特性的五维光学记录技术。他们利用纵向表面等离子谐振效应首次研究成功了五维光存储系统。Min Gu教授研究组提出的五维光存储技术，记录密度可以达到1.1Tbit/in^2，可以大大提高光存储密度。

五维光存储系统由悬浮在玻璃基板上透明塑料板内的金纳米棒层组成，在材料的同一区域内多种数据图案可在互不干扰的情况下被读取和刻写。新增加的两维是指利用光的波长的“色维”和利用光的偏振的“偏振维”，这两维是导致光盘存储容量大幅增加的关键。利用光的偏振特点可使光盘录制多层不同角度的信息，而且各层信息之间不会产生干扰。澳大利亚研究人员已经能够利用3种波长和2种偏振光，在同一区域刻写6种不同的图案，通过将数据写入多达10个纳米棒层的堆栈，研究人员已将每立方厘米的数据存储密度提高到1.1万亿字节，记录速度高达1GB/s。

该技术允许每个字节数据以一个激光脉冲来记录，写入激光可熔化并重塑这些不到100nm长的金纳米粒子。这些变化会影响纳米棒与来自激光成像系统的激光之间的相互作用，允许数据被读取。通过控制金纳米粒子的尺寸，研究人员对这些粒子进行定制以对不同波长的激光做出响应。当发出一个绿光激光束脉冲时，一些纳米棒就会发生变化，同时非常接近但大小又不同的纳米棒却不会受到影响。在塑料中随机散射的纳米棒做出的响应则取决于入射光的传输角度。当光极化和纳米棒的长轴方向一致时，纳米棒对光的吸收要比光从其他角度入射时更为强烈。图案虽然不能被删除和重写，但能保持在超时稳定状态。

总结光存储技术的发展历程可以看到：从最早期的CD-ROM开始，光存储经历了从第二代的可写与可擦除存储技术到以蓝光光盘存储为代表的第三代光存储技术的发展。而全息光存储、微全息光存储、近场光存储、多维光存储、等离子存储等，都有可能成为第四代光存储技术的核心。未来的第四代光存储技术将带来更大的存储容量、更快的传输速率、更稳定的存储性能。

信息技术的发展对存储的速度、体积、容量都提出了极高的要求，特别是随着移动通信技术的普及与发展，人们对存储器的体积提出越来越高的要求，因此在传统的光存储与磁存储之外，电存储技术也得到快速发展，并逐步成为当今社会的日常主要存储设备。电存储主要是利用集成电路的晶体管对数字 0、1 态的保持状态形成的存储模式，它是靠大量的晶体管的组合形成大容量的存储。电存储主要是基于闪存（Flash ROM）来实现的。电存储器是一种采用集成电路的可多次擦写的存储器，广泛用于 U 盘、数码设备的存储卡等领域。它有体积小便于携带、不怕振动、不磨损、保存时间长等优点；和其他存储设备相比，其主要缺点是速度慢、容量小。随着科技的进步，这些缺点也逐渐被克服，高端的闪存容量已经达到 16GB 以上，擦写速度也达到每秒钟几十兆。

现在信息存储的手段多样化，各种存储适应不同的应用。光存储（CD、DVD 等）主要以长期存储或备份存储为主要用途，而磁存储（硬盘、磁带等）、电存储（内存条、U 盘等）则在日常移动应用中被大量使用。人们正依据不同的应用而使用不同的存储设备，存储设备“百花齐放”。当然，人们对提高存储密度的追求是不断的、永恒的。

思考与讨论题

1. 试分析模拟存储与数字存储的区别与优缺点比较。

2. 光存储的本质是什么？一种新型的光存储技术，它需要哪些不可或缺的组成部分？请思考并提出一种你认为可行的光存储新方法？

3. 从更广义的角度看，从人类遗传、现代文明到未来的传承，最理想的信息存储技术应该具备的主要特征是什么？

参考文献

[1] 杨西江. VCD 与 DVD 技术基础［M］. 北京. 清华大学出版社，1999.

[2] COOKN. Holographic data storage [EB/OL]. (2006) [2020-07-06]. https://en.wikipedia.org/wiki/Holographic_data_storage.

[3] HARDY M. Magneto-optical drive [EB/OL]. (2003) [2020-06-29]. https://en.wikipedia.org/wiki/Magneto-optical_drive.

[4] ZIJLSTRA P, CHON J W M, GU M. Five-dimensional optical recording mediated by surface plasmons in gold nanorods [J]. Nature, 2009, 459 (7245): 410-3.

结　束　语

本书以光电信息工程领域的光信号产生、传输、探测、传感成像、存储等信息技术过程为线索，较为系统地论述了光电技术在现代社会经济与发展中的关键作用。

应该指出的是，信息革命与此前的工业革命、农业革命的不同之处就在于其发展变化的快速性，就像信息领域摩尔定律所表明的那样，信息技术处在日新月异的变化之中。一本教材，当它被写好的时候就已经落后了。

信息技术从数字技术后期开始，通过后数字技术、高速信息公路的建设，进入互联网时代，又从网络时代逐步向当今的智能时代发展。光电信息工程也伴随着这个过程，不断发展出光所具有的独特特性，不断地发展出与各个时代相匹配的关键技术与应用，改变着社会经济与人们的生活方式。

本书主要论述互联网时代的光电信息工程关键技术。大数据、人工智能、物联网等技术发展催生出一系列核心的光电信息技术，如光电智能感知技术、光电物联网技术、激光雷达技术、超高清显示技术、3D激光打印技术、智能社会的光电智能感知网络技术等，还包括光量子信息技术、光学AI芯片等下一代智能信息处理技术。可以说，在智能时代光电信息必将发挥更大的作用，从而推进人类社会的发展。

另一方面，随着人类社会逐步进入老龄化，大健康事业成为国民经济发展的一个重要产业。而光电信息技术将通过人体智能感知、药物高通量筛选、疾病诊断与检测、微创治疗的手术器具、远程会议诊断与治疗等诸多方面深刻地改变着今天的社会。

从这个角度看，本书的内容仅仅掀起了整个光电信息工程的一角，还有更多的工作需要大家去研究、发展和创造。希望本书能使大家产生对光电信息工程技术的兴趣起到一点作用。